职业教育“十三五”规划教材
职业教育自动化类专业规划教材

PLC与组态应用技术

赵　冰　李　江　李　明　主　编
解增昆　陈　杨　孙燕斐　于竹林　副主编
孙彩玲　主　审

電子工業出版社
Publishing House of Electronics Industry
北京・BEIJING

内 容 简 介

本书以西门子公司的 S7-200 PLC、MCGS 嵌入式组态软件为例，侧重工程技术应用，由浅入深地介绍嵌入式组态软件 MCGS 与 PLC 的联合应用，力求实现理论与实际的有机结合。本书以能力培养为目标，力求突出知识的实用性，体现知识与技能有机结合。本书在编写过程中，选取企业典型案例进行教学化项目设计，项目由简单到复杂，符合认识规律，每个项目均通过“项目目标”“相关知识”“项目分析”“项目实施”“项目拓展”等环节详解项目知识点和操作步骤。

本书可作为职业院校自动化类专业教材，也可作为企业技术培训的指导用书。

图书在版编目（CIP）数据

PLC 与组态应用技术 / 赵冰，李江，李明主编. —北京：电子工业出版社，2019.8
ISBN 978-7-121-36680-2

Ⅰ.①P…　Ⅱ.①赵…②李…③李…　Ⅲ.①PLC 技术-高等学校-教材　Ⅳ.①TM571.61

中国版本图书馆 CIP 数据核字（2019）第 103098 号

责任编辑：朱怀永
印　　刷：北京盛通数码印刷有限公司
装　　订：北京盛通数码印刷有限公司
出版发行：电子工业出版社
　　　　　北京市海淀区万寿路 173 信箱　邮编 100036
开　　本：787×1092　1/16　印张：15.75　字数：403.2 千字
版　　次：2019 年 8 月第 1 版
印　　次：2025 年 1 月第 10 次印刷
定　　价：43.80 元

凡所购买电子工业出版社图书有缺损问题，请向购买书店调换。若书店售缺，请与本社发行部联系，联系及邮购电话：（010）88254888，88258888。

质量投诉请发邮件至 zlts@phei.com.cn，盗版侵权举报请发邮件至 dbqq@phei.com.cn。

前　言

可编程序控制器（PLC）是集计算机技术、现代控制技术和通信技术为一体的先进工业控制装置，广泛应用于工业企业的各个领域。在PLC产品中，西门子系列PLC市场占有率较高。组态软件是标准化、规模化、商品化的通用工程开发软件，只需进行标准功能模块的软件组态和简单编程，就可设计出标准化、专业化、通用性强、可靠性高的上位机人机界面工控程序。PLC与组态软件联合应用，可组成目前较为流行的企业控制和监控系统。本书以西门子公司的S7-200系列小型PLC及MCGS嵌入式组态软件为例，侧重工程技术应用，采用大量图片由浅入深地介绍嵌入式组态软件MCGS与PLC的联合应用，力求实现理论与实际的有机结合。

本书以能力培养为目标，力求突出知识的实用性，体现知识与技能有机结合。本书在编写过程中，选取企业典型案例并进行教学化项目设计，项目由简单到复杂，符合认识规律，每个项目均通过“项目目标”“相关知识”“项目分析”“项目实施”“项目拓展”等环节详解项目知识点和操作步骤。现分述如下：

项目一介绍了PLC的产生与发展，对PLC的软、硬件组成和基本工作原理进行了详细讲解，并介绍了PLC输入/输出接线、内存结构及寻址方式等内容，最后通过电动机启保停控制功能的实现为读者进一步学习PLC应用技术做了必要的准备。

项目二介绍了嵌入式MCGS组态软件的基本知识，并以触摸屏为上位机与按钮、指示灯、PLC组成控制系统为例，介绍了按钮、指示灯的PLC I/O接线、工作原理、PLC程序设计与调试、嵌入式MCGS组态软件组态方法等内容，使读者初步掌握嵌入式组态软件的基础知识与编程。

项目三在了解PLC内外部结构的基础上，通过电动机的正反转控制介绍了PLC的基本逻辑指令及嵌入式MCGS组态设计，为后续的进一步学习打下基础。

项目四介绍了星-三角降压启动的PLC设计及MCGS组态设计。通过对这一项目的学习，读者能够深入了解PLC的基本控制功能及MCGS组态的基础应用功能。

项目五以灯光喷泉控制电路设计为例介绍了位移位寄存器指令的功能及应用、数据移位指令的功能及应用、PLC中断指令的功能及应用。通过本项目的学习，读者可灵活运用三种指令实现工业工程中的实际控制要求。

项目六以多台电动机分时启动为例介绍了顺序控制继电器指令的格式和功能、比较指令的格式和功能、MCGS组态软件旋转动画制作方法。通过本项目的学习，读者可运用顺序控制继电器指令、比较指令、MCGS 组态软件旋转动画制作解决企业工程的实际问题。

项目七以触摸屏、PLC 与变频器的模拟量开环调速为例，详细介绍了 PLC 的功能指令、PLC 的数据处理方法。

项目八以自来水水塔液位控制为例介绍 PID 调节指令的格式及功能、使用 PID 指令向导配置相关参数、PID 子程序指令输入/输出参数的意义。通过本项目的学习，读者可以使用模拟量输入/输出模块组成 PLC 过程控制系统，并能根据工艺要求设置模块参数、调用 PID 子程序指令编写控制程序。

项目九以机械手抓取运动控制为例介绍了 PLC 的运动控制功能，包括用于检测的高速计数器指令和用于运动控制驱动的高速脉冲输出指令、MAP 库指令及其应用。通过本项目的学习，读者可在运动控制领域或机械手控制领域得心应手地处理步进电动机的控制问题。

项目十以在触摸屏上实现“跑马灯”图案为例详细讲解 S7-200 系列 PLC 网络通信协议及网络通信的实现方法，介绍了 S7-200 系列 PLC 与变频器通信的实现方法、S7-200 系列 PLC 自由端口通信协议的含义及实现方法。

本书在设计教学化项目时，遵循循序渐进的原则，依据“学中做，做中学”的指导思想，按照项目步骤详细讲解整个实践操作的过程，还将相关知识、编程原则、注意事项等穿插于项目中，力求知识与技能的有机结合。

本书由烟台工程职业技术学院赵冰、李江、李明担任主编，由解增昆、陈杨、孙燕斐、于竹林担任副主编，孙彩玲担任主审。其中项目一由赵冰、于竹林编写，项目二由孙燕斐编写，项目三、四由陈杨编写，项目五、六由解增昆编写，项目七、九由李明编写，项目八、十由李江编写。

本书在编写过程中得到了施耐德电气（中国）有限公司相关工程技术人员的指导和帮助，在此一并表示感谢。

本书可作为高等院校和职业院校自动化、机电一体化、应用电子、机器人及新能源等相关专业的教材，也可作为成人教育及企业培训的教材，还可作为从事与 PLC 等技术工作相关的工程技术人员的自学用书。

由于编者水平有限，书中难免存在疏漏之处，希望广大读者批评指正。对本书的意见和建议请发送至电子邮箱 zb6933517@163.com。

编　者

2019 年 5 月

目　　录

项目一　S7-200 系列 PLC 认知

本项目教学课件

一、项目目标

1. 了解西门子 S7-200 系列 PLC 的产生与发展；
2. 理解 PLC 的性能规格、结构类型及控制功能，掌握 PLC 的组成及基本工作原理；
3. 了解 PLC 的外部结构、CPU 的性能及输入/输出性能；
4. 了解 STEP7-Micro/Win 软件界面及使用方法；
5. 理解 PLC 内部存储器种类、作用及指令系统类型；
6. 掌握 S7-200 系列 PLC 的输入/输出接线及指令寻址方式。

二、项目提出

可编程控制器又称为可编程序逻辑控制器（Programmable Logic Controller），简称 PLC，是以计算机技术为基础的新型工业控制装置。它采用可以编制程序的存储器，用来在其内部存储执行逻辑运算、顺序运算、计时、计数和算术运算等操作的指令，并能通过数字式或模拟式的输入和输出，控制各种类型的机械或生产过程。图 1-1 所示为 S7-200 系列 PLC 外观图。

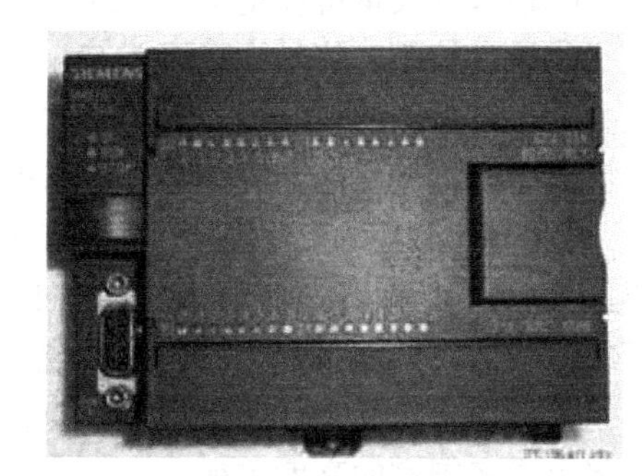

图 1-1　S7-200 系列 PLC 外观图

项目首先介绍 PLC 的产生、定义、特点、应用领域、发展趋势，并以电动机启保停控制系统为例，详细介绍 PLC 控制系统的设计过程。

三、相关知识

（一）PLC的产生与发展

1. PLC的产生

在PLC诞生之前，继电器控制系统由于结构简单、使用方便、价格低廉，在一定范围内能满足控制要求，因此在工业控制领域中得到了广泛应用，起着不可替代的作用。但是这种控制系统有着明显的缺点，即体积大、耗电多、可靠性差、寿命短、运行速度慢、适应性差，它的控制功能也局限于逻辑控制、定时、计数等一些简单的控制，一旦动作顺序或生产工艺发生变化，就必须重新进行设计、布线、装配和调试，造成时间和资金的严重浪费，不利于产品的更新换代。

20世纪60年代，由于小型计算机的出现和大规模生产，以及多机群控技术的发展，人们曾想过用小型计算机实现工业控制的要求，但由于价格高、输入/输出电路不匹配，以及编程技术复杂等因素导致小型计算机在工业上未能得到推广。

20世纪60年代末期，美国的汽车制造工业竞争十分激烈。1968年美国通用汽车公司（GM）为了适应汽车型号的不断更新、生产工艺不断变化的需要，实现小批量、多品种生产，希望能够获得一种新型工业控制器，它能做到尽可能减少重新设计和更换电器控制系统及接线，以降低成本、缩短生产周期。通用汽车公司向全球招标，开发研制新型的工业控制装置取代继电器控制装置，制定10项招标技术要求，其主要内容如下：

①编程简单方便，可在现场修改程序。

②硬件维护方便，采用插件式结构。

③可靠性要高于继电器控制装置。

④体积小于继电器控制装置，能耗较低。

⑤可将数据直接上传到管理计算机，便于监视系统运行状态。

⑥在成本上可与继电器控制装置竞争。

⑦输入开关量可以是交流115V电压信号。

⑧输出的驱动信号为交流115V，2A以上容量，能直接驱动电磁阀线圈。

⑨具有灵活的扩展能力，扩展时只需在原有系统上做很小的改动即可。

⑩用户程序存储器容量至少可以扩展到4000B。

1969年美国数字设备公司（DEC）根据美国通用汽车公司的这些要求，成功研制出了世界上第一台可编程控制器——PDP-14，此控制器在通用汽车公司的自动装配线上试用，取得了很好的效果。这种新型的工控装置，以其体积小、可变性好、可靠性高、使用寿命长、简单易懂、操作维护方便等一系列优点，很快就在美国的许多行业里得到推广应用，也受到了世界上许多国家的高度重视。

1971年，日本从美国引进了这项新技术，并很快研制出日本第一台可编程控制器——DSC-8。1973年，欧洲也研制出可编程控制器并开始在工业领域应用。我国从1974年开始研制，并于1977年开始工业应用。在这一时期，PLC虽然采用了计算机的设计思想，但实际上 PLC 只能完成顺序控制，仅有逻辑运算等简单功能，所以人们将它称为可编程逻辑控制器。

进入 20 世纪 80 年代后，随着大规模和超大规模集成电路技术的迅猛发展，以 16 位和 32 位微处理器构成的可编程控制器迅速发展，并且在概念、设计、性能价格比等方面有了重大突破。可编程控制器具有高速计数、中断技术、PID 控制等功能的同时，联网通信能力逐步加强，促使可编程控制器的应用范围和领域不断扩大。

为使这一新型工业控制装置的生产和发展规模化，国际电工委员会（IEC）对可编程控制器做了如下定义：可编程控制器是一种数字运算操作的电子系统，专为在工业环境下应用而设计。它采用了可编程序的存储器，用来在其内部存储和执行逻辑运算、顺序控制、定时、计数和算术运算等操作指令，并通过数字式和模拟式的输入和输出，控制各种类型的机械或生产过程。可编程控制器及其有关的外围设备，都应按易于与工业系统形成一个整体、易于扩充其功能的原则设计。该定义强调了 PLC 应直接应用于工业环境，必须具有很强的抗干扰能力、广泛的适应能力和广阔的应用范围，这是区别于一般微机控制器的重要特征。同时，也强调了 PLC 用软件方式实现的“可编程”，与传统控制装置中通过硬件或接线的变换来改变程序有着本质的区别。

近年来，可编程控制器迅速发展，几乎每年都推出不少新系列产品，其功能已远远超出了上述定义的范围。

2. PLC 的发展状况与趋势

1）PLC 的发展状况

限于当时的元器件技术条件及计算机发展水平，早期的 PLC 主要由分立元件和中小规模集成电路组成，可以完成简单的逻辑控制、定时及计数功能。微处理器出现后，人们很快将其引入到 PLC 领域，使 PLC 增加了运算、数据传送及处理等功能，真正实现了具有计算机特征的工业控制功能。

纵观 PLC 控制功能的发展，其历程大致经历了以下 4 个阶段。

第一阶段：从第一台 PLC 诞生到 20 世纪 70 年代中期，是 PLC 的崛起阶段。PLC 首先在汽车工业获得大量应用，继而在其他产业部门也开始应用。由于大规模集成电路的出现，采用 8 位微处理器芯片作为 CPU，推动 PLC 技术飞跃发展。这一阶段的产品主要用于逻辑运算和定时、计数运算，控制功能比较简单。

第二阶段：从 20 世纪 70 年代中期到 70 年代末期，是 PLC 的成熟阶段。由于超大规模集成电路的出现，16 位微处理器和 51 单片机相继问世，促使 PLC 向大规模、高速度、高性能方向发展。这一阶段产品的功能扩展到数据传送、比较和运算、模拟量运算等。

第三阶段：从 20 世纪 70 年代末期到 80 年代中期，是 PLC 的通信阶段。由于计算机通信技术的发展，PLC 的性能也在通信方面有了较大的提高，初步形成了分布式的通信网络体系。但是，由于制造商各自为政，通信系统自成体系，造成了不同厂家生产的产品的互联较为困难。在本阶段，由于社会生产对 PLC 的需求大幅增加，PLC 的数学运算功能得到较大的扩充，可靠性也进一步提高。

第四阶段：从 20 世纪 80 年代中期至今，是 PLC 由单机控制向系统化控制的加速发展阶段。尤其进入 21 世纪，由于控制对象的日益多样性和复杂性，采用单个 PLC 已不能满足控制要求，因此出现了配备 A/D 单元、D/A 单元、高速计数单元、温控单元、位控单元、通信单元、主机链接单元等不同功能的特殊模块构成的功能强大的 PLC 系统，而且不同系统间可以实现网际互联，还可以与上位机进行数据交换。

正是由于 PLC 具有多种功能，并集三电装置（电控装置、电仪装置、电气传动控制装置）于一体，使得 PLC 在工厂中备受欢迎，用量高居首位，成为现代工业自动化的三大支柱（PLC、机器人、CADA/AM）之一。

2）PLC 的发展趋势

①更快的处理速度，多 CPU 结构和容错系统。

大型和超大型 PLC 正在向大容量和高速化方向发展，趋向采用计算能力更大、时钟频率更高的 CPU 芯片。采用多 CPU 技术能够提高机器的可靠性，增强系统在技术上的生命力，提高处理能力和响应速度及模块化程度。多 CPU 技术的一个重要应用是容错系统，近年来有些公司研制了三重全冗余 PLC 系统或双机热备用系统。为了及时诊断故障，有的公司研制了智能、可编程 I/O 系统，供用户了解 I/O 组件状态和监测系统的故障。也有的公司研制了故障检测程序，还发展了公共回路远距离诊断技术和网络诊断技术等。

②PLC 具有计算机功能，编程语言与工具日趋标准化和高级化。

国际电工委员会（IEC）在规定 PLC 的编程语言时，认为主要的程序组织语言是顺序功能表。功能表的每个动作和转换条件可以运用梯形图编程，这种方法使用方便，容易掌握，深受电工和电气技术人员的欢迎，也是 PLC 能迅速推广的重要因素。然而它在处理较复杂的运算、通信和打印报表等功能时效率低、灵活性差，尤其用于通信时显得笨拙，所以在原梯形图编程语言的基础上加入了高级语言，如 BASIC、PASCAL、C、FORTRAN 等。

③强化 PLC 的联网通信能力。

近年来，加强 PLC 的联网能力成为 PLC 的发展趋势。PLC 的联网可分为两类：一类是 PLC 之间的联网通信，各制造厂家都有自己的数据通道；另一类是 PLC 与计算机之间的联网通信，一般都由各制造厂家制造专门的接口组件。MAP（Manufacturing Automation Protocol）是制造自动化的通信协议，它是一种七层模拟式、宽频带、以令牌总线为基础的通信标准。现在越来越多的公司宣布要与 MAP 兼容。PLC 与计算机之间的联网能进一步实现全工厂的自动化，实现计算机辅助设计（CAD）和计算机辅助制造（CAM）。

④存储容量增大，采用专用的集成电路，适用性增强。

存储容量过去最大为 64KB，现在已增加到 500KB 以上。可存储的芯片过去主要是 RAM、EPROM，现在有 EEPROM、UVEPROM（可擦除编程 ROM）、NVRAM（非易失性随机访问存储器）等。ROM 可以涂改，RAM 可以在断电时保持已存储的信息。

⑤向小型化、高性能的方向发展。

在提高系统可靠性的基础上，产品的体积越来越小，功能越来越强。PLC 的制造厂商开发了多种类型的高性能模块产品，当输入/输出点数增加时，可根据过程控制的需求，采用灵活的组合方式进行配套，完成所需的控制功能。

⑥向模块化、智能化方向发展。

为满足工业自动化各种控制系统的需要，近年来，PLC 厂家先后开发了不少新器件和模块，如智能 I/O 模块、温度控制模块和专门用于检测 PLC 外部故障的专用智能模块等。这些模块的开发和应用不仅增强了 PLC 的功能，扩展了 PLC 的应用范围，还提高了系统的可靠性。

（二）PLC 的组成和基本工作原理

PLC 硬件系统

PLC 是以微处理器为核心的计算机控制系统，采用了典型的计算机结构，由硬件系统和软件系统组成。

1. PLC 的硬件系统

PLC 的硬件系统主要由中央处理单元（CPU）、存储器（ROM/RAM）、输入/输出单元（I/O 单元）、编程器、电源等主要部件组成，如图 1-2 所示为典型的整体式 PLC 基本结构图。其中，CPU 是 PLC 的核心，输入/输出单元是用来连接现场输入/输出设备与 CPU 的接口电路，通信接口用于与编程器、上位机等外设连接。

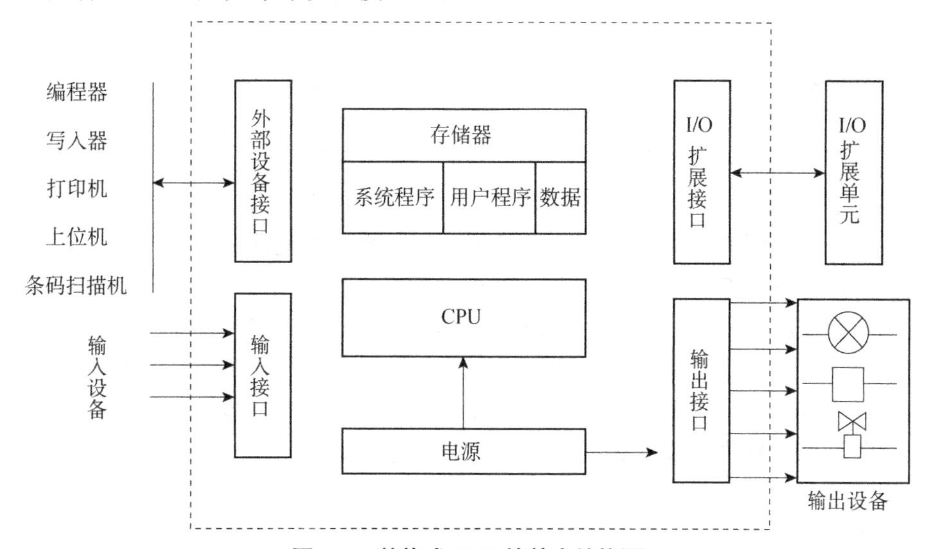

图 1-2　整体式 PLC 的基本结构图

对于整体式 PLC，所有部件都安装在同一机壳内。对于模块式 PLC，各部件独立封装成模块，各模块通过总线连接，安装在机架或导轨上，其基本结构框图如图 1-3 所示。无论是哪种结构类型的 PLC，都可以根据用户需要进行配置与组合。

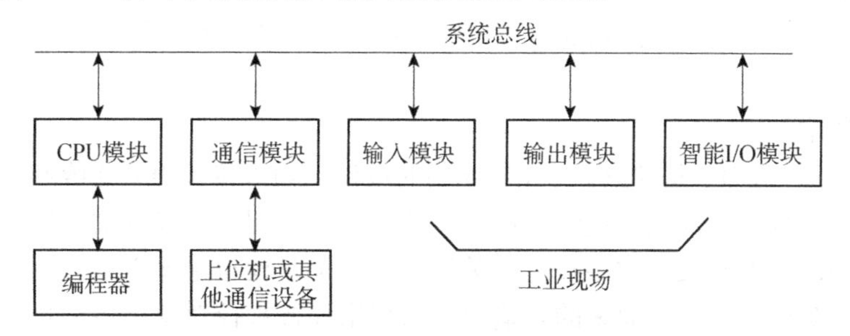

图 1-3　模块式 PLC 的基本结构框图

尽管整体式 PLC 与模块式 PLC 的结构不太一样，但各部分的功能是相同的。下面对 PLC 各主要组成部分进行介绍。

1）中央处理器（CPU）

CPU 作为整个 PLC 的核心起着总指挥的作用，是 PLC 的运算和控制中心。与一般的计算机一样，CPU 主要由运算器、控制器、寄存器及实现它们之间联系的数据、控制及状态总线构成，还有外围芯片、总线接口及有关电路等。它确定了进行控制的规模、工作速度、内存容量等技术指标。内存主要用于存储程序及数据，是 PLC 不可缺少的组成部分。

在 PLC 中，CPU 按系统程序赋予的功能指挥 PLC 有条不紊地进行工作，归纳起来主要有以下 5 个方面：

①接收从编程器输入的用户程序和数据。

②诊断电源、PLC 内部电路的工作故障和编程中的语法错误等。

③通过输入接口接收现场的状态或数据，并存入输入映像寄存器或数据寄存器中。

④从存储器逐条读取用户程序，经过解释后执行。

⑤根据程序执行的结果，更新有关标志位的状态和输出映像寄存器的内容，通过输出单元实现输出控制。有些 PLC 还具有制表打印或数据通信等功能。

2）存储器

PLC 的存储器主要分为系统程序存储器和用户程序存储器两类。

（1）系统程序存储器（又名只读存储器）

系统程序存储器用来存放由 PLC 生产厂家编写的系统程序，用户不能对其进行直接更改。系统程序存储器使 PLC 具有了基本的功能，它能够完成 PLC 设计者规定的各项工作。系统程序质量的好坏，很大程度上决定了 PLC 的性能，其内容主要包括 3 部分：第一部分为系统管理程序，它主要控制 PLC 的运行，使整个 PLC 按部就班的工作；第二部分为用户指令解释程序，通过用户指令解释程序，将 PLC 的编程语言变为机器语言指令，再由 CPU 执行这些指令；第三部分为标准程序模块与系统调用程序，它包括许多不同功能的子程序及其调用管理程序，例如，完成输入、输出及特殊运算等的子程序，PLC 的具体工作都是由这部分程序来完成的，因此这部分程序的多少决定了 PLC 性能的强弱。

（2）用户程序存储器（又名随机存储器）

根据控制要求而编制的应用程序称为用户程序。用户程序存储器用来存放用户针对具体控制任务、用规定的 PLC 编程语言编写的各种用户程序。用户程序存储器根据所选用的存储器单元类型的不同，可以是 RAM（用锂电池进行掉电保护）、EPROM 或 EEPROM 存储器，其内容可以由用户任意修改或增删。目前，较先进的 PLC 采用可随时读写的快闪存储器作为用户程序存储器。快闪存储器不需后备电池，掉电时数据也不会丢失。

用户存储器容量的大小，关系到用户程序容量的大小和内部器件的多少，是反映 PLC 性能的重要指标之一。

3）输入/输出接口

输入/输出接口（I/O）是 PLC 与外界连接的接口。输入接口用来接收和采集两种类型的输入信号，一类是数字（开关）量输入信号，开关量如按钮、选择开关、行程开关、继电器触点、接近开关、光电开关、数字拨码开关等；另一类是模拟量输入信号，是由电位器、测速发电机和各种变换器等传递而来的。输出接口用来连接被控对象中各种执行元件，如接触器、电磁阀、指示灯、调节阀（模拟量）、调速装置（模拟量）等。

输入/输出接口有数字量（包括开关量）输入/输出和模拟量输入/输出两种形式。数字量输入/输出接口的作用是将外部控制现场的数字信号变换成 PLC 内部处理的标准信号；而模拟量输入/输出接口的作用是将外部控制现场的模拟信号变换成 PLC 内部处理的标准信号。输入/输出接口一般都具有光电隔离和滤波功能，其作用是把 PLC 与外部电路隔离开，以提高 PLC 的抗干扰能力。下面简单介绍常见的数字量输入/输出接口电路。

（1）数字量输入接口电路

数字量输入接口的作用现场各种开关信号变成 PLC 内部处理的标准信号。

①直流输入接口电路。其示意图如图 1-4 所示，虚线框内的部分为 PLC 内部电路，虚线框外为用户接线。R_1、R_2 分压，且 R_1 起限流作用，R_2 及 C 构成滤波电路。输入电路采用光耦合器实现输入信号与机内电路的耦合，COM 为公共端子。

当输入端的开关接通时，光耦合器导通，直流输入信号转换成 TTL（5V）标准信号送入 PLC 的输入电路，同时 LED 输入指示灯点亮，表示输入端接通。

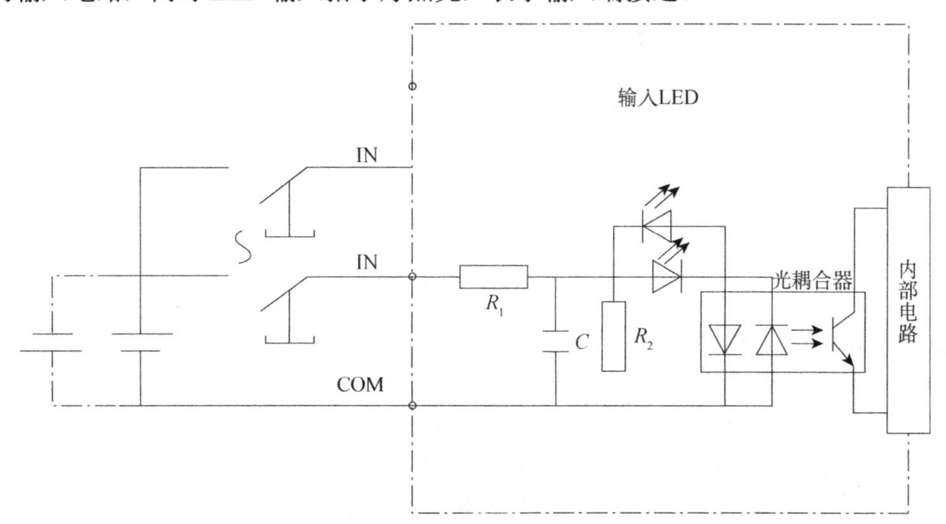

图 1-4　PLC 数字量直流输入接口的示意图

②交流输入接口电路。图 1-5 所示为交流输入接口电路的示意图，为减小高频信号串入，电路中设有隔直电容 C。

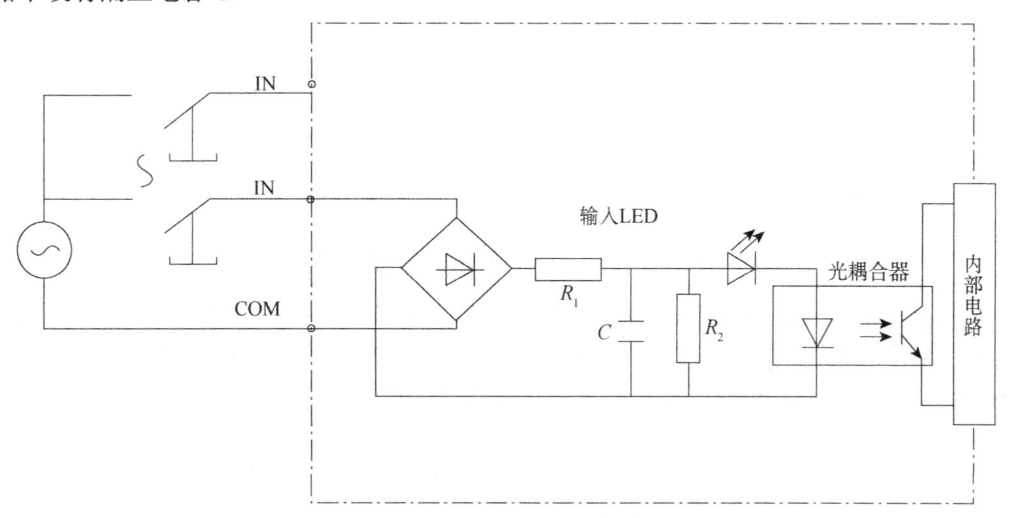

图 1-5　PLC 开关量交流输入接口电路的示意图

（2）数字量输出接口电路

在输出接口中，晶体管输出型的接口只能带直流负载，属于直流输出接口，晶闸管输出型的接口只能带交流负载，属于交流输出接口，继电器输出型的接口可带直流负载也可带交流负载，属于交/直流输出接口。

①晶体管输出型接口电路（直流输出接口）。图1-6所示PLC为晶体管输出型接口电路示意图，图中虚线框中的电路是PLC的内部电路，虚线框外是PLC输出点的驱动负载电路。图中只画出一个输出端的输出电路，各个输出端所对应的输出电路均相同。在图中，晶体管VT为输出开关器件，光耦合器为隔离器件。

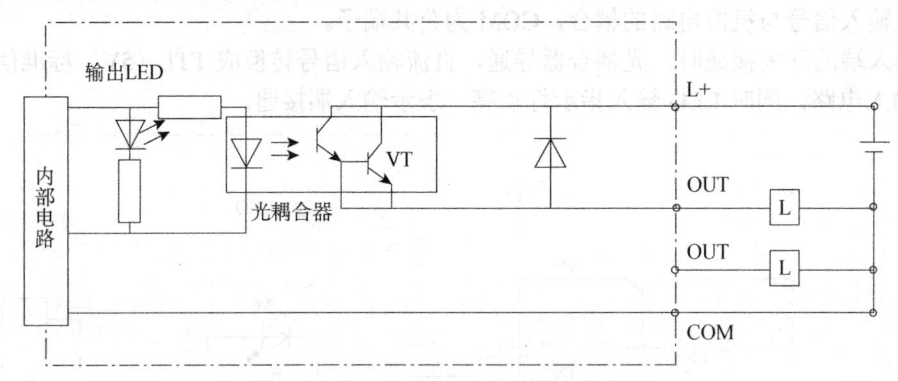

图1-6　PLC晶体管输出型接口示意图

PLC的输出由用户程序决定。当需要某一输出端输出时，由CPU控制，将输出信号经光耦合器输出，使晶体管导通，相应的负载接通，同时输出指示灯点亮，指示该输出端有输出，负载所需直流电源由用户提供。

②晶闸管输出型接口电路（交流输出接口）。图1-7为晶闸管输出型接口示意图，图中双向晶闸管为输出开关器件，由它组成的固态继电器具有光电隔离作用。电阻R与电容C组成高频滤波电路，减少信号干扰。

当需要某一输出端输出时，由CPU控制，将输出信号经光耦合器使输出回路中的双向晶闸管导通，相应的负载接通，同时输出指示灯点亮，指示该输出端有输出。

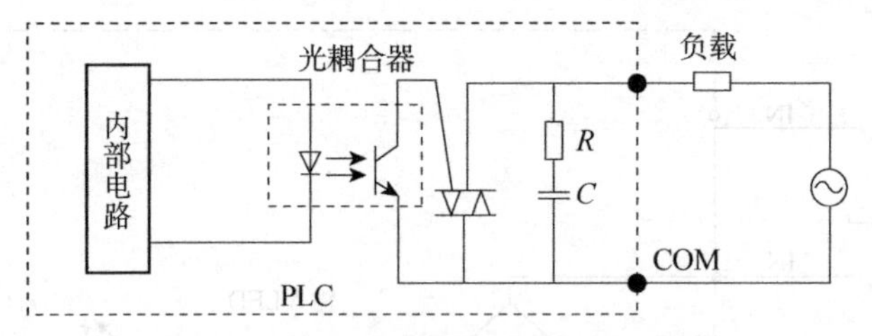

图1-7　PLC晶闸管输出型接口示意图

③继电器输出型接口电路（交/直流输出接口）。图1-8所示为继电器输出型接口示意图，图中继电器既是输出开关器件，又是隔离器件，电阻R_1和指示灯LED组成状态显示器，电阻R_2和C组成RC灭弧电路。

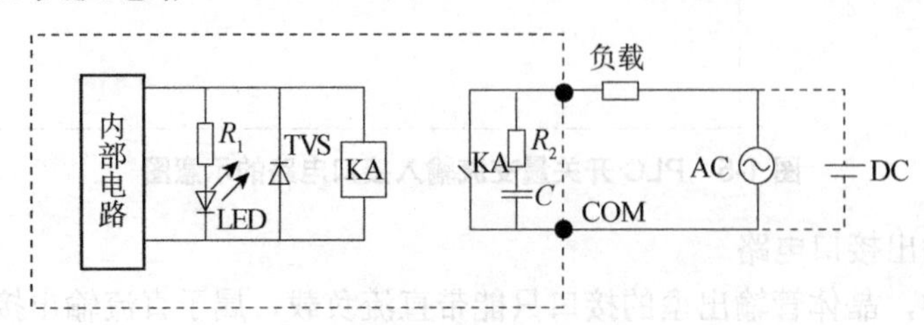

图1-8　PLC继电器输出型接口示意图

当需要某一输出端输出时，由 CPU 控制，将输出信号输出，接通输出继电器线圈，输出继电器的触点闭合，接通外部负载电路，输出指示灯亮，指示该路输出端有输出。

4）其他接口

①扩展接口。扩展接口用于将扩展单元与基本单元相连，使 PLC 的配置更加灵活，以满足不同控制系统的需求。

②通信接口。为了实现人—机或机—机之间的对话，PLC 配有多种通信接口。PLC 通过这些通信接口可以与计算机、其他 PLC、变频器、触摸屏及打印机等相连。

5）编程器

编程器有简易型和智能型两类。简易型编程器只能联机编程，且往往是先将梯形图转化为机器语言助记符（指令表）后才能输入，它一般是由简易键盘和发光二极管或其他显示器件组成。智能型编程器又称图形编程器，它可以联机编程，也可以脱机编程，具有 LCD 或 CRT 图形显示功能，可以直接输入梯形图和通过屏幕对话。也可以采用微机辅助编程，许多 PLC 厂家为自己的产品设计了计算机辅助编程软件，运用这些软件可以编辑、修改用户程序，监控系统的运行，打印文件，采集和分析数据，在屏幕上显示系统运行状态，对工业现场和系统进行仿真等。若要直接与 PLC 通信，还应配有相应的通信电缆。

6）电源

PLC 一般使用 220V 单相交流电源，电源部件将交流电转换成中央处理器、存储器等电路工作所需的直流电，保证 PLC 的正常工作。小型整体式 PLC 内部有一个开关稳压电源，此电源一方面可为 CPU、I/O 单元及扩展单元提供直流 5V 工作电源，另一方面还可为外部输入元件提供直流 24 V 电源。电源部件的位置有多种，对于整体式 PLC，电源通常封装在机箱内部；对于模块式 PLC，有的采用单独电源模块，有的将电源与 CPU 封装在一个模块中。

7）智能单元

各种类型的 PLC 都有一些智能单元，它们一般都有自己的 CPU，具有自己的系统软件，能独立完成一项专门的工作。智能单元通过总线与主机相连，通过通信方式接受主机的管理。常用的智能单元有 A/D 单元、D/A 单元、高速计数单元、运动控制单元等。

8）其他部件

PLC 还可配套盒式磁带机、EPROM 写入器、存储器卡等其他外部设备。

PLC 软件系统

2. PLC 的软件系统

PLC 的软件系统由系统程序和用户程序组成。

1）系统程序

系统程序是用来控制和完成 PLC 各种功能的程序，由 PLC 制造厂商设计编写，并固化在 ROM 中，用户不能直接读写和更改。系统程序一般包括系统诊断程序、输入处理程序、编译程序、信息传送程序、监控程序等。

2）用户程序

PLC 的用户程序是用户利用 PLC 的编程语言，根据控制要求编制的程序。在 PLC 的应用中，最重要的是用 PLC 的编程语言来编写用户程序，以实现控制目的。

PLC 的编程语言有多种类型，对于不同生产厂家、不同系列的 PLC 产品采用的编程语言的表达方式也不相同，但基本上可归纳为两种类型：一是采用字符表达方式的编程语言，如语句表等；二是采用图形符号表达方式的编程语言，如梯形图等。以下简要介绍 5 种常见的

PLC 编程语言。

（1）梯形图语言

梯形图语言是在传统电器控制系统中常用的接触器、继电器等图形表达符号的基础上演变而来的。它与电器控制线路图相似，继承了传统电器控制逻辑中使用的框架结构、逻辑运算方式和输入/输出形式，具有形象、直观、实用的特点。因此，这种编程语言为广大电气技术人员所熟知，是应用最广泛的 PLC 的编程语言，是 PLC 的第一编程语言。图 1-9 所示为 PLC 梯形图。

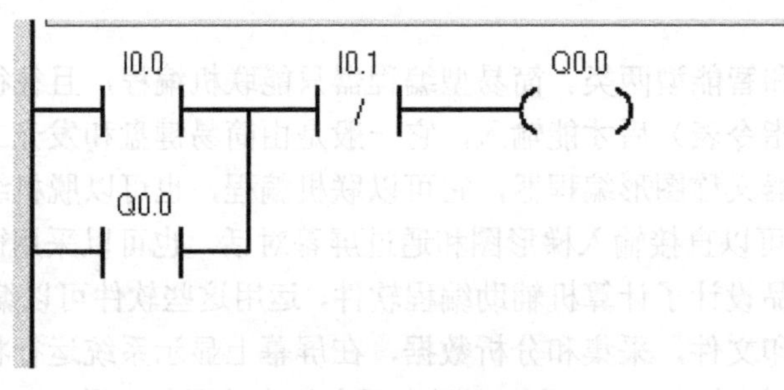

图 1-9　PLC 梯形图

PLC 的梯形图使用的是内部继电器，都是由软件来实现的，使用方便、修改灵活，是电器控制电路无法比拟的。

（2）指令语句表语言

指令语句表编程语言是一种与汇编语言类似的助记符编程表达方式。在 PLC 应用中，经常采用简易编程器，而这种编程器中没有 CRT 屏幕显示，或者没有较大的液晶屏幕显示。因此，就用一系列 PLC 操作指令组成的语句表将梯形图描述出来，再通过简易编程器输入 PLC。表 1-1 所列的是与图 1-9 中梯形图对应的（CP1 系列 PLC）语句表程序。

表 1-1　语句表程序

3	指令	操作数
0	LD	I0.0
1	O	Q0.0
2	AN	I0.1
3	=	Q0.0

可以看出，语句是语句表程序的基本单元，每个语句和微机一样也由地址（步序号）、操作码（指令）和操作数 3 部分组成。

（3）功能块图语言

功能块图（FBD）语言是一种类似于数字逻辑电路结构的编程语言，由与门、或门、非门、定时器、计数器、触发器等逻辑符号组成。FBD 在外观上类似逻辑门图形，但它没有梯形图中的触点和线圈，而拥有与之等价的指令。功能模块用矩形表示，每个功能模块的左侧有不少于一个的输入端，右侧有不少于一个的输出端。功能模块的类型名称通常写在块内，其输入/输出名称写在块内输入/输出点对应的地方。

功能模块基本上分为两类：基本功能模块和特殊功能模块。基本功能模块有 AND、OR、XOR 等，特殊功能模块有 ON 延时、脉冲输出、计数器等。如图 1-10 所示，左侧为逻辑运算的输入变量，右侧为输出变量，信号自左向右流动，就像数字电路图一样。

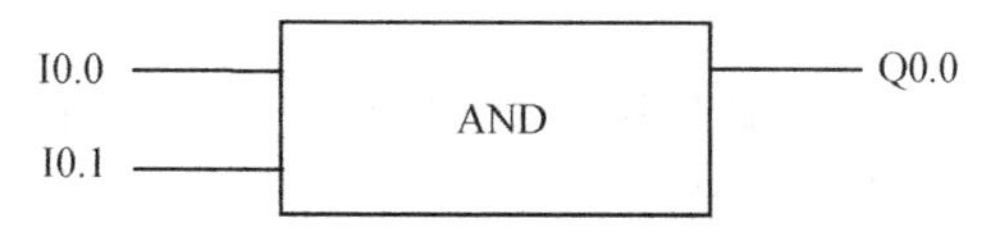

图 1-10　功能块图语言编程

（4）顺序功能图语言

顺序功能图（SFC）语言是一种较新的编程方法，又称状态转移图语言。它将一个完整的控制过程分为若干阶段，各阶段具有不同的动作，阶段间有一定的转换条件，转换条件满足就实现阶段转移，上一阶段动作结束，下一阶段动作开始。该语言是用顺序功能图的方式来表达一个控制过程，对于顺序控制系统特别适用。

（5）高级语言

随着 PLC 技术的发展，为了增强 PLC 的运算、数据处理及通信等功能，以上编程语言已经无法很好地满足要求。近年来推出的 PLC 尤其是大型 PLC，都可用高级语言，如 BASIC 语言、C 语言、PASCAL 语言等进行编程。采用高级语言后，用户可以像使用普通微型计算机一样操作 PLC，使 PLC 的各种功能得到更好的发挥。

PLC 工作原理

3. PLC 的工作原理

PLC 是用于代替传统的继电器系统而构成的控制装置。它与继电接触器控制的重要区别就是工作方式的不同。继电接触器控制采用的是并行工作方式，也就是只要形成电流通路，就可能有几个电器同时工作。而 PLC 是采用反复扫描的方式工作的，它是循环地连续逐条执行程序，任一时刻只能执行一条指令，这就是说 PLC 是以串行方式工作的。整个工作过程可分为 5 个阶段：自诊断、通信处理、读取输入、执行程序、改写输出。其工作过程如图 1-11 所示。

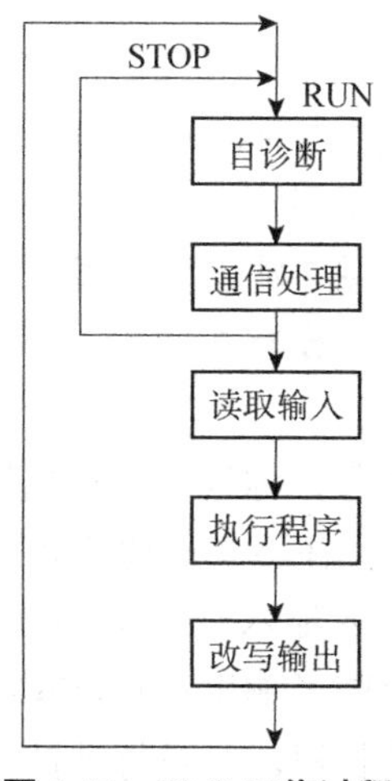

图 1-11　PLC 工作过程

（1）自诊断

每次扫描用户程序之前，都先执行自诊断测试。自诊断测试包括定期检查 CPU 模块的操作和扩展模块的状态是否正常，将监控定时器复位，以及完成一些其他的内部工作。若发现异常停机，则显示出错；若自诊断正常，则继续向下扫描。

（2）通信处理

在通信处理阶段，CPU 处理从通信接口和智能模块接收到的信息，并存放在缓冲区中，在适当的时候将信息传送给通信请求方。

（3）读取输入

在 PLC 的存储器中，设置了一片区域来存放输入信号和输出信号的状态，它们分别称为输入映像寄存器和输出映像寄存器。CPU 以字节（8 位）为单位来读写输入/输出映像寄存器。在读取输入阶段，PLC 把所有外部数字量输入电路的 ON/OFF 状态读入输入映像寄存器：外部的输入电路闭合时，对应的输入映像寄存器为 1 状态，梯形图中对应的输入映像寄存器的常开触点闭合常闭触点断开；外部输入电路断开时，对应的输入映像寄存器为 0 状态，梯形图中对应的常开触点断开，常闭触点闭合。

（4）执行程序

PLC 的用户程序由若干条指令组成，指令在存储器中顺序排列。在 RUN 工作模式的程序执行阶段，在没有跳转指令时，CPU 从第 1 条指令开始逐条顺序地执行用户程序。

在执行指令时，从 I/O 映像寄存器读出其 I/O 状态，并根据指令的要求执行相应的逻辑运算，运算的结果写入相应映像寄存器。因此，各映像寄存器（只读的输入映像寄存器除外）的内容随着程序的执行而变化。

在程序执行阶段，即使外部输入信号的状态发生了变化，输入映像寄存器的状态也不会随之改变，输入信号变化的状态只能在下一个扫描周期的读取输入阶段被读入。执行程序时，对输入/输出的存取通常是通过映像寄存器，而不是实际的 I/O 点，这样做有以下好处。

①程序执行阶段的输入值是固定的，程序执行完后再用输出映像寄存器的值更新输出点，使系统的运行稳定。

②I/O 映像寄存器比读写 I/O 点快得多，这样可以提高程序的执行速度。

（5）改写输出

CPU 执行完用户程序后，将输出映像寄存器的二进制数 0/1 状态，传送到输出模块并锁存起来。梯形图中某一输出位的线圈通电时，对应的映像寄存器的二进制数为 1 状态。信号经输出模块隔离和功率放大后，继电器型输出模块中对应的继电器的线圈通电，其常开触点闭合，使外部负载通电工作。若梯形图中输出点的线圈断电，将它送到继电器型输出模块，对应的输出映像寄存器中存放的二进制数为 0 状态，对应的继电器的线圈断电，其常开触点断开，外部负载断电，停止工作。

PLC 经过以上 5 个阶段的工作过程，称为 1 个扫描周期，完成 1 个扫描周期后，又重新执行上述过程，扫描周而复始的进行。在不考虑通信处理时，扫描周期 T 的大小为

$$T=(\text{输入一点时间}\times\text{输入点数})+(\text{运算速度}\times\text{程序步数})$$
$$+(\text{输出一点时间}\times\text{输出点数})+\text{故障诊断时间}$$

显然扫描周期主要取决于程序的长短，一般每秒钟可扫描数十次以上。响应时间的长短对工业设备通常没有什么影响。但对控制时间要求较严格、响应速度要求较快的系统，就应该精确计算响应时间，细心编制程序，合理安排指令的顺序，以尽可能减少扫描周期造成的响应延时等不良因素。

（三）PLC 的性能、特点及分类

1. PLC 的性能指标

（1）I/O 总点数

I/O 总点数是衡量 PLC 接入信号和可输出信号的数量。PLC 的输入/输出有数字量和模拟量两种类型。其中数字量用最大 I/O 点数表示，模拟量用最大 I/O 通道数表示。I/O 点数越多，外部可接的输入设备和输出设备就越多，控制规模就越大。

（2）存储器容置

存储器容量是衡量可存储用户应用程序多少的指标，通常以字或千字为单位。约定 16 位二进制数为一个字（即两个 8 位的字节），每 1024 个字为 1 千字（K）。PLC 中通常以字为单位来存储指令和数据，一般的逻辑操作指令每条占 1 个字，定时器、计数器、移位操作等指令占 2 个字，而数据操作指令占 2～4 个字。一般来说，小型 PLC 的用户存储器容量为几千字，而大型机的用户存储器容量为几万字。

（3）编程语言

编程语言是 PLC 厂家为用户设计的用于实现各种控制功能的编程工具，它有多种形式，常见的是梯形图编程语言及语句表编程语言，另外还有逻辑图编程语言、布尔代数编程语言等。编程语言的功能是否强大主要取决于该机型指令系统的功能是否强大。一般来讲，指令的种类和数量越多，功能越强大。

（4）扫描速度

扫描速度是指 PLC 执行用户程序的速度，是衡量 PLC 性能的重要指标。一般以扫描 1KB 用户程序所需的时间来衡量扫描速度，通常以 ms/K 字为单位。PLC 用户手册一般给出执行各条指令所用的时间，可以通过比较各种 PLC 执行相同的操作所用的时间，来衡量扫描速度的快慢。

（5）内部寄存器的种类和数置

内部寄存器的种类和数量是衡量 PLC 硬件功能的一个指标。内部寄存器主要用于存放变量的状态、中间结果和数据等。

（6）通信能力

通信能力是指可编程序控制器与可编程序控制器、可编程序控制器与计算机、可编程序控制器与其他智能设备之间的数据传送及交换能力，它是工厂自动化的必备基础。目前生产的可编程控制器不论是小型机还是中大型机，都配有一至两个、甚至多个通信端口。

（7）智能模块

智能模块是指具有自己的 CPU 和系统的模块。它作为 PLC 中央处理单元的下位机，不参与 PLC 的循环处理过程，但接受 PLC 的指挥，可独立完成某些特殊的操作。常见的智能模块有位置控制模块、温度控制模块、PID 控制模块、模糊控制模块等。

2. PLC 的特点

PLC 技术之所以得到高速发展，除工业自动化的客观需要外，主要是因为它具有许多独特的优点。它较好地解决了工业领域中人们普遍关心的可靠、安全、灵活、方便、经济等问题。PLC 技术主要有以下特点。

（1）可靠性高、抗干扰能力强

可靠性高、抗干扰能力强是 PLC 最重要的特点之一。PLC 的平均无故障时间可达几十万个小时，之所以有这么高的可靠性，是由于它采用了一系列的硬件和软件的抗干扰措施。

①硬件方面。I/O 通道采用光电隔离，有效地抑制了外部干扰源对 PLC 的影响；对供电电源及线路采用多种形式的滤波，从而消除或抑制了高频干扰；对 CPU 等重要部件采用良好的导电、导磁材料进行屏蔽，以减少空间电磁干扰；对有些模块设置了连锁保护、自诊断等功能。

②软件方面。PLC 采用扫描工作方式，减少了由外界环境干扰引起的故障；在 PLC 系统程序中设有故障检测和自诊断程序，能对系统硬件电路等故障实现检测和判断；一旦由外界干扰引起故障时，能立即将当前重要信息加以封存，禁止任何不稳定的读写操作，当外界环境正常后，便可恢复到故障发生前的状态，继续原来的工作。

（2）编程简单、使用方便

目前，大多数 PLC 采用的编程语言是梯形图语言，它是一种面向生产、面向用户的编程语言。梯形图与继电器控制电路图相似——形象、直观，使用者不需要掌握计算机知识，当生产流程需要改变时，可以通过现场改变程序来实现，非常方便、灵活。同时，PLC 编程器的操作和使用也很简单，这也是 PLC 获得普及和推广的主要原因之一。许多 PLC 还针对具体问题设计了各种专用编程指令及编程方法，进一步简化了编程。

（3）功能完善、通用性强

现代 PLC 不仅具有逻辑运算、定时、计数、顺序控制等功能，还具有 A/D 和 D/A 转换、数值运算、数据处理、PID 控制、运动控制、通信联网等智能功能。同时，由于 PLC 产品的系列化、模块化，还配有品种齐全的各种硬件装置供用户选用，因此可以组成满足各种要求的控制系统。

（4）设计安装简单、维护方便

由于 PLC 用软件代替了传统电气控制系统的硬件，使得控制柜的设计、安装接线这类工作量大为减少。PLC 的用户程序大部分可在实验室进行模拟调试，缩短了应用设计和调试周期。在维修方面，由于 PLC 的故障率极低，因此维修工作量很小，而且 PLC 具有很强的自诊断功能，如果出现故障，使用者可根据 PLC 上的指示或编程器中提供的故障信息，迅速查明原因，维修极为方便。

（5）体积小、质量轻、能耗低

由于 PLC 采用了集成电路，其结构紧凑、体积小、能耗低，所以是实现机电一体化的理想控制设备。

3. PLC 的分类

PLC 的种类很多，各种产品的功能、内存容量、控制规模、外形等方面均存在较大的差异。因此，PLC 的分类没有一个严格的统一标准。这里按照结构、I/O 点数、功能和流派进行了大致的分类。

1）按照结构分类

PLC 按照其硬件的结构形式分为整体式、模块式和叠装式。

（1）整体式 PLC

整体式 PLC 的特点结构紧凑。它将 PLC 的基本部件，如 CUP 板、输入板、输出板、电源板等紧凑地安装在一个标准的机壳内，构成一个整体，组成 PLC 的一个基本单元（主机）或扩展单元。基本单元上设有扩展端口，通过扩展电缆与扩展单元相连，配有许多专用的特殊功能的模块，如模拟量输入/输出模块、热电偶模块、热电阻模块、通信模块等，以构成 PLC 不同的配置。整体式 PLC 具有体积小、成本低、安装方便等特点。微型和小型 PLC 一般为整体式结构。如西门子的 S7-200 系列、欧姆龙的 CP1 系列、三菱的 FX 系列等。

（2）模块式 PLC

模块式 PLC 是由一些模块单元组成，如 CUP 模块、输入模块、输出模块、电源模块和各种功能模块等，将这些模块插在框架上和基板上即可组装而成。各个模块的功能独立，外型尺寸统一，可根据需要灵活配置。目前，大中型 PLC 都采用这种方式，如西门子的 S7-300 和 S7-400 系列、欧姆龙的 CJ 和 CS 系列。

整体式 PLC 每个 I/O 点的平均价格比模块式的便宜，在小型控制系统中一般采用整体式结构。但是模块式 PLC 的硬件组态方便灵活，I/O 点数的多少、输入点数与输出点数的比例、I/O 模块的使用等方面的选择余地都比整体式 PLC 大得多，维修时更换模块、判断故障范围也很方便，因此较复杂的、要求较高的系统一般选用模块式 PLC。

（3）叠装式 PLC

整体式 PLC 具有结构紧凑、体积小、成本低、安装方便的特点。但由于其点数有搭配关系，各单元尺寸大小不一，因此不易安装整齐。模块式 PLC 各个模块的功能独立，外形尺寸统一，可根据需要灵活配置；但尺寸较大，难以与小型设备连接。为此，有些公司就开发出叠装式 PLC，它的结构也是每个单元和 CPU 自成模块，各单元用电缆进行连接，不使用机架，还可以层层叠装。叠装式 PLC 既可以使体积小巧，又达到了配置灵活的目的。

2）按照 I/O 点数分类

一般而言，处理 I/O 点数越多，控制关系就越复杂，用户要求的程序存储器容量越大，要求 PLC 指令及其他功能比较多，指令执行的过程也比较快。按照 PLC 的输入/输出点数的多少可将 PLC 分为以下 3 类。

（1）小型 PLC

小型 PLC 的功能一般以数字量控制为主，小型 PLC 的输入/输出点数一般在 256 点以下，用户程序存储器容量在 4KB 左右。现在的高性能小型 PLC 还具有一定的通信能力和少量的模拟量处理能力。这类 PLC 的特点是价格低廉、体积小巧，适合控制单台设备和开发机电一体化产品。典型的小型 PLC 有西门子公司的 S7-200 系列、欧姆龙公司的 CP1 系列、三菱公司的 FX 系列和 AB 公司的 SLC500 系列等。

（2）中型 PLC

中型 PLC 的输入/输出点数在 256～2048 点之间，用户程序存储器容量达到 10KB 左右。中型 PLC 不仅具有数字量和模拟量的控制功能，还具有更强的数字计算能力，它的通信功能和模拟量处理功能更强大。中型 PLC 比小型 PLC 更丰富，中型 PLC 适用于更复杂的逻辑控制系统以及连续生产线的过程控制系统。典型的中型 PLC 有 SIEMENS 公司的 S7-300 系列、OMRON 公司的 CJ2 系列等。

（3）大型 PLC

大型 PLC 的输入/输出点数在 2048 点以上，用户程序储存器容量达到 16KB 以上。大型

PLC的性能已经与大型PLC的输入/输出工业控制计算机相当，它具有计算、控制和调节的能力，还具有强大的网络结构和通信联网能力，有些PLC还具有冗余能力。它的监视系统采用CRT显示，能够显示过程的动态流程，记录各种曲线、PID调节参数等；它配备多种智能板，可构成一台多功能系统。这种系统还可以和其他型号的控制器互联，和上位机相联，组成一个集中分散的生产过程和产品质量控制系统。大型PLC适用于设备自动化控制、过程自动化控制和过程监控系统。典型的大型PLC有SIEMENS公司的S7-400系列、OMRON公司的CVM1和CS1系列、AB公司的SLC5/05系列等。

3）按照功能分类

根据PLC所具有的功能不同，可将PLC分为低档、中档、高档3类。

（1）低档PLC

此类PLC具有逻辑运算、定时、计数、移位，以及自诊断、监控等基本功能，还具有模拟量输入/输出、算术运算、数据传送和比较、通信等功能。低档PLC主要用于逻辑控制、顺序控制或少量模拟量控制的单机控制系统。

（2）中档PLC

这类PLC除具有低档PLC的基本功能外，还具有较强的模拟量输入/输出、算术运算、数据传送和比较、数制转换、远程I/O、通信联网等功能。有些中档PLC还可增设中断控制、PID 控制等功能，适用于复杂控制系统。

（3）高档PLC

这类PLC除具有中档PLC的基本功能外，还增加了带符号算术运算、矩阵运算、位逻辑运算、平方根运算及其他特殊功能函数运算、制表及表格传送等功能。高档PLC具有更强的通信联网功能，可用于大规模过程控制或构成分布式网络控制系统，实现工厂自动化。

4）按照流派分类

PLC产品可按地域分成3大流派，分别为美国产品、欧洲产品和日本产品。美国和欧洲的PLC技术是在相互隔离的情况下独立研究开发的，因此美国和欧洲的PLC产品有明显的差异性。而日本的PLC技术是由美国引进的，对美国的PLC产品有一定的继承性，但日本的主推产品定位在小型PLC上。美国和欧洲以大中型PLC而闻名，而日本则以小型PLC著称。

（四）PLC的应用领域

PLC经过40多年的发展，已在国内外广泛应用于冶金、石油、化工、建材、机械制造、电力、汽车、轻工、环保等行业。随着PLC的性能不断完善、功能日渐强大，应用领域将逐渐拓宽到工业控制的各个领域。

1. 开关逻辑控制

这是PLC最基本、最广泛的应用领域，它取代传统的继电器控制，实现逻辑运算、定时、计数、顺序等逻辑控制，既可用于单台设备的控制，也可用于多机群控制及自动化生产线控制等。如应用于注塑机、装配生产线、印刷机械等设备中。

2. 模拟量控制

在工业生产过程当中，有许多连续变化的模拟量，如温度、压力、流量、液位和速度等。

但 PLC 内部所处理的量为数字量，为了使 PLC 能处理模拟量，PLC 厂家都生产配套的 A/D 和 D/A 转换模块，先将现场的温度、流量等模拟量经过 A/D 模块转换为数字量，由微处理器进行处理，处理过的数字量再经 D/A 转换模块转换为模拟量去控制被控对象，使 PLC 实现了模拟量控制。

3. 运动控制

PLC 可以用于圆周运动或直线运动的控制。从控制机构配置来说，早期直接用数字量 I/O 模块连接位置传感器和执行机构，现在一般使用专用的运动控制模块。世界上各主要 PLC 厂家的产品几乎都有运动控制功能，广泛用于各种机械、机床、机器人、电梯等场合。

4. 过程控制

过程控制是指对温度、压力、流量等模拟量的闭环控制。PLC 能编制各种各样的控制算法程序，完成闭环控制。PID 调节是一般闭环控制系统中用得较多的调节方法。大中型 PLC 都有 PID 模块，目前许多小型 PLC 也具有此功能模块。过程控制在冶金、化工、热处理、锅炉控制等场合有非常广泛的应用。

5. 顺序控制

PLC 的顺序控制在工业控制中可以采用移位寄存器和步进指令实现。除此之外，还可以采用 IEC 规定的用于顺序控制的标准化语言——顺序功能图语言编写程序，使得 PLC 在实现按照输入状态的顺序时能够更加容易地控制相应输出。

6. 定时控制

PLC 可以根据用户需求为用户提供几十甚至上百个定时器，定时的时间可以在编写用户程序时设定，也可在工业现场通过编程器进行修改或重新设定，实现定时或延时的控制。

7. 计数控制

计数控制可以实现对某些信号的计数。PLC 也可以为用户提供几十甚至上百个计数器。其设定方式同定时器一样，可以实现增计数和减计数控制。若用户需要对频率较高的信号进行跟踪计数，可选用高速计数模块。

8. 数据处理

现代 PLC 具有数学运算、数据传送、数据转换、排序、查表、位操作等功能，可以完成数据的采集、分析及处理。这些数据可以与存储在存储器中的参考值进行比较，完成一定的控制操作，也可以利用通信功能传送到其他智能装置，或者将它们打印制表。数据处理一般用于大型控制系统，如无人控制的柔性制造系统；也可用于过程控制系统，如造纸、冶金、食品工业中的一些大型控制系统。

9. 通信联网

现代的 PLC 一般都具有通信功能，应用通信模块实现 PLC 与 PLC、PLC 与计算机、PLC 与远程 I/O 模块之间的通信，也可以构成“集中管理，分散控制”的分布式控制系统（DCS 系统）。因此，PLC 是实现工业生产自动化的理想工业控制装置。

（五）PLC 控制系统的设计

目前，PLC 已被广泛应用在工业控制的各个领域。在了解了 PLC 的产生、发展、特点及应用后，有必要从宏观上认识 PLC 控制系统的设计过程，熟悉 PLC 控制系统在开发过程中需要遵循的原则以及相关知识，明确今后的学习方向。

1. PLC 控制系统的设计思想

所谓系统，是由相互制约的各个部分组成的具有一定功能的整体。PLC 控制系统虽然种类多样，但归纳起来，它们都是由 5 大部分组成的，即由计算机、传感器、机械装置、动力及执行器组成，与这 5 大要素相对应的是控制、检测、结构、驱动和运转五大功能，如图 1-12 所示。

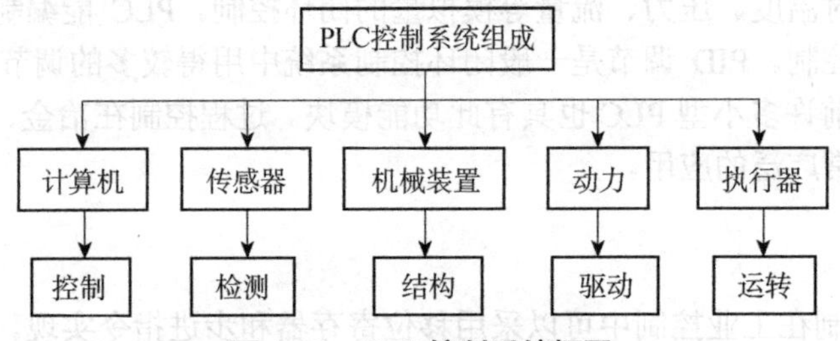

图 1-12　PLC 控制系统框图

PLC 控制系统是由相互制约的 5 大部分组成的具有一定功能的整体，不但要求每个部分都具有高性能，还强调它们之间的协调与配合，以便更好地实现预期的功能，达到系统整体最佳的目标。

PLC 控制系统整体设计法是以优化的工艺为主线、控制理论为指导、计算机应用为手段、系统整体最佳为目标的一种综合设计方法。要求工程技术人员能够将微电子、电力电子、计算机、信息处理、通信、传感检测、过程控制、伺服传动、精密机械，以及自动控制等多种技术相互交叉、相互渗透、有机结合，做到融会贯通和综合运用。设计 PLC 控制系统的奥秘就在于“融会贯通”和“综合运用”。

2. PLC 控制系统的设计原则

随着 PLC 功能的不断提高和完善，PLC 几乎可以完成工业控制领域的所有任务，它最适合工业环境较差，对安全性、可靠性要求较高，系统工艺复杂的应用场合。在设计 PLC 控制系统时应遵循以下原则。

①充分发挥 PLC 的功能，最大限度地满足被控对象的工艺要求。

②保证控制系统的安全可靠。

③在满足控制要求的前提下，力求使控制系统简单、经济、使用及维修方便。

④应考虑生产的发展和工艺的改进，应适当留有扩充余量。

3. PLC 控制系统设计的一般过程

在设计 PLC 控制系统时，首先要进行 PLC 控制系统的功能设计、系统分析，再提出 PLC 控制系统的基本规模和布局，最后确定 PLC 的机型和系统的具体配置。PLC 控制系统设计流程图如图 1-13 所示。

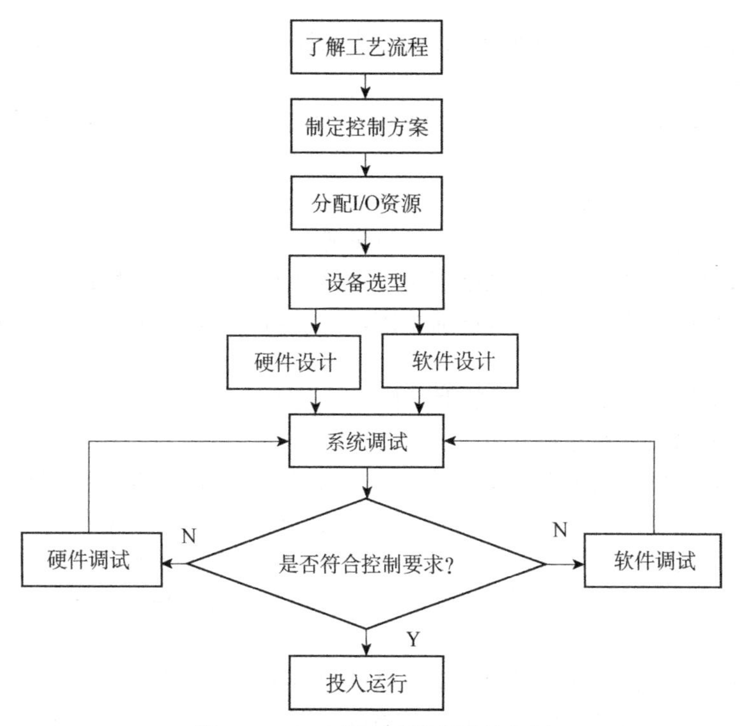

图 1-13 PLC 控制系统设计流程图

（1）了解工艺流程，分析项目需求

熟悉工艺流程是 PLC 工程设计的前提条件。设计者要了解电气设备的应用环境、应用条件，大致掌握所需设备的类型、特点、动作条件等，此外还须了解电气系统与机械设备、现场各种仪表是否具备连接与安装的条件等。

根据用户对电气控制系统的要求，认真调查研究，与用户讨论，了解用户对电气系统在实际操作、界面组态、逻辑时序、控制性能和故障处理等方面的要求。

（2）制定控制方案

在项目需求分析完成后，生成明确的工艺流程图，以及控制要求、故障保护等方面的详细说明文档，即控制方案。

（3）分配 I/O 资源

根据系统的控制要求，确定用户所需的输入（如按钮、开关、电位器或现场测量仪表等）和输出设备（如接触器、电磁阀、信号指示灯等），由此确定 PLC 的 I/O 点数。

（4）设备选型

为现场的电气控制设备进行选型，除选取电动机、变频器、触摸屏、PLC、电磁阀等主要设备外，还须选择合适的中间设备，如继电器、信号灯、断路器（俗称空气开关）、熔断器等。相对来说，后者的选取更加重要。在选型时，功率或电流是电动机、变频器、断路器、继电器等设备的主要参考指标，同时也需要兼顾设备尺寸等指标。

（5）设计硬件及软件

硬件设计及安装、检验步骤：

①综合现场工艺、用户需求及硬件设备情况，绘制出对应的设计图。设计图中应包含尽可能丰富的信息，如硬件电路图、设备选型表、控制台/控制柜尺寸与布置图等。

②根据设计图，完成硬件搭建与设备连接，形成实体的硬件设备。在设备安装完成后，

需要检验系统的整体性能，如接线是否正确、手动操作的对应功能是否可以实现、必要的电气保护是否具备等。

③在确保不会产生电气事故的前提下对PLC通电，检验对应端子的外部连接是否有效。若有效，则硬件安装完成。

（6）软件程序设计的步骤

在硬件连接确认无误后，开始进行程序的编制。

①结合需求分析的结论，根据功能将整个项目分为若干个功能块；将功能图用粗略的流程图替代；将流程图逐步分解为具体的流程图，对于功能重复的流程图可考虑在程序编制时形成子程序。

②根据系统流程图及功能，为定时器（T）、计数器（C）、内部继电器（M）、数据存储区（V）分配地址，形成地址分配表。

③编制程序。为每个功能块（或子程序）、每个网络增加必要的说明（注释）。

④调试与修改程序。程序编制完成后，由于程序设计工作中难免有错误和疏漏的地方，因此在系统运行之前必须进行软件测试工作，以排除程序中的错误，缩短系统调试周期。现在大部分的PLC主流产品都可在计算机上编程，并可直接进行模拟调试。

（7）系统调试

当系统的硬件和软件设计完成后，就可以进行系统的调试工作了。在此过程中，首先对局部系统进行调试，然后进行联机调试。在调试过程中，必须严格按照从小系统到大系统、从单步到连续的规则。如有问题可重新对软硬件进行调整，直至符合要求。调试之初，先将主电路断电，只对控制电路进行联调。通过现场联调信号的接入，常常还会发现软、硬件中的问题，有时厂家还要对某些控制功能进行改进。

全部调试完毕后，投入运行。经过一段时间的运行，如果工作正常，应将程序固化在EPROM中，以防止程序丢失。

（8）编写技术文档

①PLC的外部接线图和其他电气图纸。

②PLC的编程元件表，包括程序中使用的输入/输出继电器、辅助继电器、定时器、计数器、状态寄存器等的元件号、名称、功能，以及定时器、计数器的设定值等。

③带注释的梯形图和必要的文字说明。

④如果梯形图是用顺序控制法编写的，应提供顺序功能图或状态表。

（9）交付与后期维护

系统交付用户后，还须在一段时间内进行定期的回访，并在维护期间给予必要的指导。

四、项目分析

（一）S7-200系列PLC的外部结构

S7-200系列PLC有CPU 21X、CPU 22X和SMART等产品。图1-14所示为CPU 22X PLC的外部结构图，是典型的整体式结构，输入/输出模块、CPU模块、电源模块及通信模块等均组装在一个机壳内，当系统需要扩展时，可选用需要的扩展模块与基本单元连接。

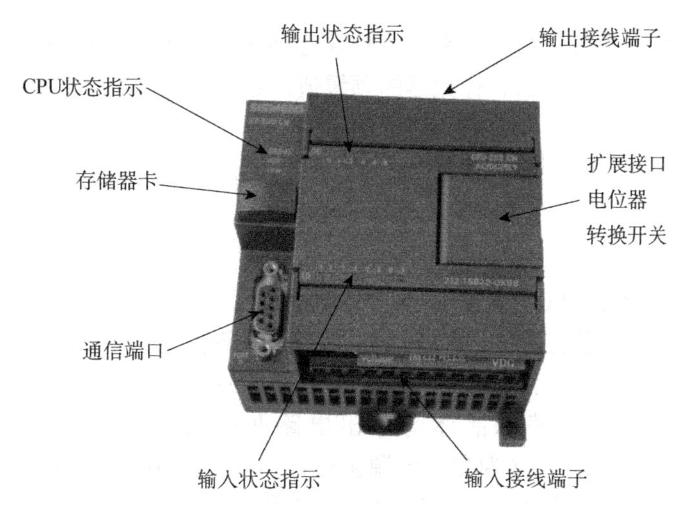

图 1-14 CPU 22X PLC 外部结构图

（1）输入接线端子：用于连接外部控制信号。在底部端子盖下是输入接线端子和为传感器提供 24V 直流电的电源。

（2）输出接线端子：用于连接被控设备。在顶部端子盖下是输出接线端子和 PLC 的工作电源。

（3）CPU 状态指示：CPU 状态指示灯有 SF/DIAG、RUN、STOP，其作用如下所述。

①SF/DIAG：系统故障指示灯。当系统出现严重的错误或硬件故障时亮。

②RUN：运行指示灯。执行用户程序时亮。

③STOP：停止状态指示灯。编辑或修改用户程序，通过编程器向 PLC 下载程序或进行系统设置时此灯亮。

（4）输入状态指示：用于显示是否有控制信号（如控制按钮、行程开关、接近开关、光电开关等数字量信息）输入 PLC。

（5）输出状态指示：用于显示 PLC 是否有信号输出到执行设备（如接触器、电磁阀、指示灯等）。

（6）扩展接口：通过扁平电缆线，连接数字量 I/O 扩展模块、模拟量 I/O 扩展模块、热电偶模块和通信模块等，如图 1-15 所示。

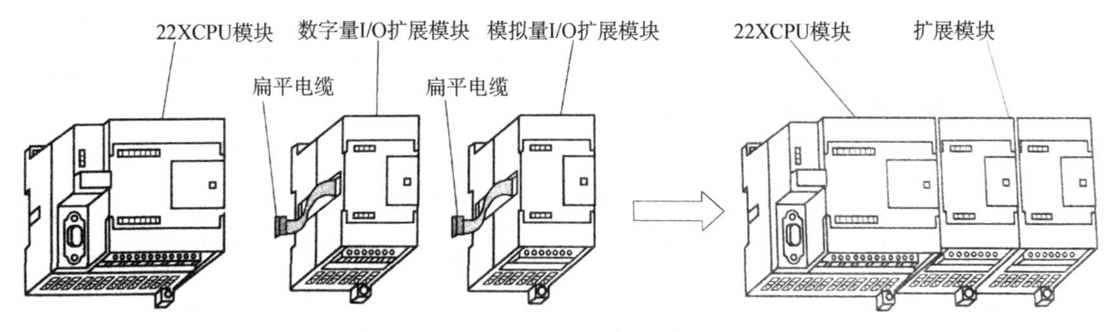

图 1-15 CPU 与扩展模块的连接

（7）通信端口：支持 PPI、MPI 通信协议，具有自由口通信功能。用以连接编程器、文本/图形显示器以及 PLC 网络等外部设备。

（8）模拟电位器：模拟电位器用来修改特殊寄存器（SMB28、SMB29）中的数值，以改变程序运行时的参数。如定时器、计数器的预置值，过程量的控制参数等。

（二）S7-200系列PLC的I/O结构

1. 输入/输出接线

输入/输出接口电路是PLC与被控对象（外部设备）间传递输入/输出信号的接口部件。各输入/输出点的通/断状态用发光二极管（LED）显示，外部接线一般接在PLC的接线端子上。

S7-200系列CPU22X主机的数字量输入回路为直流双向光耦合输入电路，数字量输出回路有继电器输出电路和晶体管输出电路两种类型。如CPU224PLC，一种是CPU224AC/DC/RELAY，其含义为交流电源供电，14点直流输入，10点继电器输出；另一种是CPU224DC/DC/DC，其含义为直流24V电源供电，14点直流输入，10点直流输出。CPU224XP还配有2路模拟量输入和1路模拟量输出接口电路。

2. 数字量输入接线

CPU224的主机共有14个输入点（10.0～10.7、11.0～11.5）和10个输出点（Q0.0 Q0.7，Q1.0～Q1.1）。CPU224输入电路接线图如图1-16所示。系统设置1M为输入端子10.0～10.7的公共端，2M为I.0～I1.5输入端子的公共端。

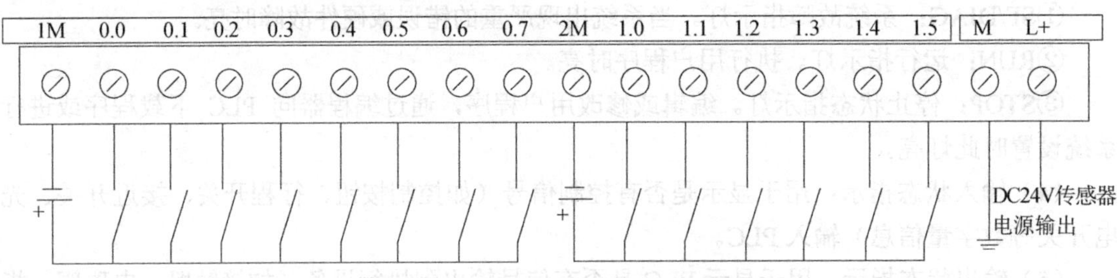

图1-16　CPU224输入电路接线图

3. 数字量输出接线

CPU224的输出电路有晶体管输出电路和继电器输出电路两种类型。在晶体管输出电路中，由于晶体管的单向导电性，所以只能用直流电源为负载供电。输出端将数字量输出分为两组，每组有一个公共端，共有1L、2L两个公共端，可接入不同电压等级的负载电源。CPU224晶体管输出电路接线图如图1-17所示。

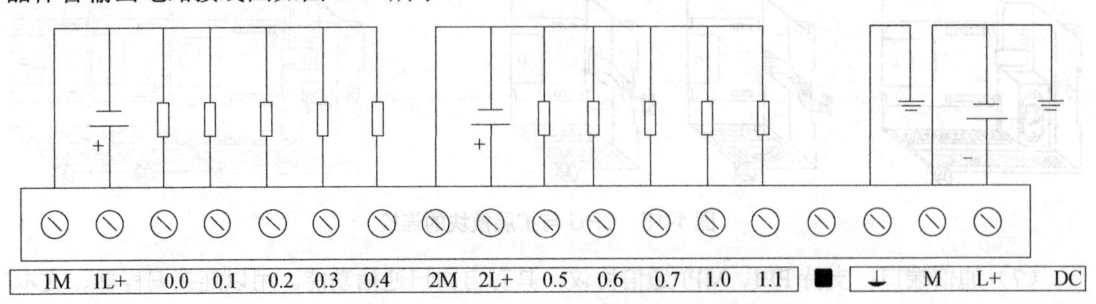

图1-17　CPU224晶体管输出电路接线图

在继电器输出电路中，PLC 由 220V 交流电源供电，负载采用了继电器驱动，所以既可以选用直流电源为负载供电，也可以采用交流电源为负载供电。在继电器输出电路中，数字量输出分为 3 组，每组的公共端为本组的电源供给端，Q0.0～Q0.3 共用 1L，Q0.4～Q0.6 共用 2L，Q0.7～Q1.1 共用 3L，各组之间可接入不同电压等级、不同电压性质的负载电源，如图 1-18 所示。

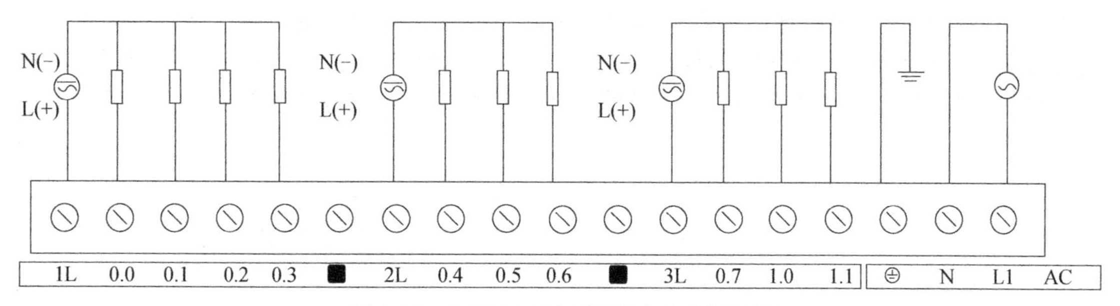

图 1-18 CPU224 继电器输出电路接线图

4. 模拟量输入/输出接线

CPU224XP 模拟量输入/输出接口有 2 路模拟量信号输入端，均可接入各类变送器输出的 ±10V 标准电压信号。1 路模拟量信号输出端，可输出 0～10V 电压或 0～20mA 电流，连接电压负载时接 V、M 端，连接电流负载时接 I、M 端，接线图如图 1-19 所示。

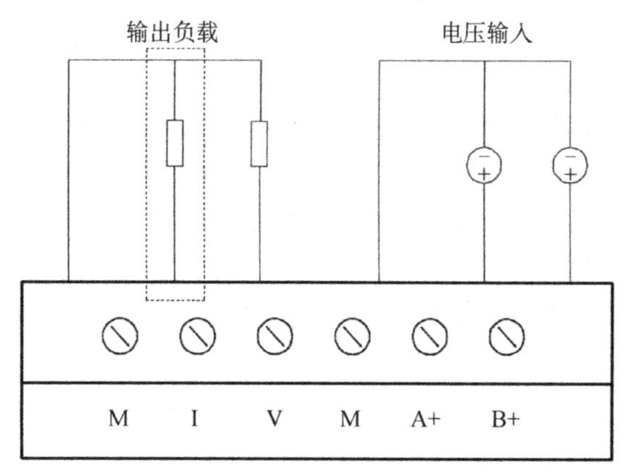

图 1-19 CPU224XP 模拟量输入/输出接口接线图

（三）S7-200 系列 PLC 的内存结构及寻址方式

PLC 的内存分为程序存储区和数据存储区两部分。程序存储区用来存放用户程序，它由机器按顺序自动存储程序。数据存储区用来存放输入/输出状态及各种中间运行结果。以下主要介绍 S7-200 系列 PLC 的数据存储区及寻址方式。

1. 内存结构

S7-200 系列 PLC 的数据存储区按存储器存储数据的长短可划分为字节存储器、字存储器和双字存储器 3 类。字节存储器有 7 个，分别是输入映像寄存器（I）、输出映像寄存器（Q）、变量存储器（V）、位存储器（M）、特殊存储器（SM）、顺序控制继电器（S）、局部变量存储器（L）；字存储器有4个，分别是定时器（T）、计数器（C）、模拟量输入映像寄存器（AI）和模拟量输出映像寄存器（AQ）；双字存储器有2个，分别是累加器（AC）和高速计数器（HC）。

（1）输入映像寄存器（I）

输入映像寄存器是PLC用来接收用户设备发出的输入信号的。输入映像寄存器与PLC的输入点相连，如图1-20（a）所示。编程时应注意，输入映像寄存器的线圈必须由外部信号来驱动，不能在程序内部用指令来驱动。因此，在程序中输入映像寄存器只有触点，而没有线圈。当控制信号接通时，对应的输入映像寄存器为“1”态；当控制信号断开时，对应的输入映像寄存器为“0”态。输入接线端子可以接常开触点或常闭触点，也可以是多个触点的串并联。

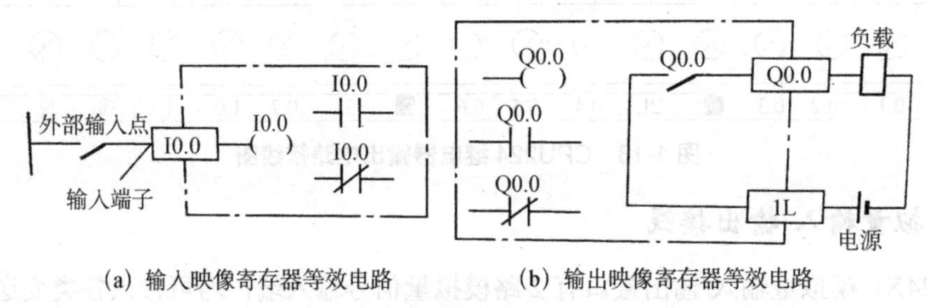

(a) 输入映像寄存器等效电路　　(b) 输出映像寄存器等效电路

图1-20　输入/输出映像寄存器电路示意图

输入映像寄存器地址的编号范围为I0.0～I15.7。I、Q、V、M、SM、L均可以按字节、字、双字存取。

（2）输出映像寄存器（Q）

输出映像寄存器用来存放CPU执行程序的数据结果，并在输出扫描阶段，将输出映像寄存器中的数据结果传送给输出模块，再由输出模块驱动外部的负载，如图1-20（b）所示。若梯形图中Q0.0的线圈通电，对应的继电器的常开触点闭合，使接在标号Q0.0端子的外部负载通电，反之则外部负载断电。

在梯形图中每个输出映像寄存器的常开和常闭触点可以多次使用。

（3）变量存储器（V）

变量存储器用来在程序执行过程中存放中间结果，或者用来保存与工序或任务有关的其他数据。

变量存储器的编号范围根据CPU型号不同而不同，CPU221/222的编号范围为V0～V2047，共2KB存储容量；CPU224XP/226的编号范围为V0～V10240，共10KB存储容量。

（4）内部位存储器（M）

内部位存储器（M0.0～M31.7）类似于继电器-接触器控制系统中的中间继电器，用来存放中间操作状态或其他控制信息。虽然名为“内部位存储器”，但是也可以按字节、字、双字来存取。

S7-200系列PLC的M存储区只有32个字节（即MB0～MB31），如果不够用可以用V存储区来代替M存储区。可以按位、字节、字、双字来存取V存储区的数据，如V10.1、VB0、VW100、VD200等。

（5）特殊存储器（SM）

特殊存储器用于CPU与用户之间交换信息，其特殊存储器位提供大量的状态和控制功能。CPU224的特殊存储器的编址范围为SMB0～SM549，共550字节，其中SMB0～SMB29的30字节为只读型区域。地址编号范围随CPU的不同而不同。各特殊存储器的功能如下。

SM0.0：上电后始终为“1”，可用于调用初始化子程序等。

SM0.1：初始化脉冲，仅在执行用户程序的第一个扫描周期为“1”状态，可以用于初始化程序。

SM0.2：当 RAM 中数据丢失时，导通一个扫描周期，用于出错处理。

SM0.3：PLC 上电进入 RUN 方式，导通一个扫描周期，可在启动操作之前给设备提供一个预热时间。

SM0.4：该位是 1 个周期为 1min、占空比为 50%的时钟脉冲。

SM0.5：该位是 1 个周期为 1s、占空比为 50%的时钟脉冲。

SM0.6：该位是 1 个扫描时钟脉冲。本次扫描时置“1”，下次扫描时置“0”。可用作扫描计数器的输入。

SM0.7：该位指示 CPU 工作方式开关的位置。在 TERM 位置时为“0”，可同编程器通信；在 RUN 位置时为“1”，可使自由端口通信方式有效。

（6）顺序控制状态寄存器（S）

顺序控制状态寄存器又称状态组件，与顺序控制状态寄存器指令配合使用，用于组织设备的顺序操作，以实现顺序控制和步进控制。可以按位、字节、字或双字来取 S 位，地址编号范围为 S0.0～S31.7。

（7）局部变量存储器（L）

局部变量存储器用来存放局部变量，它和变量存储器很相似，主要区别在于局部变量存储器是局部有效的，变量存储器则是全局有效。全局有效是指同一个存储器可以用于任何程序（如主程序、中断程序或子程序）存取，局部有效是指存储区只和特定的程序相关联。

S7-200 系列 PLC 有 64 字节的局部变量存储器，地址编号范围为 LB0.0～LB63.7，其中 60 字节可以用作暂时存储器或者给子程序传递参数。如果用梯形图编程，编程软件保留这些局部变量存储器的后 4 字节。如果用语句表编程，可以使用所有的 64 字节，但建议不要使用最后 4 字节，最后 4 字节为系统保留字节。

（8）定时器（T）

PLC 中定时器相当于继电器系统中的时间继电器，用于延时控制。S7-200 系列 PLC 有 3 种定时器，它们的时基增量分别为 1ms、10ms 和 100ms，定时器的当前值是 16 位有符号的整数，用于存储定时器累计的时基增量值（1～32767）。

定时器的地址编号范围为 T0～T255，它们的分辨率和定时范围各不相同，用户应根据所用 CPU 型号及时基正确选用定时器的地址编号。

（9）计数器（C）

计数器主要用来累计输入脉冲个数，其结构与定时器相似，其设定值在程序中赋予。CPU 提供了 3 种类型的计数器，分别为加计数器、减计数器和加/减计数器。计数器的当前值为 16 位有符号整数，用来存放累计的脉冲数（1～32767）。计数器的地址编号范围为 C0～C255。

（10）模拟量输入寄存器（AI）

模拟量输入寄存器用于接收模拟量输入模块转换后的 16 位数字量，其地址编号以偶数表示，如 AIW0、AIW2 等。模拟量输入寄存器的数据为只读数据。

（11）模拟量输出寄存器（AQ）

模拟量输出寄存器用于暂存模拟量输出模块的输出值，该值经过模拟量输出模块（D/A）转换为现场所需要的标准电压或电流信号，其地址编号以偶数表示，如 AQW0、AQW2 等模拟量输出值为只写数据，用户不能读取模拟量输出值。

（12）累加器（AC）

累加器是用来暂存数据的寄存器，它可以用来存放运算数据、中间数据和结果。S7-200系列CPU中提供了4个32位累加器AC0～AC3。累加器支持以字节、字和双字的存取。按字节或字为单位存取时，累加器只使用低8位或低16位，数据存储长度由所用指令决定。

（13）高速计数器（HC）

高速计数器用来累计比CPU的扫描速率更快的事件，计数过程与扫描周期无关。CPU224 PLC提供了6个高速计数器（每个计数器最高频率为30kHz），地址编号为HC0～HC5。高速计数器的当前值为双字长的有符号整数，且为只读值。

2. 编址方式与寻址方式

（1）编址方式

在计算机中使用的数据均为二进制数，二进制数的基本单位是1个二进制位，8个二进制位组成1字节，2字节组成一个字，2个字组成一个双字。

存储器的单位可以是位、字节、字、双字，编址方式也可以是位、字节、字、双字。存储单元的地址由区域标识符、字节地址和位地址组成。

位编址：寄存器标识符+字节地址+位地址，如I0.0、M0.1、Q0.2等。

字节编址：寄存器标识符+字节长度B+字节号，如IB0、VB10、QB0等。

字编址：寄存器标识符+字长度W+起始字节号，如VW0表示VB0、VB1这两字节组成的字。

双字编址：寄存器标识符+双字长度D+起始字节号，如VD20表示由VW20、VW21这两个字组成的双字或由VB20、VB21、VB22、VB23这4字节组成的双字。

字节、字、双字的编址方式如图1-21所示。

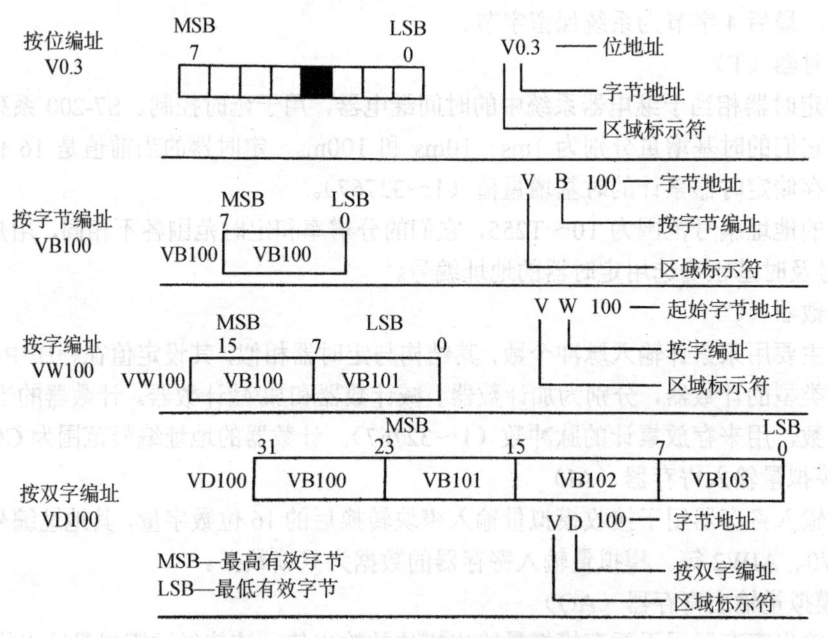

图1-21 字节、字、双字的编址方式

（2）寻址方式

S7-200 系列 PLC 指令系统的寻址方式有立即数寻址、直接寻址和间接寻址。

①立即数寻址：对立即数直接进行读写操作的寻址方式称为立即数寻址。立即数寻址的数据在指令中以常数形式出现。常数的大小由数据的长度（二进制数的位数）决定。数据大小范围及相关整数范围见表 1-2。

表 1-2 数据大小范围及相关整数范围

数据大小	无符号数范围		有符号数范围	
	十进制	十六进制	十进制	十六进制
字节（8 位）	0～255	0～FF	−128～+127	80～7F
字（16 位）	0～65535	0～FFFF	−32768～+32768	8000～7FFF
双字（32 位）	0～4294967295	0～FFFFFFFF	−2147483648～+2147483647	800000000～7FFFFFFF

S7-200 系列 PLC 中，常数值可为字节、字、双字，存储器以二进制方式存储所有常数。指令中可用二进制、十进制、十六进制或 ASCII 码形式来表示常数，其具体格式如下所述。

二进制格式：在二进制数前加 2#表示，如 2#1010。

十进制格式：直接用十进制数表示，如 12345。

十六进制格式：在十六进制数前加 16#表示，如 16#4E4F。

ASCII 码格式：用单引号 ASCII 码文本表示，如‘goodbye’。

②直接寻址：直接寻址是指在指令中直接使用存储器的地址编号，直接到指定的区域读取或写入数据，如 I0.1、MB10、VW200 等。

③间接寻址：间接寻址时操作数不提供直接数据位置，而是通过使用地址指针来存取存储器中的数据。S7-200 系列 PLC 允许用指针对下述存储区域进行间接寻址：I、Q、V、M、S、AI、AQ、T（仅当前值）和 C（仅当前值）。间接寻址不能用于位地址 HC 或 L。

在使用间接寻址之前，首先要创建一个指向该位置的指针，指针为双字值，用来存放一个存储器的地址，只能用 V、L 或 AC 作为指针。建立指针时必须用双字传送指令（MOVD），将需要间接寻址的存储器地址送到指针中，如“MOVD&VB200，AC1”。&VB200 表示 VB200 的地址，而不是 VB200 中的值，该指令的含义是将 VB200 的地址送到累加器 AC1 中。指针也可以为子程序传递参数。

指针建立好后，可利用指针存取数据。使用指针存取数据时，在操作数前加“*”，表示该操作数为一个指针。如“MOVW *AC1，AC0”表示将 AC1 中的内容为起始地址的一个字长的数据（即 VB200，VB201 的内容）送到累加器 AC0 中，传送示意图如图 1-22 所示。

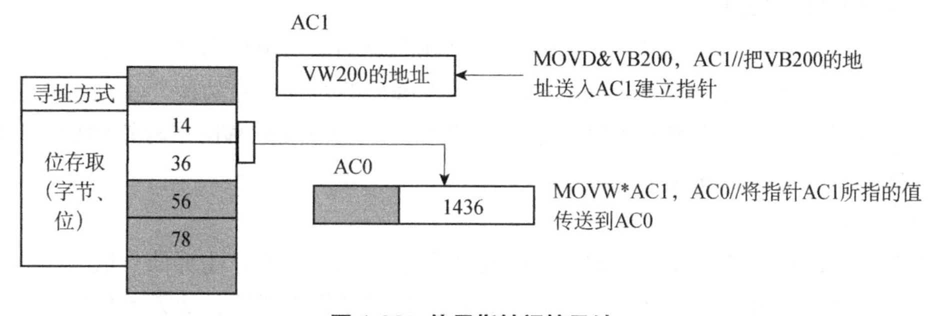

图 1-22 使用指针间接寻址

S7-200 系列 PLC 存储器的寻址范围见表 1-3。

表 1-3　S7-200 系列 PLC 存储器的寻址范围

<table>
<tr><th>寻址方式</th><th>CPU 221</th><th>CPU 222</th><th>CPU 224</th><th>CPU 224XP</th><th>CPU 226</th></tr>
<tr><td rowspan="3">位存取
（字节、位）</td><td colspan="5">I0.0～I15.7　Q0.0～Q15.7　M0.0～M31.7　T0～T255　C0～C255　L0.0～L59.7</td></tr>
<tr><td colspan="2">V0.0～V2047.7</td><td>V0.0～8191.7</td><td colspan="2">V0.0～V10239.7</td></tr>
<tr><td>SM0.0～SM179.7</td><td>SM0.0～SM199.7</td><td colspan="3">SM0.0～SM549.7</td></tr>
<tr><td rowspan="3">字节存取</td><td colspan="5">IB0～IB15　QB0～QB15　MB0～MB31　SB0～SB31　LB0～LB59　AC0～AC3</td></tr>
<tr><td colspan="2">VB0～VB2047</td><td>VB0～VB8 191</td><td colspan="2">VB0～VB10239</td></tr>
<tr><td>SM0.0～SMB179</td><td>SM0.0～SMB299</td><td colspan="3">SMB0.0～SMB549</td></tr>
<tr><td rowspan="4">字存取</td><td colspan="5">IW0～IW14　QW0～QW14　MW0～MW30　SW0～SW30
T0～T255　C0～C255　LW0～LW58　AC0～AC3</td></tr>
<tr><td colspan="2">VW0～VW2046</td><td>VW0～VW8190</td><td colspan="2">VW0～VW10238</td></tr>
<tr><td>SMW0～SMW178</td><td>SMW0～SMW298</td><td colspan="3">SMW0～SMW548</td></tr>
<tr><td>AIW0～AIW30</td><td>AQW0～AQW30</td><td colspan="3">AIW0～AIW62　AQW0～AQW30</td></tr>
<tr><td rowspan="3">双字存取</td><td colspan="5">ID0～ID2044　QD0～QD12　MD0～MD28　SD0～SD28　LD0～LD56　AC0～AC3</td></tr>
<tr><td colspan="2">VD0～VD2044</td><td>VD0～VD8188</td><td colspan="2">VD0～VD10236</td></tr>
<tr><td>8MD0～8MD176</td><td>8MD0～8MD296</td><td colspan="3">SMD0～SMD546</td></tr>
</table>

（四）STEP7–Micro/Win 编程软件的使用

STEP7-MicroWIN 编程软件使用

S7-200 系列 PLC 使用 STEP 7-Micro/Win 编程软件进行编程。STEP 7-Micro/Win 编程软件是基于 Windows 操作系统的应用软件，功能强大，主要用于开发程序，也可用于实时监控用户程序的执行状态。该软件的 4.0 以上版本，有包括中文在内的多种语言界面可供选择。

1. 编程软件的安装与窗口组件

1）编程软件的安装

双击文件“STEP 7-Micro/Win V4.0 演示版.exe”，开始安装编程软件，使用默认的安装语言（英语）。安装结束后，弹出“Install Shield Wizart”对话框，显示安装成功的信息。单击“Finish”按钮退出安装程序。

安装成功后，双击桌面上的“STEP 7-MicroWin”图标，打开编程软件，看到的是英文的界面。执行菜单命令“Tools”→“Options”，单击弹出的对话框左边的“General”图标，在“General”选项中，选择语言为“Chinese”。退出 STEP 7-Micro/Win 编程软件后，再打开该软件，界面和帮助文件已变成中文的了。

2）窗口组件

图 1-23 所示为 STEP 7-Micro/Win V4.0 版编程软件的主界面。主界面一般可分为以下几个部分：菜单栏、工具栏、浏览栏、指令树、输出窗口和状态栏等。除菜单栏外，用户可以根据需要通过“查看”菜单和“窗口”菜单决定其他窗口的取舍和样式的设置。

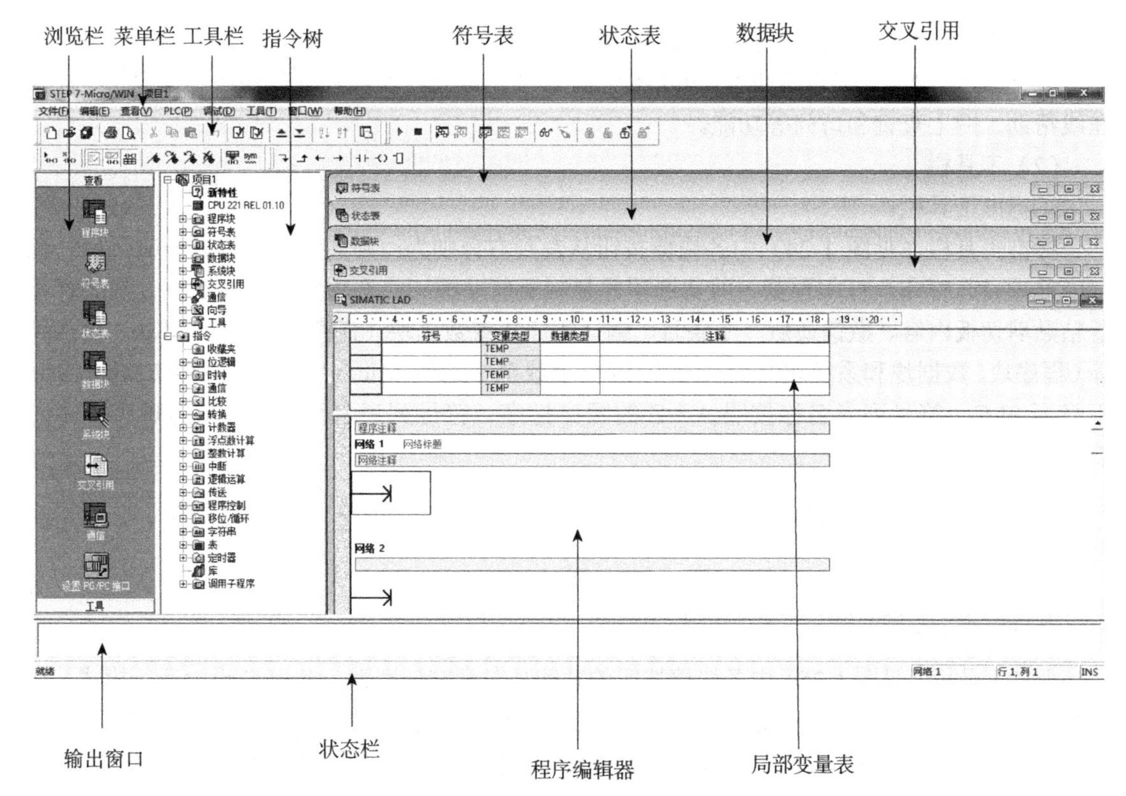

图 1-23　STEP 7-Micro/Win V4.0 版编程软件的主界面

（1）菜单栏

菜单栏中包括文件、编辑、查看、PLC、调试、工具、窗口和帮助 8 个菜单项，各菜单项的功能如下所述。

①“文件”菜单：操作项目主要有对文件进行新建、打开、关闭、保存、另存、导入、导出、上传、下载、页面设置、打印、预览、退出等操作。

②“编辑”菜单：可以实现剪切/复制/粘贴、插入、查找/替换/转至等操作。

③“查看”菜单：用于选择各种编辑器，如程序编辑器、数据块编辑器、符号表编辑器、状态图编辑器、交叉引用查看，以及系统块和通信参数设置等。“查看”菜单可以控制程序的注解、网络的注解以及浏览栏、指令树和输出窗口的显示与隐藏，还可以对程序块的属性进行设置。

④“PLC”菜单：用于与 PLC 连机时的操作，如使用软件改变 PLC 的运行方式（运行、停止），对用户程序进行编译，清除 PLC 程序，电源启动重置，查看 PLC 的信息、时钟、存储卡的操作，程序比较，PLC 类型选择的操作。其中，对用户程序进行编译可以离线进行。

⑤“调试”菜单：用于连机时的动态调试。调试时可以指定 PLC 对程序执行有限次扫描（从 1 次扫描到 65535 次扫描）。通过选择 PLC 运行的扫描次数，可以在程序中改变过程变量时对其进行监控。第 1 次扫描时，SM0.1 值为 1（打开）。

⑥“工具”菜单：提供复杂指令向导（PID、HSC、NETR/NETW 指令），使复杂指令编程时的工作简化；提供文本显示器 TD200 设置向导；“定制”子菜单可以更改 STEP 7-Micro/Win 工具栏的外观或内容，以及在工具菜单中增加常用工具；“选项”子菜单可以设置 3 种编辑器的风格，如字体、指令盒的大小等样式。

⑦“窗口”菜单：可以设置窗口的排放形式，如层叠、水平、垂直。

⑧“帮助”菜单：可以提供S7-200系列PLC的指令系统及编程软件的所有信息，并提供在线帮助、网上查询和访问等功能。

（2）工具栏

①标准工具栏。

标准工具栏（见图1-24）中各快捷按钮从左到右分别为：新建项目、打开现有项目、保存当前项目、打印、打印预览、剪切选项并复制至剪贴板、将选项复制至剪贴板、在光标位置粘贴剪切板内容、撤销最后一个条目、编译程序块或数据块（任意一个现用窗口）、全部编译（程序块、数据块和系统块）、将项目从PLC上载至STEP7-Micro/Win、从STEP7-Micro/Win下载至PLC、符号列表名称按照A～Z的顺序排序、符号列表名称按Z～A的顺序排序、选项。

图1-24　标准工具栏

②调试工具栏。

调试工具栏（见图1-25）中各快捷按钮的功能从左到右分别为：将PLC设为运行模式、将PLC设为停止模式、在程序状态打开/关闭之间切换、状态图表单次读取、状态图表全部写入、强制PLC数据、取消强制PLC数据、状态图表全部取消强制、状态图表全部读取强制数值。

图1-25　调试工具栏

③公用工具栏。

公用工具栏（见图1-26）中各快捷按钮从左到右分别为：插入网络、删除网络、程序注解显示与隐藏之间切换、网络注释、查看/隐藏每个网络的符号表、切换书签、下一个书签、上一个书签、消除全部书签、在项目中应用所有符号、建立表格未定义符号、常量说明符打开/关闭之间切换。

④LAD指令工具栏。

LAD指令工具栏（见图1-27）中各快捷按钮从左到右分别为：插入向下直线、插入向上直线、插入左行、插入右行、插入触点、插入线圈、插入指令盒。

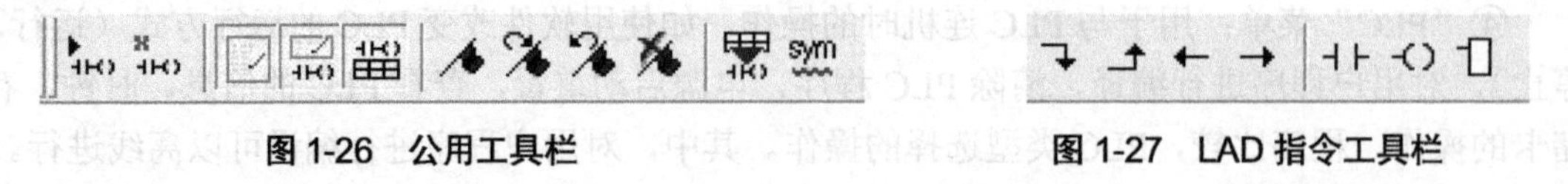

图1-26　公用工具栏　　　　**图1-27　LAD指令工具栏**

（3）浏览栏

浏览栏为编程提供图标控制，可以实现不同窗口间的快速切换，即对编程工具执行直接图标存取，包括程序块、符号表、状态图、数据块、系统块、交叉引用和通信。单击上述任意图标，则主窗口切换成此图标对应的窗口。

（4）指令树

指令树以树形结构提供编程时用到的所有快捷操作命令和PLC指令，可分为项目分支和指令分支。项目分支用于组织程序项目，指令分支用于输入程序。

（5）用户窗口

可同时或分别打开 6 个用户窗口，分别为交叉引用、数据块、状态图、符号表、程序编辑器和局部变量表。

①交叉引用。

在程序编译成功后，可用下面的方法之一打开“交叉引用”窗口。

a. 使用菜单命令：“查看”→“交叉引用”。

b. 单击浏览栏中的“交叉引用”图标。

“交叉引用”窗口中列出在程序中使用的各操作数所在的程序组织单元（POU）、网络或行位置，以及每次使用各操作数的语句表指令。通过“交叉引用”窗口还可以查看哪些内存区域已经被使用，是作为位还是作为字节使用。在运行方式下编辑程序时，在“交叉引用”窗口中可以查看程序当前正在使用的跳变信号的地址。在程序编译成功后才能打开“交叉引用”窗口。在“交叉引用”窗口中双击某操作数，可以显示出包含该操作数的那一部分程序。

②数据块。

在“数据块”窗口中可以设置和修改变量存储器的初始值和常数值，并加注必要的注释说明。用下面的任意一种方法均可打开“数据块”窗口。

a. 单击浏览栏中的“数据块”图标。

b. 使用菜单命令：“查看”→“组件”→“数据块”。

c. 单击指令树中的“数据块”图标。

③状态图。

将程序下载到 PLC 后，可以建立一个或多个状态图，在联机调试时，进入“状态图”窗口，监控程序运行状态，监视各变量的值和状态。“状态图”窗口只是监视用户程序运行的一种工具。用下面任意一种方法均可打开“状态图”窗口。

a. 单击浏览栏中的“状态图”图标。

b. 使用菜单命令：“查看”→“组件”→“状态图”。

c. 单击指令树中的“状态图”文件夹，然后双击“状态图”图标。

若在项目中有一个以上的状态图,使用位于“状态图”窗口底部的标签在状态图之间切换。

④符号表。

“符号表”是程序员使用符号编址的一种工具表。在编程时不采用组件的直接地址作为操作数，而用有实际含义的自定义符号名作为编程组件的操作数，这样可使程序更容易理解。符号表建立了自定义符号名与直接地址编号之间的关系。程序被编译后下载到 PLC 时，所有的符号地址被转换为绝对地址，符号表中的信息不能下载到 PLC 中。用下面的任意一种方法均可打开“符号表”窗口。

a. 单击浏览栏中的“符号表”图标。

b. 使用菜单命令：“查看”→“符号表”。

c. 单击指令树中的“符号表或全局变量表”文件夹，然后双击一个表格图标。

⑤程序编辑器。

“程序编辑器”窗口的打开方法如下所述。

a. 单击浏览栏中的“程序块”图标，打开“程序编辑器”窗口，单击窗口下方的“主程序”“子程序”“中断程序”标签，可在 3 个窗口间自由切换。

b. 单击指令树中的“程序块”图标，然后双击“主程序”图标、“子程序”图标或“中断程序”图标。

“程序编辑器”的设置方法如下所述。

a. 使用菜单命令：“工具”→“选项”→“程序编辑器”标签，设置编辑器选项。

b. 使用选项快捷按钮设置“程序编辑器”选项。

“指令语言”的选择方法如下所述。

a. 使用菜单命令：“查看”→“LAD、FBD、STL”，更改程序编辑器的类型。

b. 用菜单命令：“工具”→“选项”→“一般”标签，可更改程序编辑器的类型（LAD、FBD 或 STL）和编程模式（SIMATIC 或 IEC113-3）。

⑥局部变量表。

程序中的每个程序块都有自己的局部变量表，局部变量表用来定义局部变量，局部变量只在建立该局部变量的程序块中才有效。在带参数的子程序调用时，参数的传递就是通过局部变量表进行的。将水平分裂条拖曳至“程序编辑器”窗口的顶部，“局部变量表”窗口不再显示，但仍然存在。

（6）输出窗口

输出窗口用来显示 STEP 7-Micro/Win 程序编译的结果，如编译结果有无错误、错误编码和位置等。通过菜单命令“查看”→“帧”→“输出窗口”，可打开或关闭输出窗口。

（7）状态栏

状态栏提供有关在 STEP7-Micro/Win 中操作的信息。

2. 编程软件的主要编程功能

1）编程元素及项目组件

STEP7-Micro/Win 编程软件中的一个基本项目包括程序块、数据块、系统块、符号表、状态表和交叉引用表。程序块、数据块、系统块须下载到 PLC 中，而符号表、状态表、交叉引用表不能下载到 PLC 中。

程序块由可执行代码和注释组成，可执行代码由一个主程序和可选子程序或中断程序组成。程序代码被编译并下载到 PLC 中，程序注释被忽略。在指令树中右击“程序块”图标可以插入子程序和中断程序。

数据块由数据（包括初始内存值和常数值）和注释两部分组成。数据被编译后，下载到 PLC 中，注释被忽略。

系统块用来设置系统的参数，包括通信口配置、保存范围、模拟和数字输入过滤器、背景时间、密码表、脉冲截取位和输出表等选项。单击浏览栏中的“系统块”图标，或者单击指令树中的“系统块”图标，可查看并编辑系统块。系统块的信息须下载到 PLC 中，为 PLC 提供新的系统配置。

2）梯形图程序的输入

（1）建立项目

通过菜单命令“文件”→“新建”或单击工具栏中“新建”快捷按钮，可新建一个项目。

（2）输入程序

在“程序编辑器”窗口中使用的梯形图元素主要有触点、线圈和功能块，梯形图的每个网络必须从触点开始，以线圈或没有布尔输出（ENO）的功能块结束。线圈不允许串联使用。

在“程序编辑器”窗口中输入程序可采用以下方法：在指令树中选择需要的指令，拖曳至需要位置；将光标放在需要的位置，在指令树中双击需要的指令；将光标放到需要的位置，单击工具栏中的按钮，打开一个通用指令窗口，选择需要的指令；使用功能键，F4=接点，F6=线圈，F9=功能块，打开一个通用指令窗口，选择需要的指令。

当编程元件图形出现在指定位置后，再单击编程元件符号的“？？？”，输入操作数。红色字样显示语法出错，当把不合法的地址或符号改变为合法值时，红色消失。若数值下面出现红色的波浪线，则表示输入的操作数超出范围或与指令的类型不匹配。

在梯形图 LAD 编辑器中可对程序进行注释。注释级别共有 4 个：程序注释、网络标题、网络注释和程序属性。属性对话框中有两个标签，即“常规”和“保护”。选择“常规”，可为子程序、中断程序和主程序块重新编号和重新命名，并为项目指定一个作者。选择“保护”，则可以选择一个密码保护程序，以使其他用户无法看到该程序，并在下载时加密。若使用密码保护程序，则选中“用密码保护该 POU”复选框，输入 4 个字符的密码并核实该密码。

（3）编辑程序

①剪切、复制、粘贴或删除多个网络。通过使用 Shift 键和鼠标，可以选择多个相邻的网络，进行剪切、复制、粘贴或删除等操作。

②编辑单元格、指令、地址和网络。用光标选中需要进行编辑的单元，右击，弹出快捷菜单，可以进行插入或删除行、列、垂直线或水平线的操作。删除垂直线时把方框放在垂直线左边单元上，删除时选择“行”命令，或者按“Del”键。进行插入编辑时，先将方框移至欲插入的位置，然后选择“列”命令。

（4）程序的编译

程序编译操作用于检查程序块、数据块及系统块是否存在错误。程序经过编译后方可下载到 PLC。单击“编译”按钮或选择菜单命令“PLC”→“编译”，编译当前被激活的窗口中的程序块或数据块；单击“全部编译”按钮或选择菜单命令“PLC”→“全部编译”，编译全部项目元件（程序块、数据块和系统块）。使用“全部编译”功能，与哪一个窗口是否活动窗口无关。编译的结果显示在主窗口下方的输出窗口中。

3）程序的上传和下载

（1）程序的上传

可用下面几种方法从 PLC 将项目文件上传到 STEP7-Micro/Win 程序编辑器：单击“上载”按钮；选择菜单命令“文件”→“上载”；按组合键 Ctrl+U。上传程序的步骤与下载程序基本相同，选择须上传的块（程序块、数据块或系统块），单击“上传”按钮，上传的程序将从 PLC 复制到当前打开的项目中，随后即可保存上传的程序。

（2）程序的下载

如果已经成功地在运行 STEP7-Micro/Win 的个人计算机和 PLC 之间建立了通信，就可以将编译好的程序下载至该 PLC。如果 PLC 中已经有了该程序，则原程序将被覆盖。单击工具栏中的“下载”按钮，或选择菜单命令“文件”→“下载”，将弹出“下载” 对话框。根据默认值，在初次发出下载命令时，“程序代码块”“数据块”和“CPU 配置”（系统块）复选框都被选中。如果不需要下载某个块，可以清除该块对应的复选框。单击“确定”按钮，开始下载程序。如果下载成功，则在出现的确认框显示以下信息：下载成功。下载成功后，单击工具栏中的“运行”按钮，或者选择菜单命令“PLC”→“运行”，PLC 进入 RUN（运行）工作模式。

注意：下载程序时 PLC 必须处于停止模式，可根据提示进行操作。

4）选择工作方式

PLC 有运行和停止两种模式。单击工具栏中的“运行”按钮或“停止”按钮可以进入相应的模式。

5）程序的调试与监控

在 STEP 7-Micro/Win 编程软件和 PLC 之间建立通信并向 PLC 下载程序后，可使 PLC 进入运行模式，进行程序的调试和监控。

（1）程序状态监控

在“程序编辑器”窗口，如显示测试的部分程序和网络，则须将 PLC 置于 RUN 模式，单击工具栏中“程序状态监控”按钮或使用菜单命令“调试”→“开始程序状态监控”，将进入梯形图监控状态。在梯形图监控状态，用高亮显示位操作数的线圈得电或触点通断状态。触点或线圈通电时，该触点或线圈高亮显示。运行中梯形图内的各元件状态将随程序执行过程连续地更新变换。

（2）状态表监控

单击浏览条上的“状态表”按钮或使用菜单命令“查看”→“组件”→“状态表”，可打开“状态表”窗口，在状态图地址栏输入要监控的数字量地址或数据量地址，单击工具栏中的“状态表监控”按钮或调用菜单中的“开始状态表监控”命令，可进入“状态表”监控状态。在此状态，可通过工具栏强制 I/O 点的操作，观察程序的运行情况，也可通过工具栏对内部及内部存储器进行“写”操作来改变其状态，进而观察程序的运行情况。

五、项目实施

（一）控制要求

电动机在按下启动按钮 SB1 后，使接触器线圈 KM1 得电，之后保持连续运转，当按下停止按钮 SB2 时，实现停车功能。

启动、保持、停止控制简称启保停控制，该控制功能在生产实践中应用非常广泛，电动机的单向连续运转控制就是一个典型的启保停控制。

（二）PLC 输入/输出端子分配表及接线图

PLC 输入/输出端子分配表见表 1-4。

表 1-4　PLC 输入/输出端子分配表

PLC 地址		说明
输入	I0.0	电动机启动按钮 SB1
	I0.1	电动机停止按钮 SB2
输出	Q0.0	线圈 KM1

电动机单向连续运转 PLC 控制接线图和梯形图如图 1-28 所示。

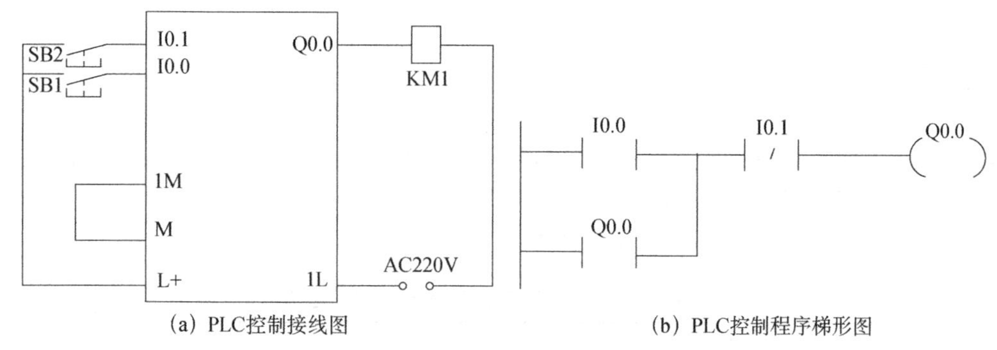

(a) PLC控制接线图　　(b) PLC控制程序梯形图

图 1-28　电动机单向连续运转 PLC 控制接线图和 PLC 控制程序梯形图

图 1-28（a）为用 PLC 实现电动机单向连续运转控制的接线图（不考虑有关保护），其 PLC 控制程序与电气控制电路图相似，如图 1-28（b）所示。图中，PLC 的输出端子 Q0.0 连接接触器线圈 KM1，用以驱动电动机的运行与停止；PLC 的输入端子 I0.0 和 I0.1 分别连接启动按钮 SB 和停止按钮 SB2。启保停控制的主要特点是具有“记忆”功能，按下启动按钮 SB1，I0.0 常开触点接通，由于未按停止按钮，I0.1 常闭触点处于接通状态，Q0.0 线圈得电；Q0.0 得电后，它的常开触点接通，这时，即使松开启动按钮 SB1，Q0.0 线圈仍然可以通过 Q0.0 常开触点和 I0.1 常闭触点得电，这就是启保停控制的“记忆”功能，即“自锁”或“自保持”功能。按下停止按钮 SB2，I0.1 常闭触点断开，Q0.0 线圈断电，Q0.0 常开触点断开，以后即使松开停止按钮，I0.1 常闭触点恢复接通状态，Q0.0 线圈仍然不会得电。

六、项目拓展

（一）使用置位复位指令编写电动机启动、停止程序

【例 1-1】使用置位复位指令实现电动机的启动、保持、停止。

例 1-1 的 PLC 输入/输出端子分配表见表 1-5。

表 1-5　例 1-1 的 PLC 输入/输出端子分配表

PLC 地址		说明
输入	I0.0	电动机启动按钮 SB1
	I0.1	电动机停止按钮 SB2
输出	Q0.0	线圈 KM1

例 1-1 的 PLC 控制程序如图 1-29 所示。

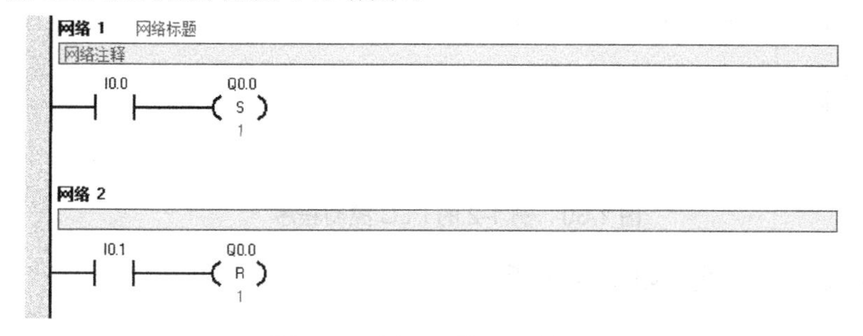

图 1-29　例 1-1 的 PLC 控制程序

（二）正负跃变指令的应用

【例 1-2】采用一个按钮控制两台电动机的一次启动。控制要求：按下启动按钮，第一台电动机启动，松开按钮，第二台电动机启动。

例 1-2 的 PLC 输入/输出分配表见表 1-6。

表 1-6　例 1-2 的 PLC 输入/输出端子分配表

PLC 地址		说明
输入	I0.0	电动机启动按钮 SB1
	I0.1	电动机停止按钮 SB2
输出	Q0.0	线圈 KM1
	Q0.1	线圈 KM2

例 1-2 的 PLC 控制程序如图 1-30 所示。

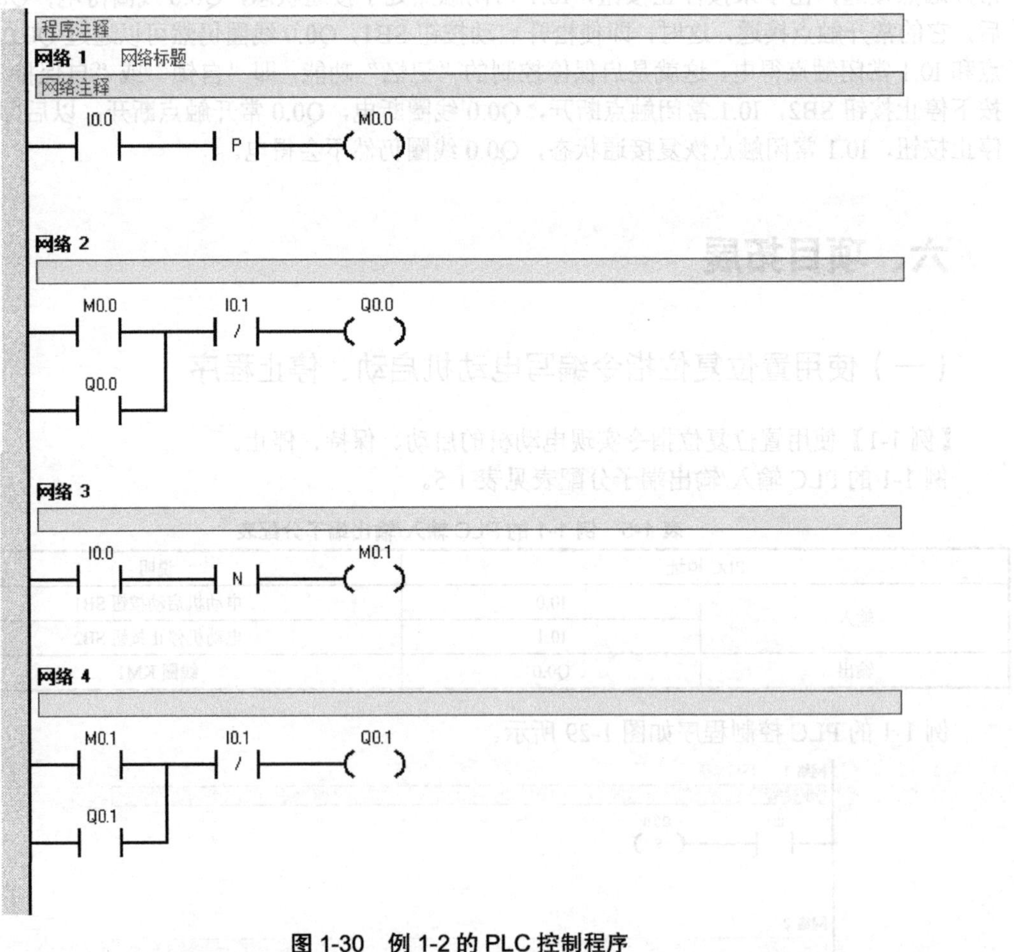

图 1-30　例 1-2 的 PLC 控制程序

例 1-2 的 PLC 控制接线图如图 1-31 所示。

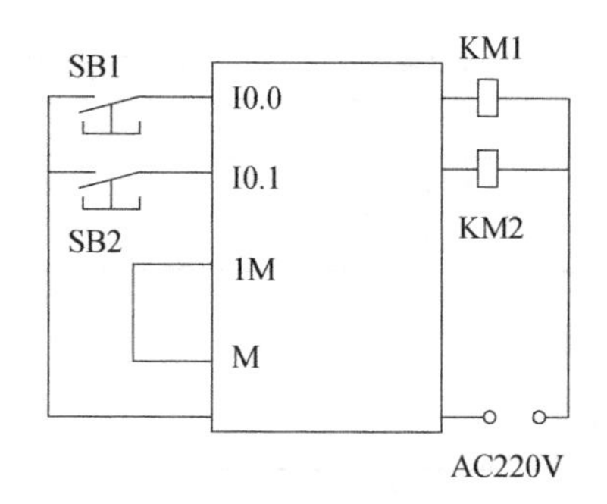

图 1-31　例 1-2 的 PLC 控制接线图

（三）电动机一键启停止程序

【例 1-3】控制要求：长按启动按钮 SB1 实现电动机的启动，松开启动按钮 SB1 电动机停止。

例 1-3 的 PLC 输入/输出端子分配表见表 1-7。

表 1-7　例 1-3 的 PLC 输入/输出端子分配表

PLC 地址		说明
输入	I0.0	电动机启动按钮 SB1
输出	Q0.0	线圈 KM1

例 1-3 的 PLC 控制程序如图 1-32 所示。

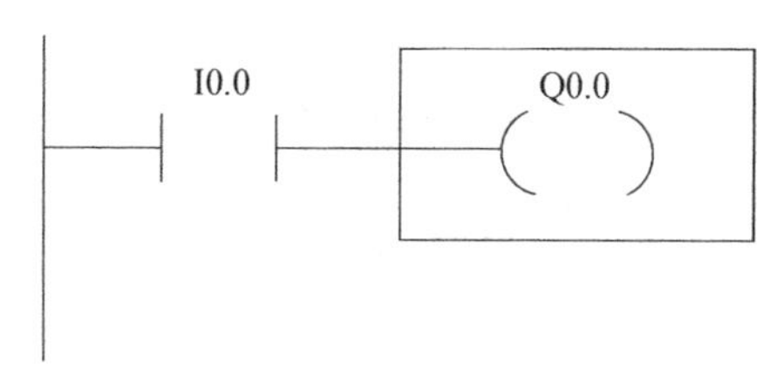

图 1-32　例 1-3 的 PLC 控制程序

例 1-3 的 PLC 控制接线图如图 1-33 所示。

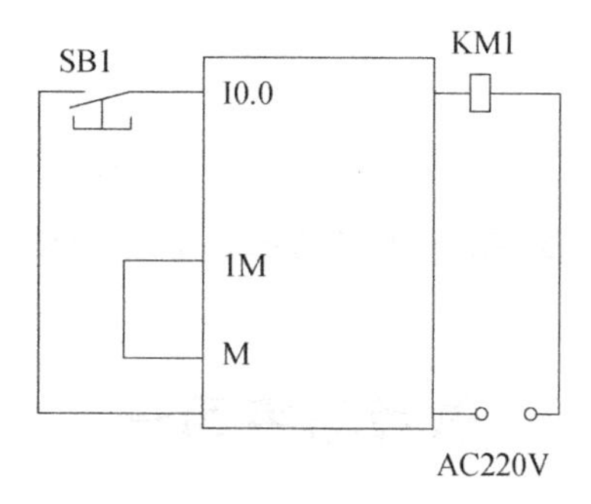

图 1-33　例 1-3 的 PLC 控制接线图

【例 1-4】控制要求：按下启动按钮 SB1 实现电动机的启动，再次按下启动按钮 SB1 可使电动机停止。

例 1-4 的 PLC 输入/输出端子分配表见表 1-8。

表 1-8　例 1-4 的 PLC 输入/输出端子分配表

PLC 地址		说明
输入	I0.0	电动机启动按钮 SB1
输出	Q0.1	线圈 KM1

例 1-4 的 PLC 控制程序如图 1-34 所示。

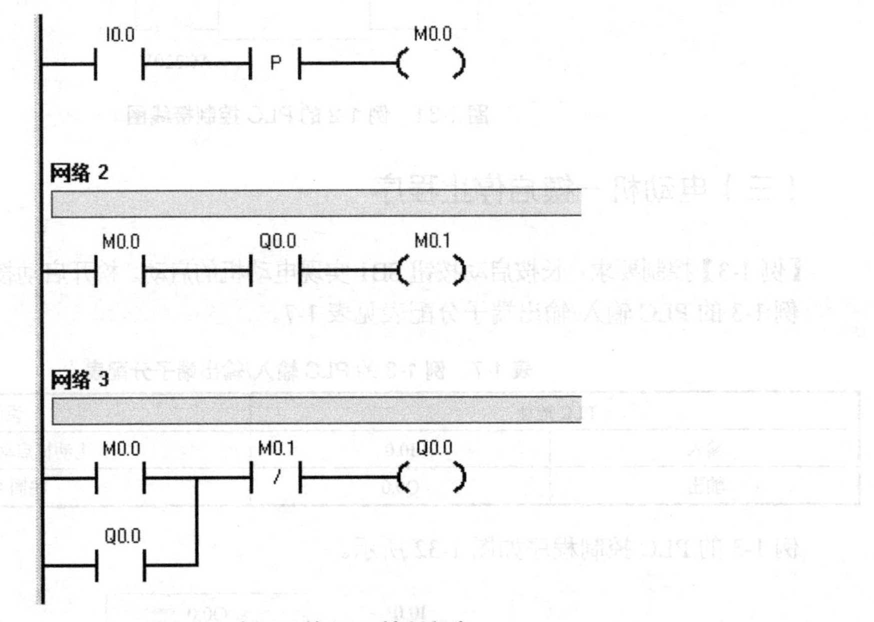

图 1-34　例 1-4 的 PLC 控制程序

例 1-4 的 PLC 控制接线图如图 1-35 所示。

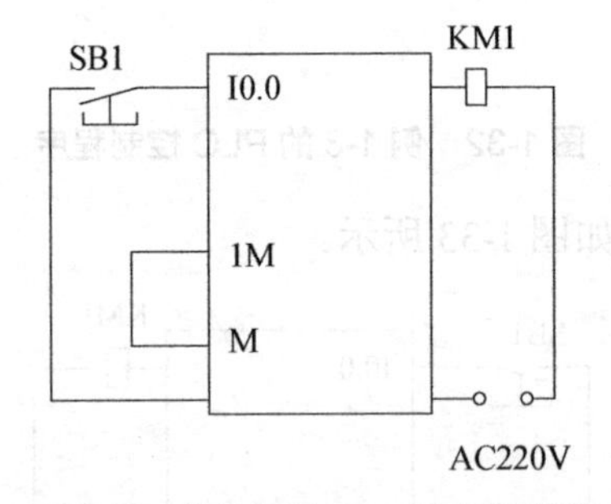

图 1-35　例 1-4 的 PLC 控制接线图

思考与练习一

1. 简述 PLC 的应用领域。
2. 简单描述 PLC 的工作方式。
3. 简述 S7-200 系列 PLC 的外部结构。
4. 简述 S7-200 系列的 CPU 及输入/输出性能。

5. 简述 PLC 的编址方式。

6. 简述 PLC 的特点。

7. 简述 PLC 扫描工作过程。

8. S7-200 系列 PLC 指令的间接寻址是如何操作的？

9. 什么是可编程序控制器？它有哪些主要特点？

10. 扫描周期中，如果在程序执行期间输入状态发生变化，则输入映像寄存器的状态是否随之改变？为什么？

项目二　MCGS 工控组态软件认知

本项目教学课件

一、项目目标

（一）知识目标

1. 掌握按钮指示灯控制系统的控制要求。
2. 掌握按钮指示灯控制系统的硬件接线。
3. 掌握按钮指示灯控制系统的通信方式。
4. 掌握按钮指示灯控制系统的控制原理。
5. 掌握按钮指示灯控制系统的程序设计方法。
6. 掌握按钮指示灯控制系统的组态设计方法。

（二）能力目标

1. 初步具备按钮指示灯控制系统的分析能力。
2. 初步具备按钮指示灯控制系统的设计能力。
3. 初步具备按钮指示灯控制系统 PLC 程序的设计能力。
4. 初步具备按钮指示灯控制系统的组态能力。
5. 初步具备按钮指示灯控制系统 PLC 程序与组态的统调能力。

二、项目提出

使用 MCGS 工控组态软件实现对计算机控制系统的组态，必须了解控制系统的工艺流程、控制方案、硬件接线等。本项目以按钮指示灯控制系统为例，主要介绍控制系统组成、工作原理、PLC 程序设计与调试、MCGS 组态方法及统调等内容。

三、相关知识

MCGS 相关知识简介

（一）MCGS 工控组态软件的系统构成

MCGS 工控组态软件（以下简称 MCGS）由“MCGS 组态环境”和“MCGS 运行环境”两个系统构成，如图 2-1 所示，两部分互相独立，又紧密相关。

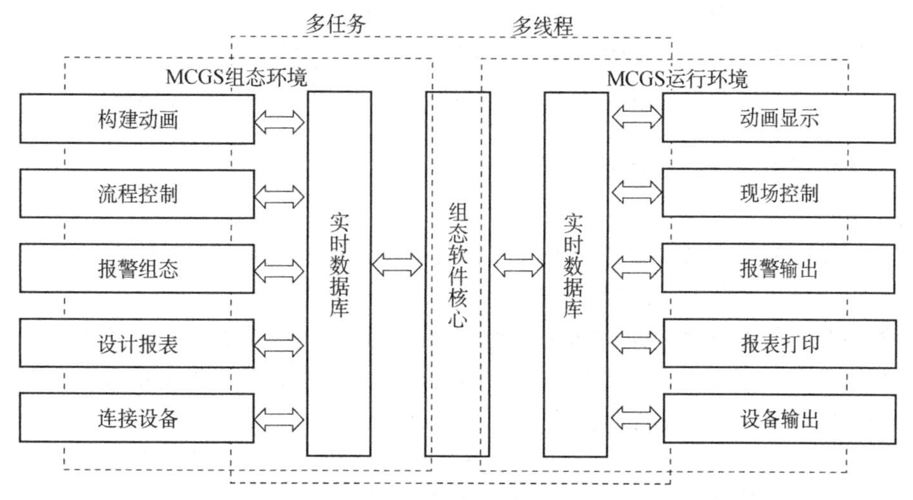

图 2-1 MCGS 工控组态软件的整体结构

MCGS 组态环境是生成用户应用系统的工作环境，用户在 MCGS 组态环境中完成动画设计、设备连接、编写控制流程、编制工程、打印报表等全部组态工作后，生成扩展名为.mcg 的工程文件，又称为组态结果数据库文件。MCGS 运行环境是用户应用系统的运行环境，在运行环境中完成对工程的控制工作。

MCGS 组态环境与 MCGS 运行环境一起构成了用户应用系统，统称为“工程”。

MCGS 工程由主控窗口、设备窗口、用户窗口、实时数据库和运行策略 5 部分构成，如图 2-2 所示。

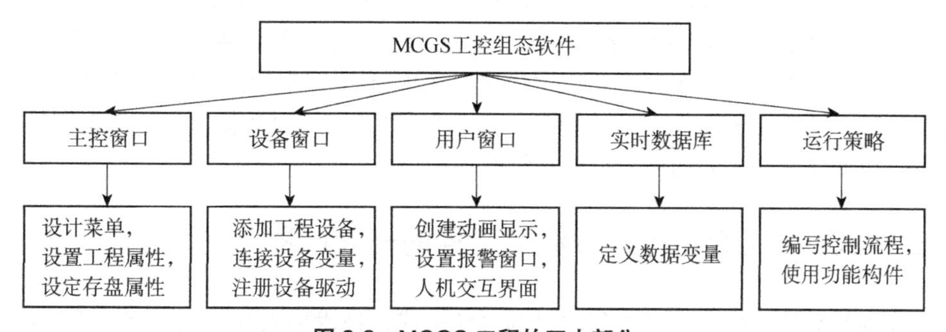

图 2-2 MCGS 工程的五大部分

①主控窗口。主控窗口是工程的主窗口或主框架，在主控窗口中可以设置一个设备窗口和多个用户窗口，主控窗口负责调度和管理这些窗口的打开或关闭。主控窗口主要的组态操

作包括定义工程的名称、编制工程菜单、设计封面图形、确定自动启动的窗口、设定动画刷新周期、指定数据库存盘文件名称及存盘时间等。

②设备窗口。设备窗口是连接和驱动外部设备的工作环境。在本窗口中可配置数据采集与控制输出设备、注册设备驱动程序、定义连接与驱动设备用的数据变量。

③用户窗口。用户窗口主要用于设置工程中人机交互的界面，如生成各种动画显示画面、报警输出、数据与曲线图表等。

④实时数据库。实时数据库是工程各部分的数据交换与处理中心，它将 MCGS 工程的各部分连接成有机的整体。在本窗口中可定义不同类型和名称的变量，作为数据采集、处理、输出控制、动画连接及设备驱动的对象。

⑤运行策略。本窗口主要完成工程运行流程的控制，包括编写程序（if…then 脚本程序）、运用各种功能构件，如数据提取、历史曲线、定时器、配方操作、多媒体输出等。

（二）MCGS 工控组态软件的功能特点

①概念简单，易于理解和使用。普通工程人员经过短时间的培训就能正确掌握并快速完成多数简单工程项目的监控程序设计和运行操作。

②功能齐全，便于方案设计。MCGS 为解决工程监控问题提供了丰富多样的手段，从设备驱动到数据处理、报警处理、流程控制、动画显示、报表输出、曲线显示等各个环节，均有丰富的功能组件和常用图形库供选用。

③具备实时性与并行处理能力。MCGS 充分利用了 Windows 操作平台的多任务、按优先级分时操作的功能，使 PC 广泛应用于工程监控领域的设想成为可能。

④建立实时数据库，便于用户分步组态，保证系统安全可靠地运行。在 MCGS 组态软件中，实时数据库是整个系统的核心，实时数据库是一个数据处理中心，是系统各部分及其各种功能性构件的公用数据区。各部件独立地向实时数据库输入和输出数据，并完成自己的差错控制。

⑤“面向窗口”的设计方法，增加了可视性和可操作性。以窗口为单位，构成用户运行系统的图形界面，使得 MCGS 的组态工作既简单直观又灵活多变。

⑥丰富的“动画组态”功能。可快速构造各种复杂生动的动态画面，利用大小变化、颜色改变、明暗闪烁、移动反转等多种手段，能增强画面的动态显示效果。

⑦引入了“运行策略”的概念，用户可以选用系统提供的各种条件和功能的“策略构件”，用图形化的方法构造多分支的应用程序，实现自由、精确地控制运行流程，按照设定的条件和顺序，操作外部设备、控制窗口的打开或关闭、与实时数据库进行数据交换。同时，也可以由用户创建新的策略构件，扩展系统的功能。

（三）MCGS 工控组态软件组建工程的一般过程

①工程项目系统分析。分析工程项目的系统构成、技术要求和工艺流程，弄清系统的控制流程和测控对象的特征，明确监控要求和动画显示方式：分析工程中的数据采集通道及输出通道与软件中实时数据库变量的对应关系，分清哪些变量是需要利用 I/O 通道与外部设备进行连接的，哪些变量是软件内部用来传递数据及动画显示的。

②工程立项，搭建框架。工程立项需创建新工程，主要内容包括定义工程名称、封面窗口名称和启动窗口（封面窗口推出后接着显示的窗口）名称，指定存盘数据库文件的名称以及存盘数据库，设定动画刷新的周期。经过此步操作后，即在 MCGS 组态环境中建立了工程结构框架。封面窗口和启动窗口也可等到建立了用户窗口后再行建立。

③设计菜单基本体系。为了对系统运行的状态及工作流程进行有效的调度和控制，通常要在主控窗口中编制菜单。编制菜单分为两步，第一步是搭建菜单的框架，第二步是对各级菜单命令进行功能组态。在组态过程中，可根据实际需要，随时对菜单的内容和功能进行增加或删除，不断完善工程的菜单。

④制作动画，显示画面。动画制作分为静态图形设计和动态属性设置两个过程，前一过程类似于“画画”，用户通过 MCGS 组态软件中提供的基本图形元素及动画构建库，在用户窗口中“组合”成各种复杂的画面；后一过程则设置图形的动画属性，与实时数据库中定义的相关变量进行链接，作为动画图形的驱动源。

⑤编写控制流程程序。在运行策略窗口中，从策略构件箱中选择所需功能的策略构件构成各种功能模块（称为策略块），由这些模块实现各种人机交互操作。MCGS 还为用户提供了编程用的功能构件（称之为“脚本程序”功能构件），通过简单的编程语言编写工程控制程序。

⑥完善菜单按钮功能。该环节的操作包括对菜单命令、监控器件、操作按钮的功能组态，实现历史数据、实时数据、各种曲线、数据报表、报警信息输出等功能，建立工程安全机制等。

⑦编写程序，调试工程。利用调试程序产生的模拟数据，可以检查动画显示和控制流程是否正确。

⑧连接设备驱动程序。选定与设备相匹配的设备构件，连接设备通道，确定数据变量的处理方式，完成设备属性的设置。此步操作在设备窗口中进行。

⑨工程完工综合测试。最后测试工程各部分的工作情况，完成整个工程的组态工作，实施工程交接。

（四）MCGS 嵌入式一体化触摸屏 TPC7062

1. TPC7062K 特点

（1）高清：800×480 分辨率。
（2）真彩：65535 色数字真彩，丰富的图形库。
（3）可靠：抗干扰性能达到工业Ⅲ级标准，采用 LED 背光，寿命长。
（4）配置：ARM9 内核，400M 主频，64MB 内存，128MB 存储空间。
（5）软件：MCGS 全功能组态软件，支持 U 盘备份恢复，功能强大。
（6）环保：低功耗，整机功耗仅 6W，发展绿色工业，倡导节约能源。
（7）时尚：7″宽屏显示，超轻、超薄机身设计，引领简约时尚。

2. TPC7062K 产品外观

TPC7062K 产品的正视图、背视图分别如图 2-3 和图 2-4 所示。

图 2-3　TPC7062K 产品的正视图

图 2-4　TPC7062K 产品的背视图

（1）外观尺寸

TPC7062K 产品的外观尺寸图、安装开孔尺寸图分别如图 2-5 和图 2-6 所示。

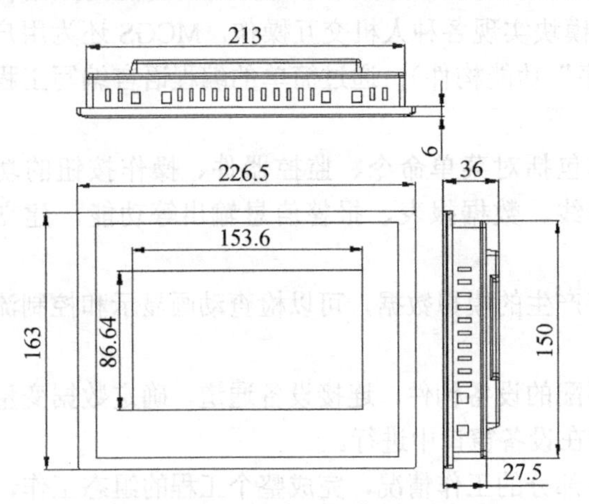

图 2-5　TPC7062K 产品的外观尺寸图

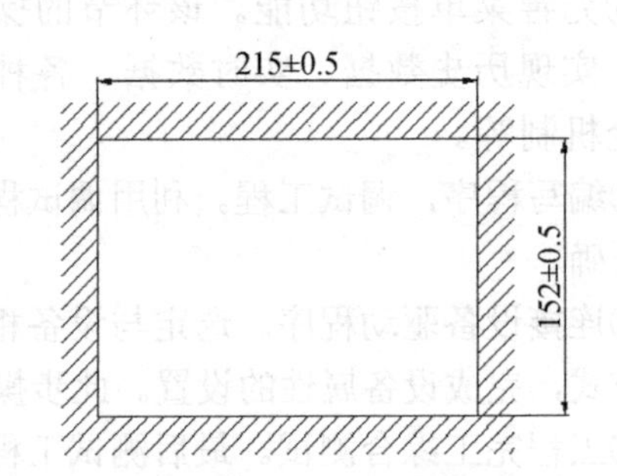

图 2-6　TPC7062K 产品的安装开孔尺寸图

（2）安装角度

如图 2-7 所示，安装角度介于 0°～30°之间。

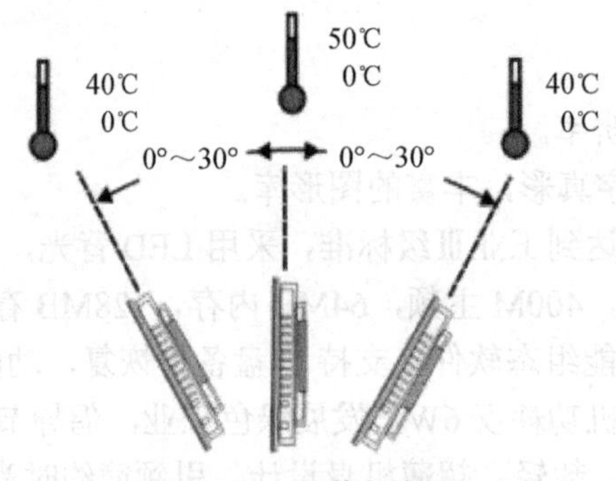

图 2-7　安装角度图

（3）电源接线

接线步骤如下：

①将 24V 电源线剥线后插入电源插头接线端子中；

②使用一字螺丝刀将电源插头螺钉锁紧；
③将电源插头插入产品的电源插座。

 **注意：仅限使用 24V DC 电源，建议电源输出功率为 15W。**

电源插头示意图及引脚定义如图 2-8 所示。

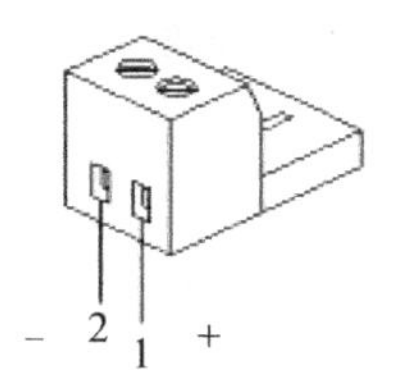

PIN	定义
1	＋
2	－

图 2-8　电源插头示意图及引脚定义

3. TPC7062K 外部接口

（1）电源接口说明

TPC7062K 电源接口示意图及引脚定义如图 2-9 所示。

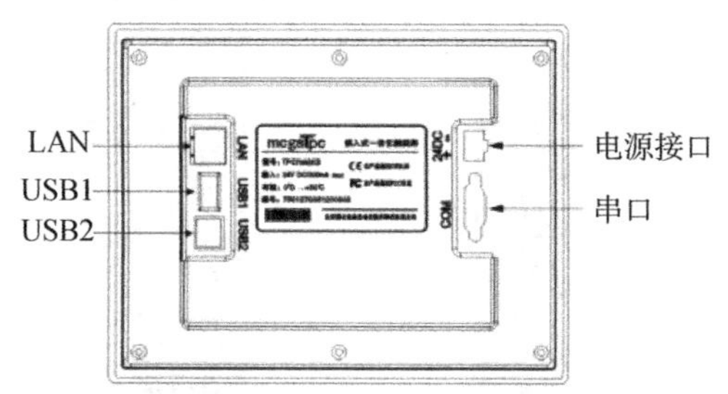

项目	TPC7062K
LAN（RJ45）	以太网接口
串口（DB9）	1×RS-232，1×RS-485
USB1	主口，USB1.1兼容
USB2	从口，用于下载工程
电源接口	24V DC±20%

图 2-9　TPC7062K 电源接口示意图及引脚定义

（2）串口引脚及定义

串口引脚及定义如图 2-10 所示。

接口	PIN	引脚定义
COM1	2	RS-232 RXD
	3	RS-232 TXD
	5	GND
COM2	7	RS-485+
	8	RS-485−

图 2-10　串口引脚及定义

（3）串口扩展设置——终端电阻

COM2 口和 RS-485 终端匹配电阻跳线设置如图 2-11 所示。

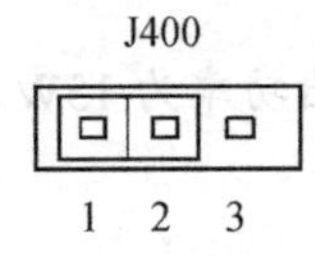

跳线设置	终端匹配电阻
	无
	有

图 2-11　终端匹配电阻跳线设置图

跳线设置步骤如下：

①关闭电源，拆下产品后盖；

②根据所需使用的 RS-485 终端匹配电阻需求设置跳线开关；

③盖上后盖；

④开机后相应的设置生效。

4. TPC7062K 启动

使用 24V 直流电源给 TPC7062K 供电，开机启动后屏幕出现“正在启动”提示进度条，如图 2-12 所示。此时不需要任何操作将自动进入工程运行界面，如图 2-13 所示。

图 2-12　启动界面

图 2-13　工程运行界面

5. TPC7062K 产品维护

（1）更换电池

电池位置：产品内部的电路板上。电池规格：CR2032 3V 锂电池。更换电池操作如图 2-14 所示。

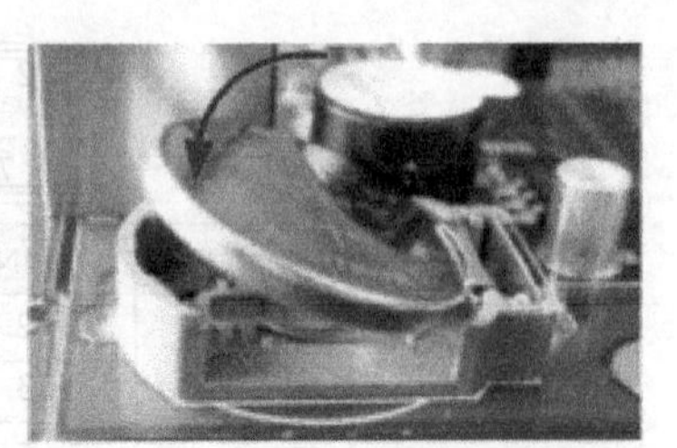

图 2-14　更换电池操作

（2）触摸屏校准

打开触模屏校准程序：TPC 开机启动后屏幕出现“正在启动”提示进度条，此时使用触摸笔或手指轻点屏幕任意位置，进入启动属性界面。等待 30s，系统将自动运行触模屏校准程序。

触模屏校准：如图 2-15 所示，使用触摸笔或手指轻按十字光标中心点不放，当光标移动至下一点后抬起：重复该动作，直至提示“新的校准设置已测定”，轻点屏幕任意位置退出校准程序。

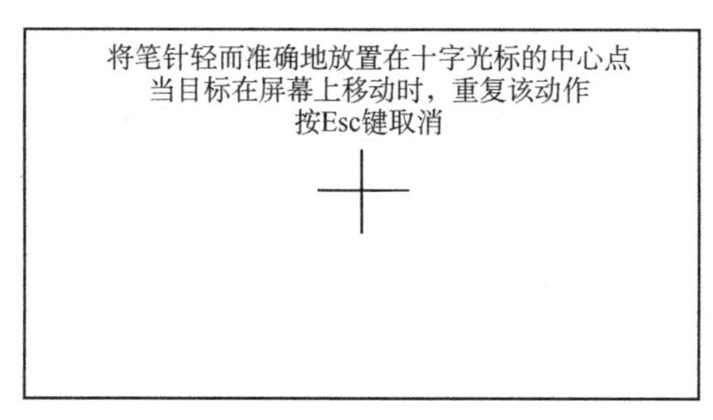

将笔针轻而准确地放置在十字光标的中心点
当目标在屏幕上移动时，重复该动作
按Esc键取消

图 2-15 触摸屏校准

四、项目分析

（一）按钮指示灯控制系统组成及控制原理

按下启动按钮 SB1 后，连接在 PLC 上的指示灯点亮，同时 MCGS 组态界面的指示灯点亮；按下停止按钮 SB2 后，连接在 PLC 上的指示灯熄灭，同时 MCGS 组态界面的指示灯熄灭。在 MCGS 组态界面，按下启动按钮，连接在 PLC 上的指示灯点亮，同时 MCGS 组态界面的指示灯点亮；按下停止按钮，连接在 PLC 上的指示灯熄灭，同时 MCGS 组态界面的指示灯熄灭。

（二）MCGS 组态控制界面设计思路

按照组态工程的一般过程，组态过程分以下几步：

①新建工程；

②实时数据库组态设计；

③设备组态；

④用户窗口组态；

⑤数据链接设定。

其中，如图 2-16 所示的按钮指示灯控制系统由启动按钮、停止按钮和指示灯组成，按下启动按钮 SB1，指示灯亮；按下停止按钮，指示灯熄灭。

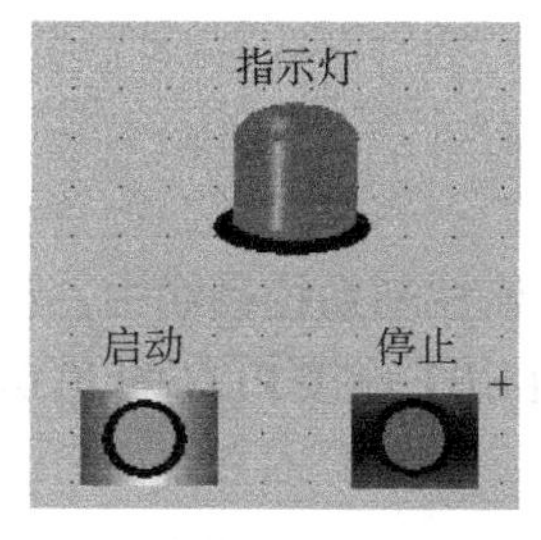

图 2-16 按钮指示灯控制系统

（三）I/O 分配

按钮指示灯控制系统 I/O 分配表见表 2-1。

表 2-1　按钮指示灯控制系统 I/O 分配表

PLC 中 I/O 分配		注释	MCGS 实时数据对应的变量
元件	地址		
SB1	I0.0	启动	
SB2	I0.1	停止	
	M0.0	启动	M0
	M0.1	停止	M1
L1	Q0.0	指示灯	Q0

（四）系统接线

西门子 S7-200 系列 PLC 按钮指示灯控制系统接线图如图 2-17 所示。

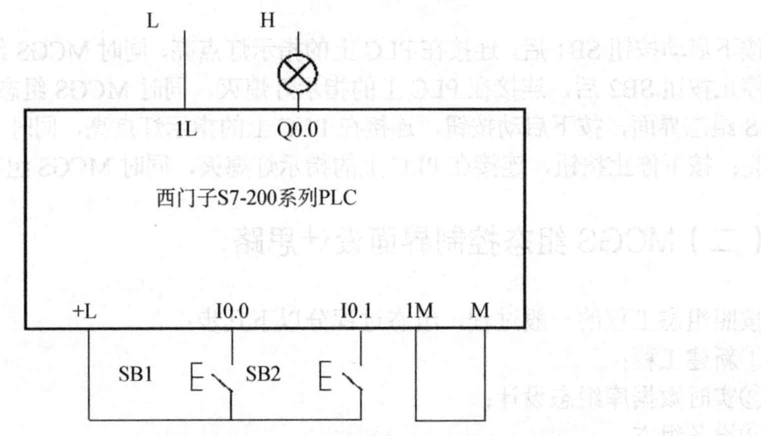

图 2-17　西门子 S7-200 系列 PLC 按钮指示灯控制系统接线图

五、项目实施

（一）硬件接线

系统接线图如图 2-17 所示，在该控制系统接线中，计算机与西门子 S7-200 系列 PLC 之间采用 RS-232 接线方式，启动按钮 SB1 连接 PLC 的 I0.0，停止按钮 SB2 连接 PLC 的 I0.1，指示灯连接 PLC 的 Q0.0。

（二）编写 PLC 控制程序

按钮指示灯控制系统 PLC 控制程序如图 2-18 所示。

I0.0　I0.1　M0.1　Q0.0
Q0.0
M0.0

图 2-18　按钮指示灯控制系统 PLC 控制程序

按钮指示灯控制系统设计

（三）按钮指示灯控制系统的组态

1. 新建工程

①打开 MCGS 组态环境。选择“开始”→“程序”→“MCGS 组态软件”→“MCGS 组态环境”命令，打开 MCGS 组态环境。

②新建工程。选择“文件”→“新建工程”命令，新建 MCGS 工程，新建工程界面如图 2-19 所示。

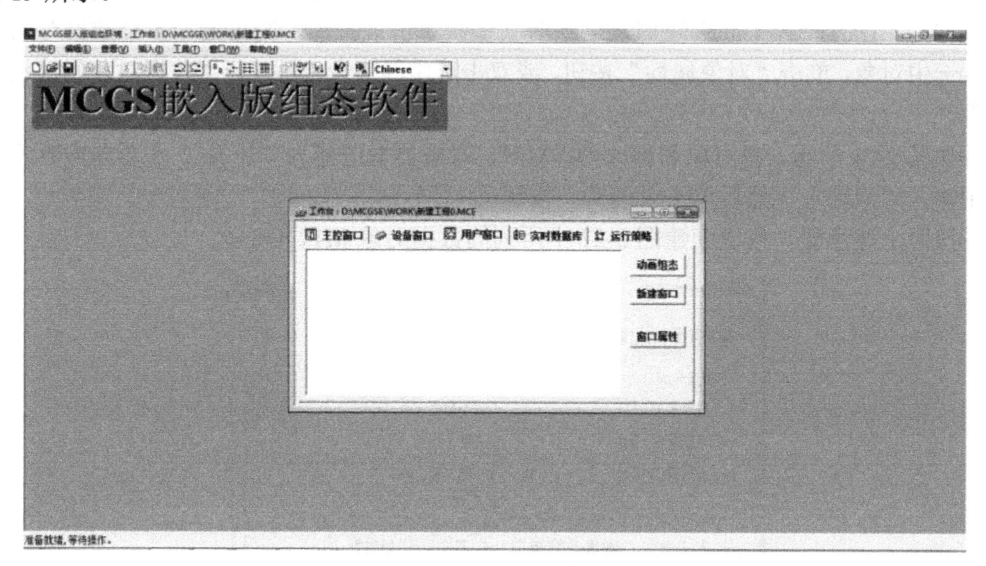

图 2-19　新建工程界面

③工程命名与保存。将工程以“按钮指示灯控制系统.MCG”为文件名保存。

2. 数据库组态

数据库规划：实时数据库是 MCGS 系统的核心，也是应用系统的数据处理中心，系统各部分均以实时数据库为数据公用区，进行数据交换、数据处理的可视化操作，按钮指示灯控制系统数据库规划见表 2-2。

表 2-2　按钮指示灯控制系统数据库规划

变量名	类型	注释
Q0	开关型	指示灯
M0	开关型	启动
M1	开关型	停止

定义对象：

①单击“工作台”对话框中的“实时数据库”标签，进入“实时数据库”选项卡，如图 2-20 所示。

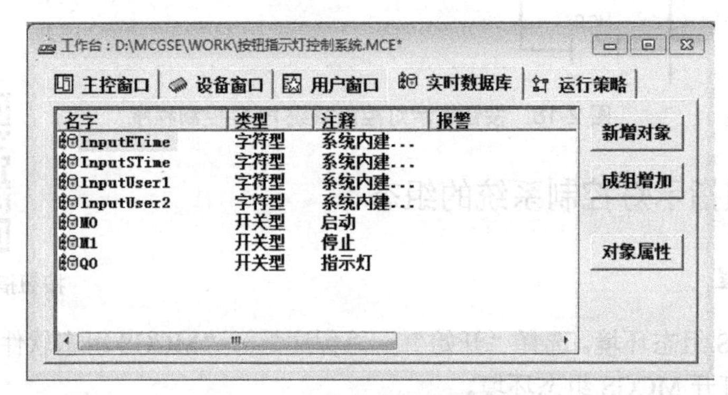

图 2-20　“实时数据库”选项卡

②单击“新增对象”按钮，在选项卡的数据对象列表中增加新的数据对象，系统默认定义的名称为“Data1”“Data2”“Data3”等（多次单击该按钮，则可增加多个数据对象）。

③选中对象，单击“对象属性”按钮，或双击选中的对象，则打开“数据对象属性设置”对话框。

④如图 2-21 所示，将对象名称改为“M0”，对象类型选择为“开关”；在对象内容注释文本框中输入“启动”，然后单击“确认”按钮。

⑤按照上述步骤，依次创建图 2-22 中所列的数据对象 M1、Q0。

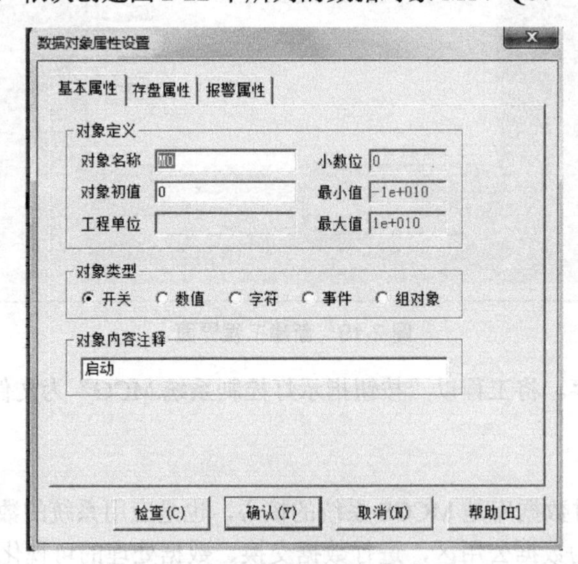

图 2-21　“数据对象属性设置”对话框

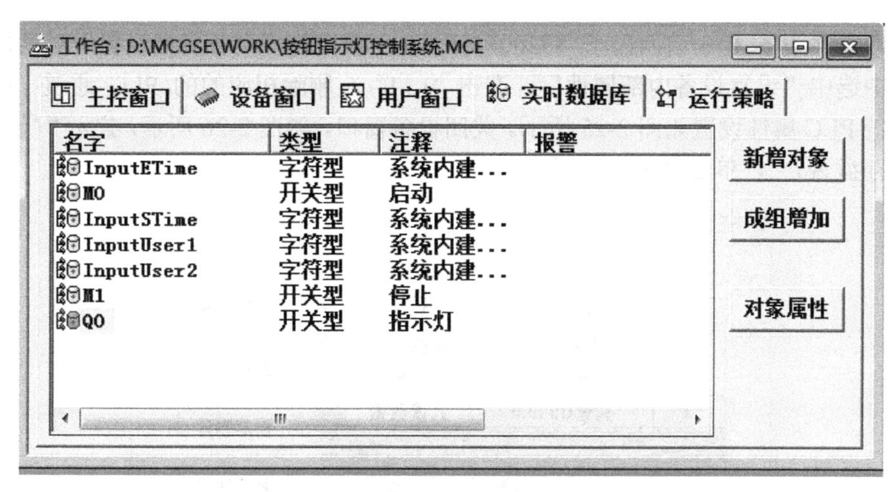

图 2-22　按钮控制灯系统数据库规划

3. 设备组态

（1）右击工具栏中的“设备窗口”按钮，在弹出的快捷菜单中选择“设备工具箱”命令。如图 2-23 所示，在设备窗口中，按顺序先后双击“通用串口父设备”和“西门子_S7200PPI”将其添加至设备窗口。此时系统弹出如图 2-24 所示的 PLC 属性设置提示对话框，提示是否使用“西门子_S7200PPI”驱动的默认通信参数设置串口父设备参数，单击“是”按钮。单击“设备管理”，在弹出的设备管理窗口中选择“PLC 设备”→“西门子”→“西门子_S7200PPI”，添加相应的设备。

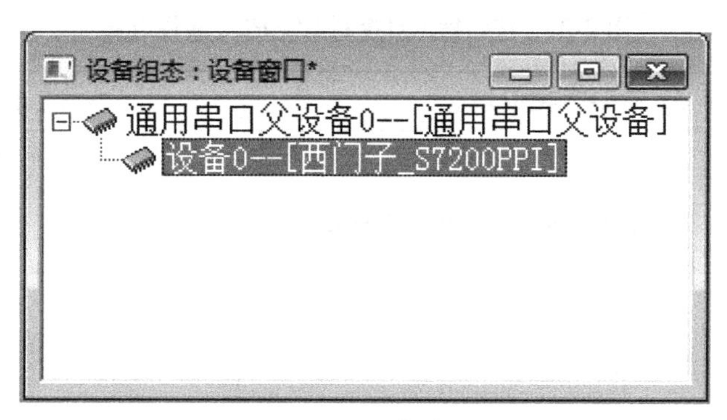

图 2-23　设备窗口

图 2-24　PLC 属性设置提示对话框

（2）双击“设备 0——[西门子_S7200PPI]”，在弹出的“设备属性设置”对话框的“基本属性”中选中“设置设备内部属性”，右击“[...]”，删除相应的的 PLC 通道。按钮指示灯控制系统 PLC 属性设置如图 2-25 所示。关闭设备窗口，如图 2-26 所示，提示“‘设备窗口’已改变，存盘否？”，单击“是”按钮。

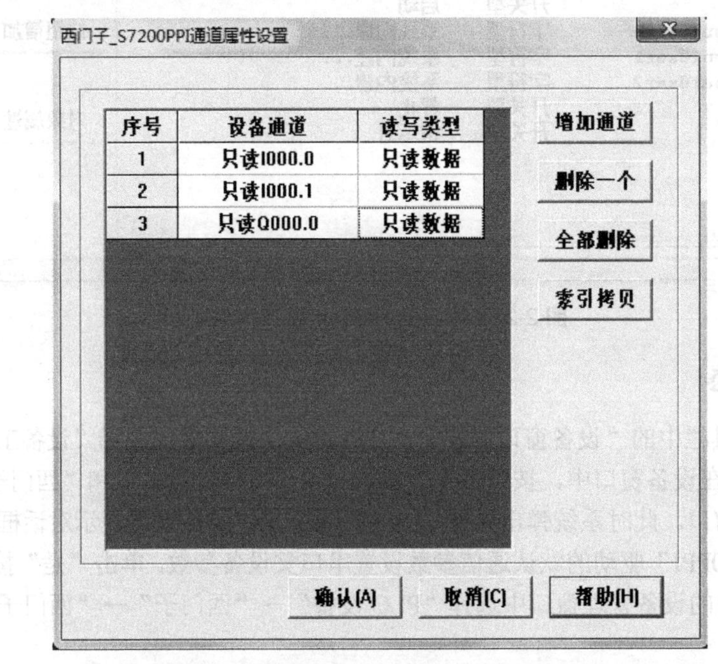

图 2-25 按钮指示灯控制系统 PLC 属性设置

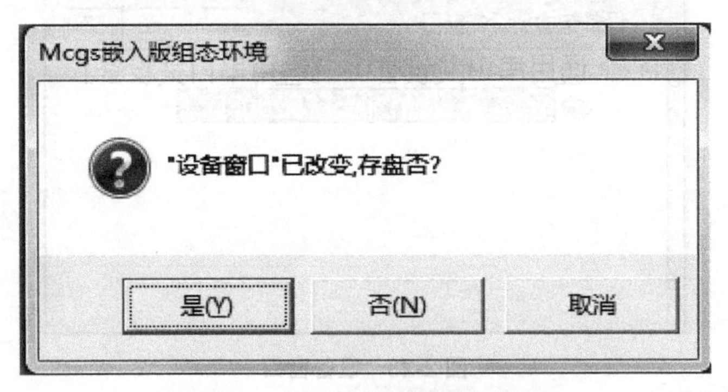

图 2-26 PLC 属性设置提示对话框

4. 用户窗口组态

用户窗口主要用于设置工程中人机交互的界面，可生成各种动画显示画面、报警输出、数据与曲线图表等。

（1）窗口的创建

①单击“用户窗口”标签，选择“新建窗口”，在“用户窗口属性设置”对话框中将窗口名称改为“按钮指示灯控制系统”，如图 2-27 所示。

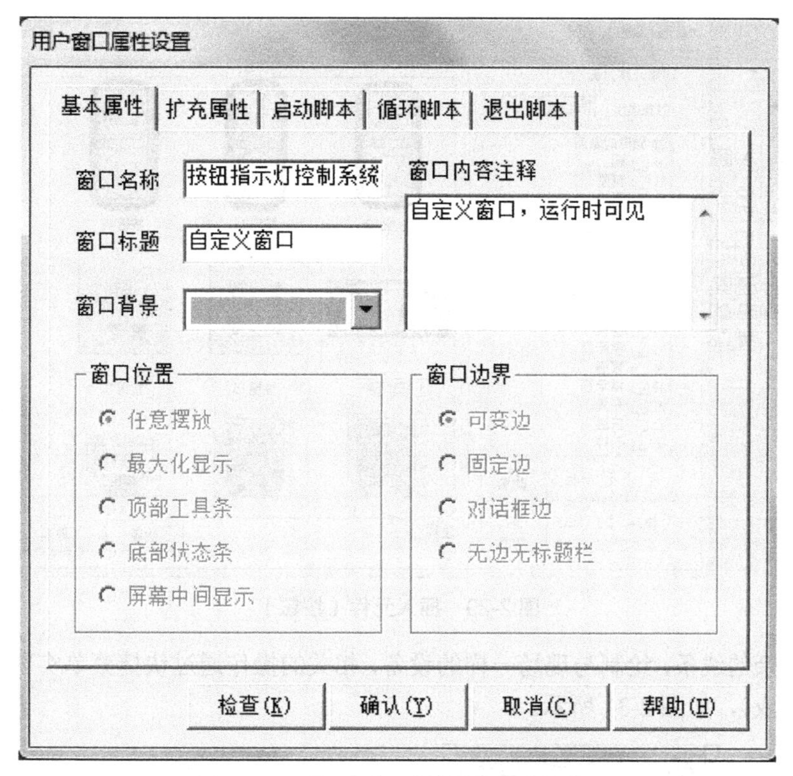

图 2-27　“用户窗口属性设置”对话框

②单击“确定”按钮，弹出如图 2-28 所示的用户窗口总貌对话框。

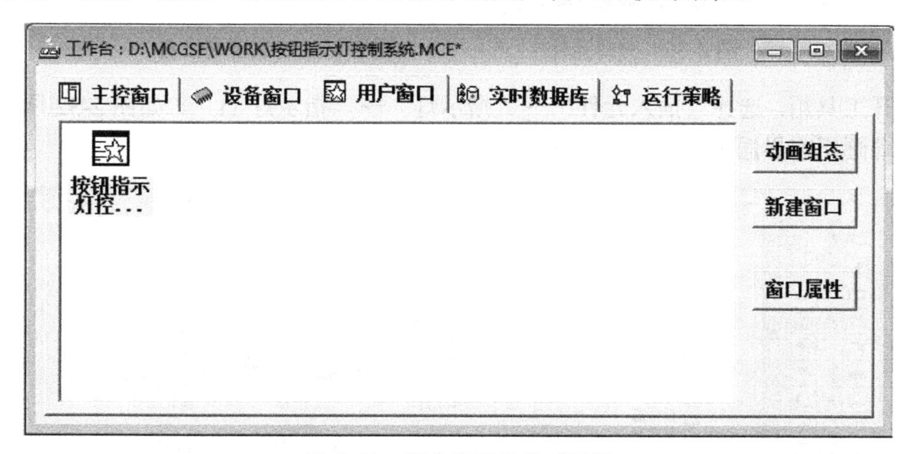

图 2-28　用户窗口总貌对话框

③双击“按钮指示灯控制系统”，打开监控组态界面。

（2）按钮及指示灯的绘制

①打开工具箱，选择“插入元件”→“按钮”→“按钮 73”，如图 2-29 所示，将该按钮置于动画组态界面上。

②选中插入的元件，右击，在弹出的快捷菜单中选择“排列”→“分解图符（或分解单元）”，将元件分解为多个图符，如图 2-30 所示。

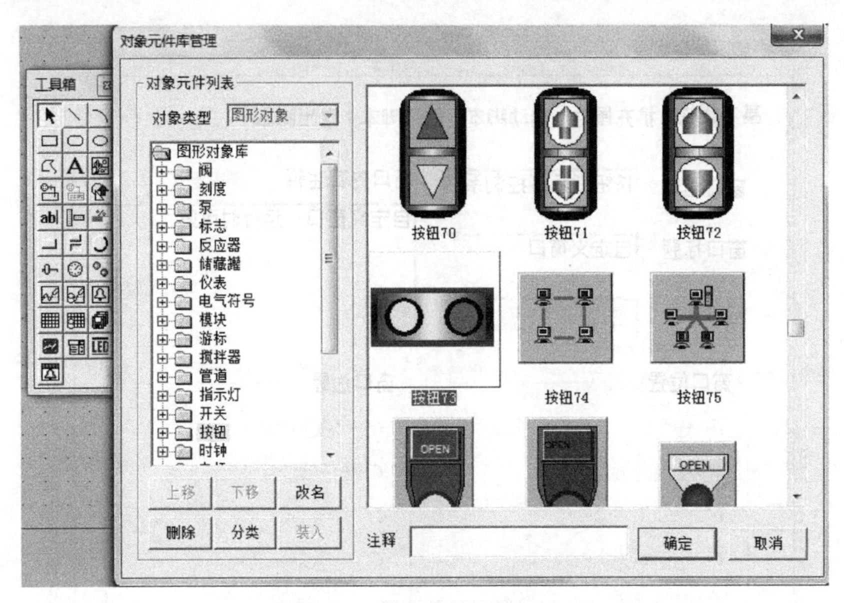

图 2-29　插入元件（按钮）

③删除多余的线条，绘制与现场一样的设备，相关的操作通过快捷菜单实现（主要在“排列”菜单中完成），如图 2-31 所示。

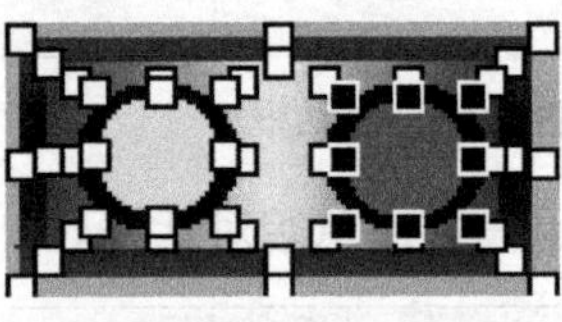

图 2-30　分解元件

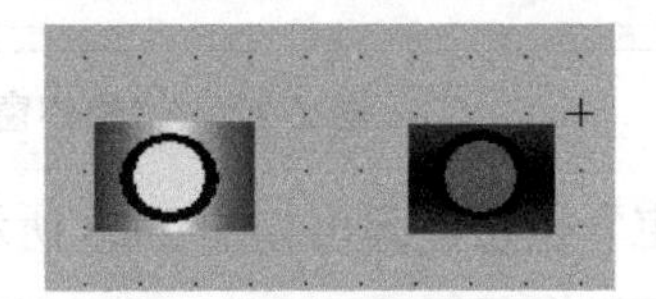

图 2-31　绘制现场设备

④打开工具箱，选择“插入元件”→“指示灯”→“指示灯 11”，如图 2-32 所示，将指示灯置于动画组态界面上。

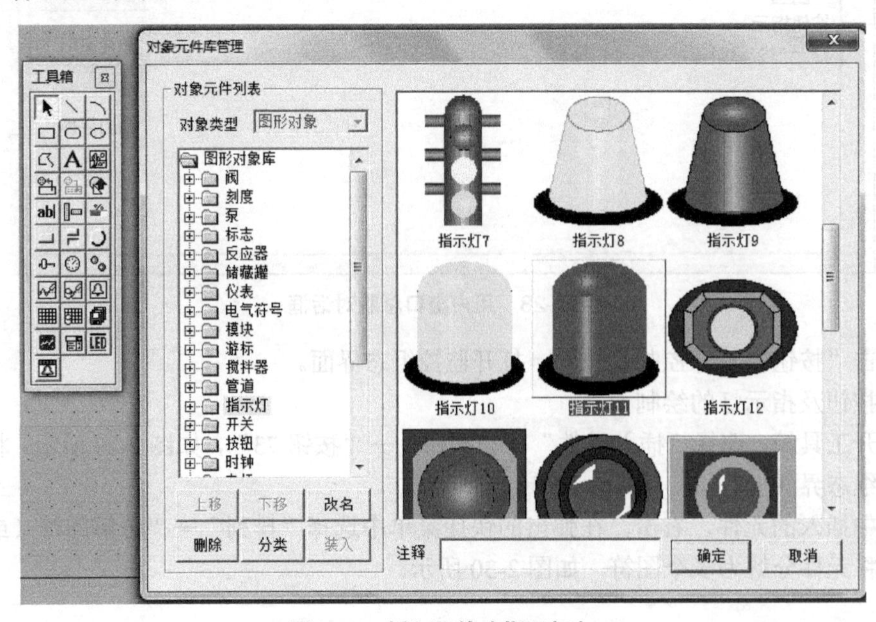

图 2-32　插入元件（指示灯）

（3）文本的绘制

①单击工具栏中的“工具箱”按钮，打开工具箱。单击“工具箱”中的“标签”图标，鼠标的光标呈“十”字形，在窗口顶端中心位置拖曳鼠标，根据需要拉出一个小的矩形，在光标闪烁位置输入文字“启动”，按回车键或在窗口任意位置用鼠标单击一下文字即输入完毕。双击文本框，设置属性，修改填充颜色和字符颜色，如图 2-33 所示。

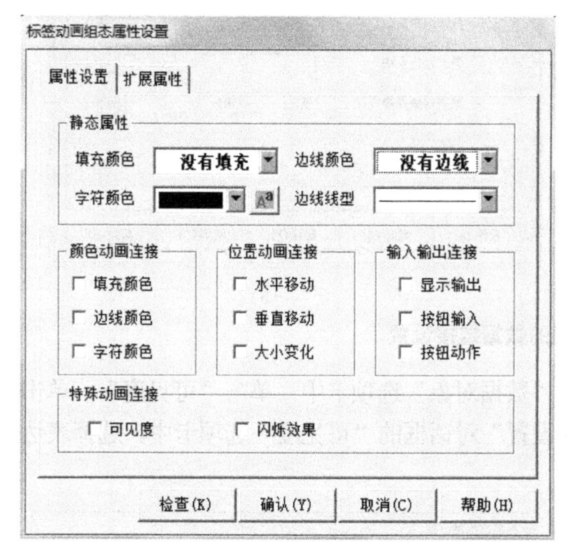

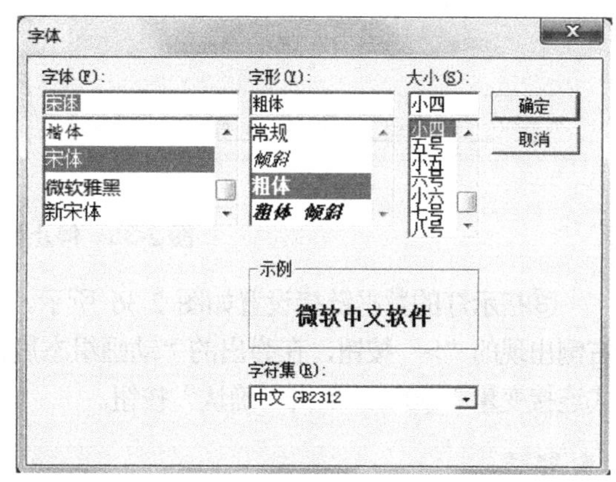

图 2-33 标签动画组态属性设置

②按照步骤①中的方法绘制其他文本。

5. 数据链接

①启动按钮的数据链接设置如图 2-34 所示。

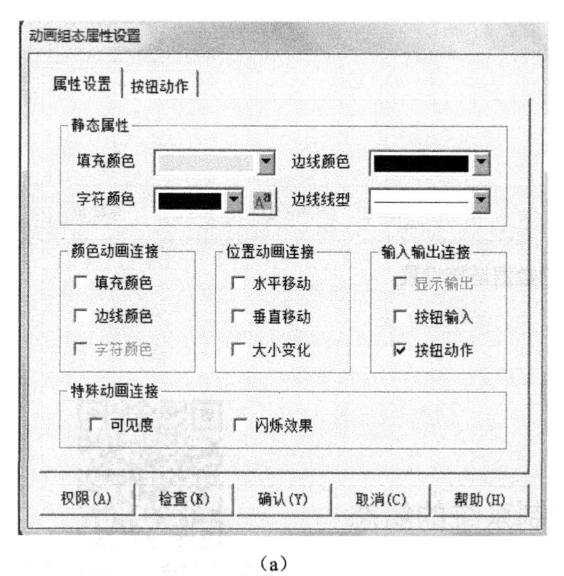

(a)

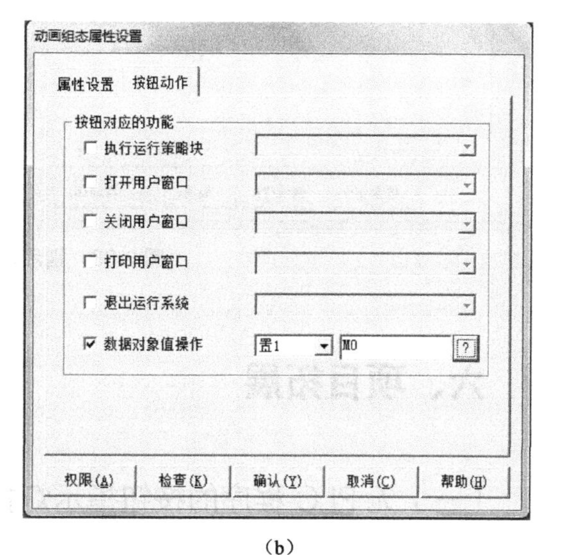

(b)

图 2-34 启动按钮的数据链接设置

②停止按钮的数据链接设置如图 2-35 所示。

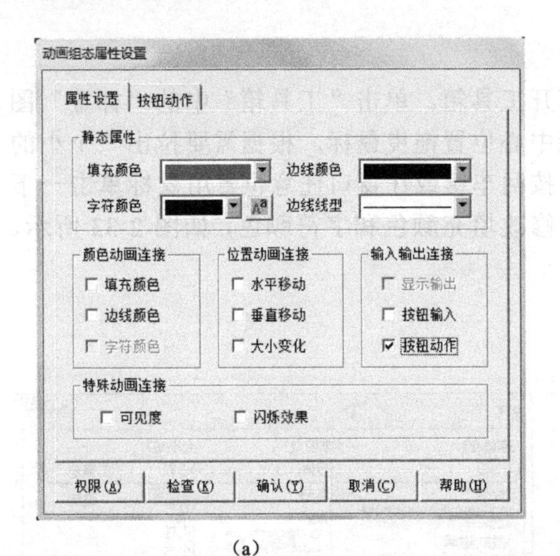

(a)

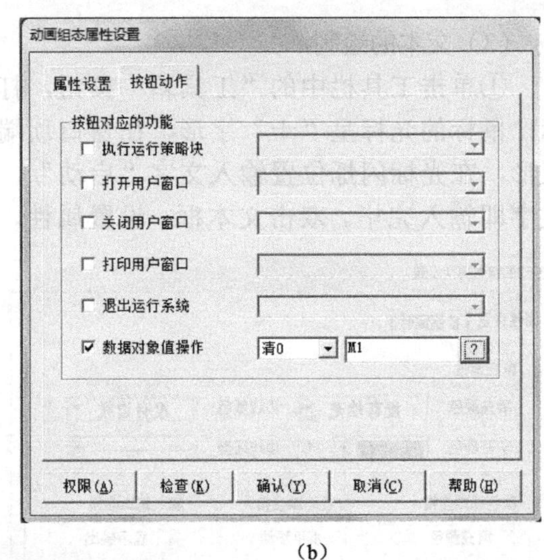

(b)

图 2-35 停止按钮的数据链接设置

③指示灯的数据链接设置如图 2-36 所示。在“数据对象”选项卡中，单击“可见度”，单击右侧出现的“>”按钮，在弹出的“动画组态属性设置”对话框的“可见度”选项卡中，选择表达式连接变量“Q0”，单击“确认”按钮。

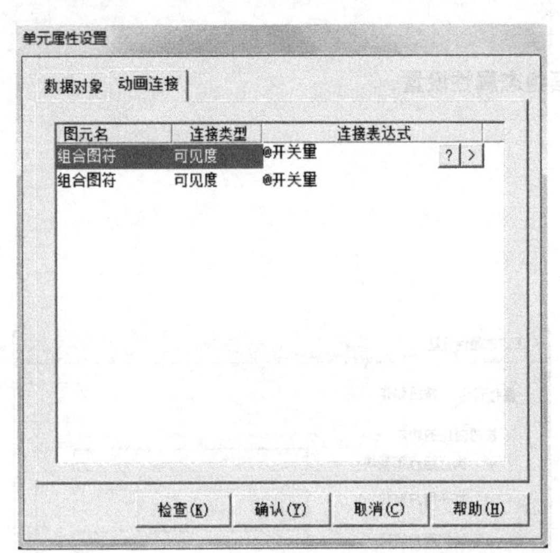

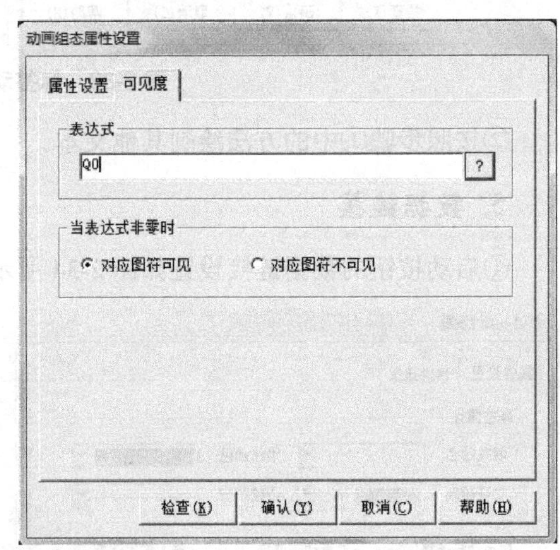

图 2-36 指示灯的数据链接设置

六、项目拓展

(一) 无 PLC 程序的按钮指示灯控制系统的组态

无 PLC 程序的按钮指示灯控制系统的组态

1. 新建工程

(1) 打开 MCGS 组态环境。选择“开始”→“程序”→“MCGS 组态软件”→“MCGS

组态环境”，打开 MCGS 组态环境。

（2）新建工程。选择“文件”→“新建工程”，新建 MCGS 工程。

（3）工程命名与保存。将工程以“无 PLC 程序的按钮指示灯控制系统.MCG”为文件名保存在相应的文件夹下。

2. 数据库组态

数据库规划：实时数据库是 MCGS 系统的核心，也是应用系统的数据处理中心，系统各部分均以实时数据库为数据公用区，进行数据交换、数据处理的可视化操作。

定义对象：

①单击“工作台”对话框中的“实时数据库”标签，进入“实时数据库”选项卡，单击“新增对象”按钮，在选项卡的数据对象列表中增加新的数据对象，如图 2-37 所示；

②选中数据对象，单击“对象属性”按钮，或双击选中的对象，则打开“数据对象属性设置”对话框。将对象名称改为“指示灯”，对象类型选择为“开关”，单击“确认”按钮。

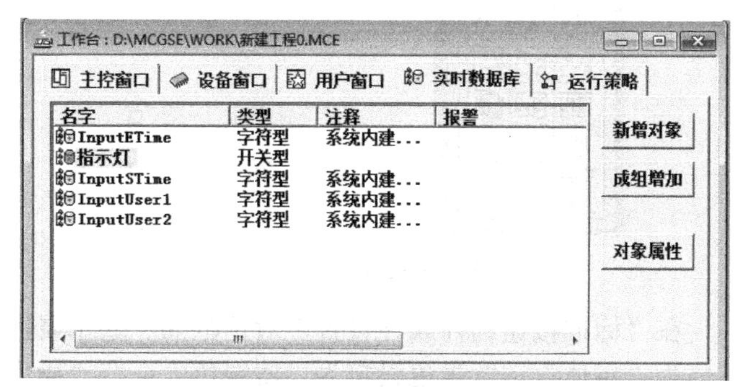

图 2-37 “实时数据库”选项卡

3. 用户窗口组态

用户窗口主要用于设置工程中人机交互的界面，可生成各种动画显示画面、报警输出、数据与曲线图表等。

（1）窗口的创建

①在“工作台”对话框中单击“用户窗口”标签，单击“新建窗口”按钮，在“用户窗口属性设置”对话框中将窗口名称改为“无 PLC 程序的按钮指示灯控制系统”，如图 2-38 所示。

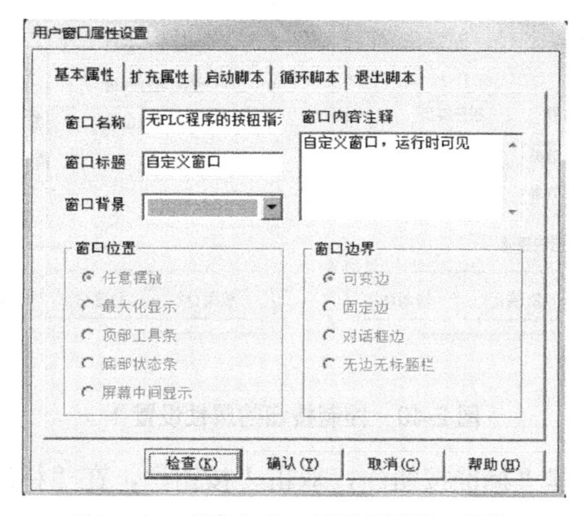

图 2-38 “用户窗口属性设置”对话框

②单击“确认”按钮，在弹出的对话框中双击 “无 PLC 程序的按钮指示灯控制系统”图标，打开监控组态界面。

（2）按钮、指示灯的绘制及数据链接

①单击工具栏中的按钮⚒，打开工具箱，选择“标准按钮”，用生成的十字光标在动画组态界面上拖动，生成如图 2-39 所示的按钮，将该按钮置于动画组态界面上。

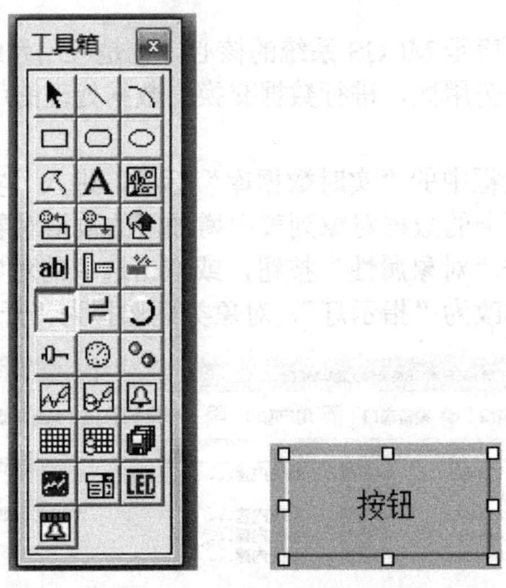

图 2-39　控制按钮的生成设置

②双击“按钮”，在“标准按钮构件属性设置”对话框的“基本属性”选项卡中设定文本名为“启动”，字体为“粗体”，背景色设定为“浅绿色”；在“操作属性”选项卡中，勾选“按下功能”下的“数据对象值操作”复选框，选择“置 1”，单击[?]按钮，选择连接变量为“指示灯”，单击“确认”按钮，如图 2-40 所示。

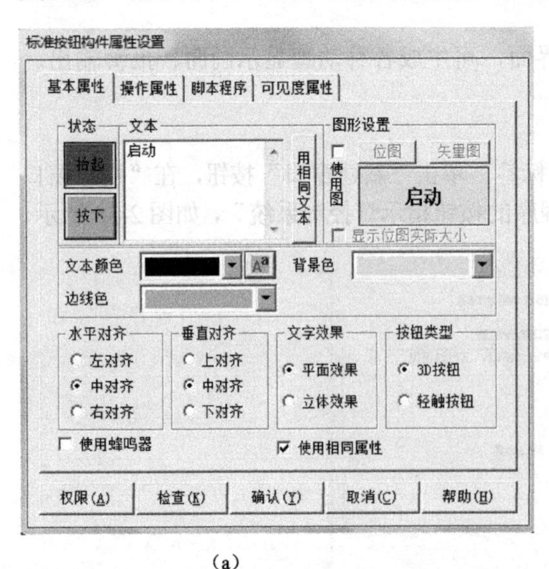

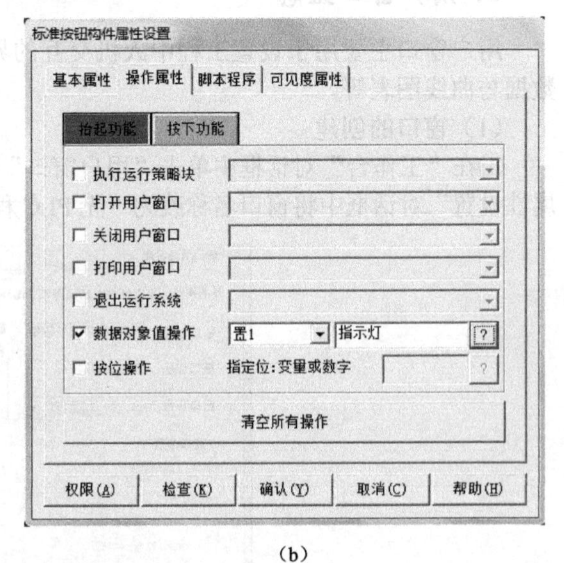

（a）　　　　　　　　　　　　（b）

图 2-40　控制按钮的属性设置 1

③重复上述操作，新建“标准按钮”，双击“按钮”，在“标准按钮构件属性设置”对话框的“基本属性”选项卡中设定文本名为“停止”，字体为“粗体”，背景色设定为“银

色”；在“操作属性”选项卡中，勾选“按下功能”下的“数据对象值操作”复选框，选择“清 0”，单击[?]按钮，选择连接变量为“指示灯”，如图 2-41 所示。

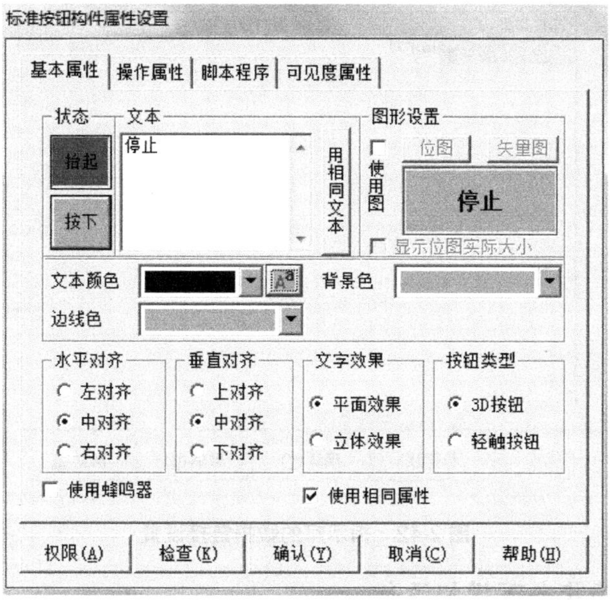

（a）

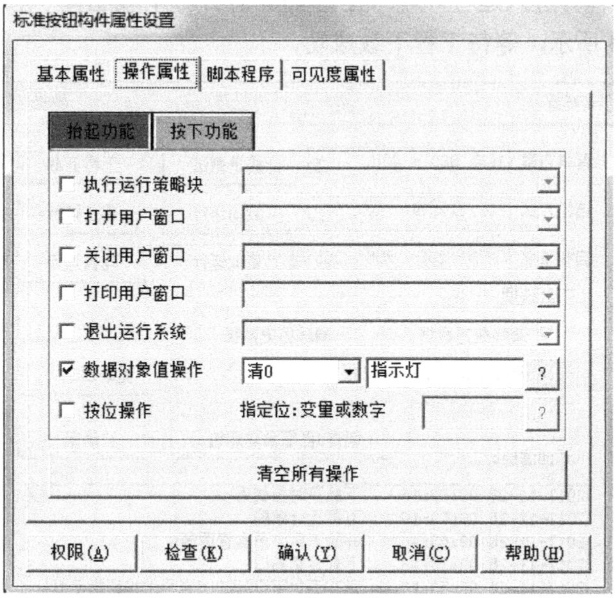

（b）

图 2-41　控制按钮的属性设置 2

④选择“插入元件”→“指示灯”→“指示灯 11”，将指示灯置于动画组态界面上。双击该指示灯图标，在“单元属性设置”对话框的“数据对象”选项卡中，单击右侧的“？”按钮，在弹出的变量选择对话框中选择表达式连接变量“指示灯”，单击“确认”按钮，如图 2-42 所示。

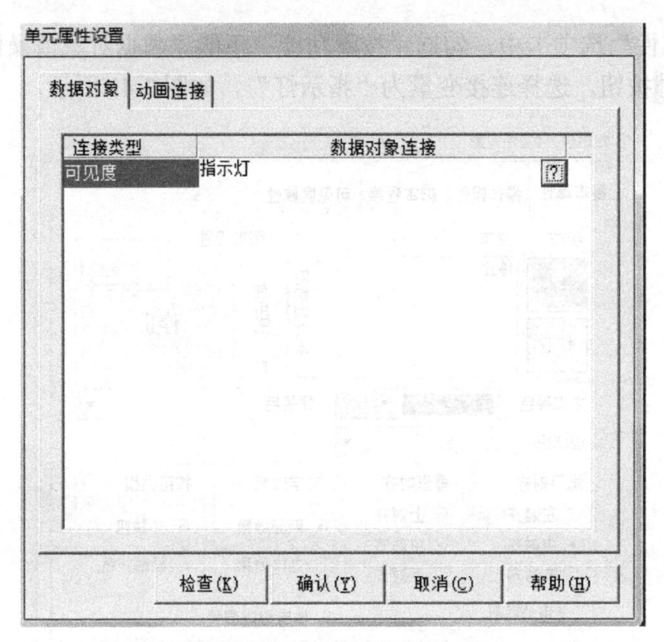

图 2-42　指示灯的数据链接设置

4. 无 PLC 程序状态下模拟运行

①单击“下载工程并进入运行环境”按钮，打开“下载配置”对话框，单击“工程下载”按钮，如图 2-43 所示，等待工程下载成功。

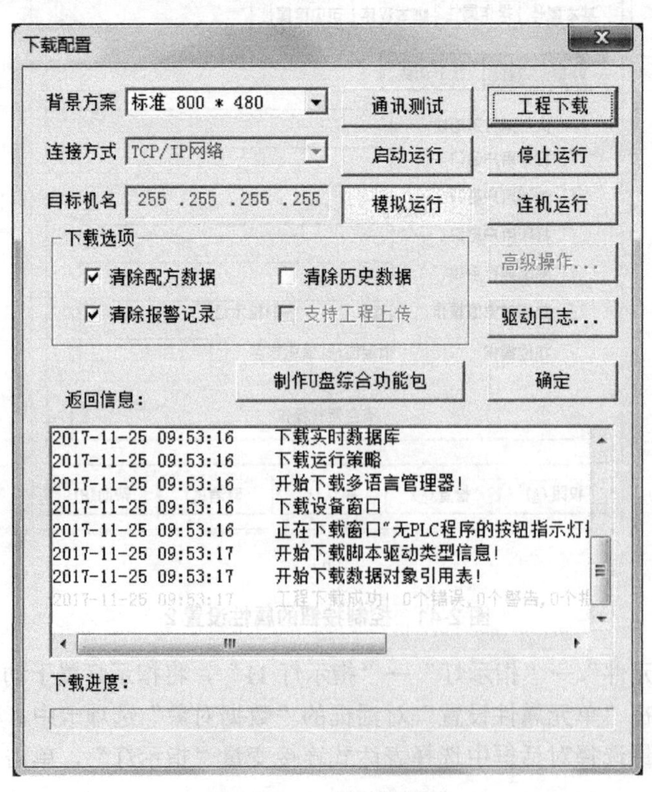

图 2-43　工程下载设置

②在弹出的模拟运行环境窗口中，单击播放按钮，模拟运行界面如图 2-44 所示。

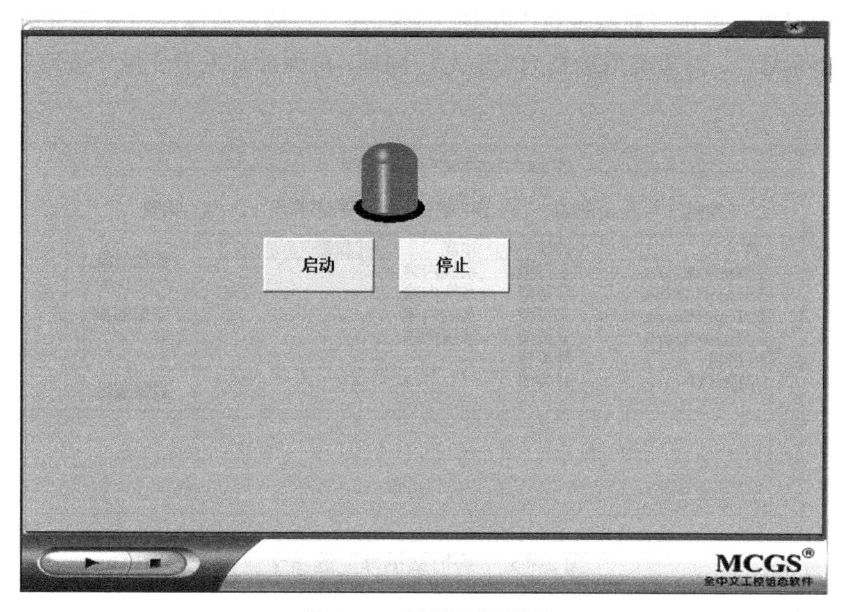

图 2-44　模拟运行界面

③如图 2-45 所示，单击“启动”按钮，观察指示灯状态（变绿）；单击“停止”按钮，观察指示灯状态（变红）。

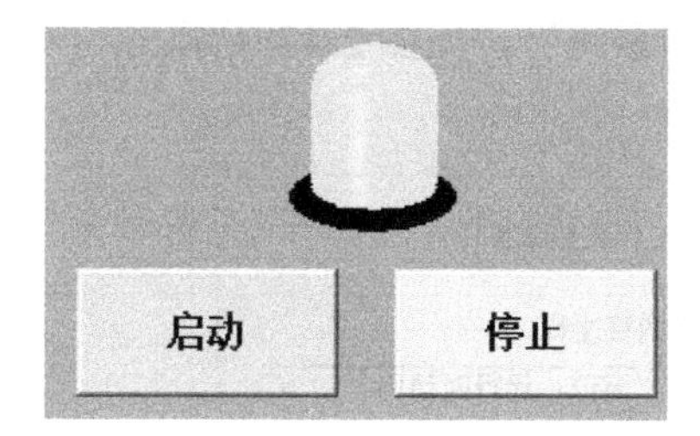

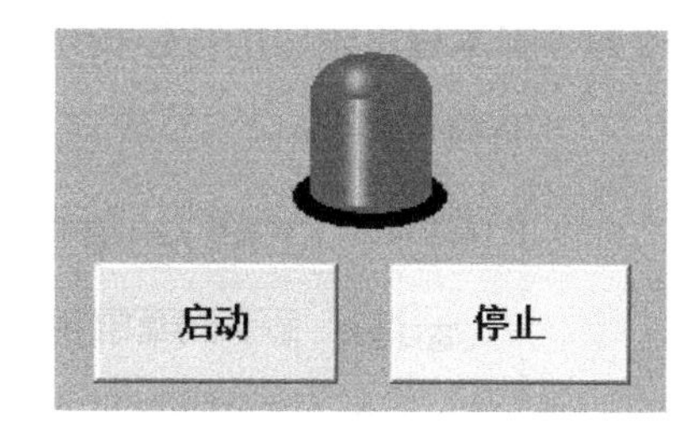

图 2-45　模拟运行结果

（二）采用 MCGS 组态软件脚本程序编写的按钮指示灯控制系统

1. 新建工程

（1）打开 MCGS 组态环境。选择“开始”→“程序”→“MCGS 组态软件”→“MCGS 组态环境”，打开 MCGS 组态环境。

（2）新建工程。选择“文件”→“新建工程”，新建 MCGS 工程。

（3）工程命名与保存。将工程以“脚本程序编写的按钮指示灯控制系统.MCG”为文件名保存在相应的文件夹下。

采用脚本程序编写的按钮指示灯控制系统的组态

2. 数据库组态

定义对象：

（1）单击“工作台”对话框中的“实时数据库”标签，进入“实时数据库”选项卡，如

图 2-46 所示，单击“新增对象”按钮，在选项卡的数据对象列表中增加新的数据对象。

（2）选中对象，单击“对象属性”按钮，则打开“数据对象属性设置”对话框。将对象名称改为“指示灯”，对象类型选择为“开关”；同理，再添加开关型变量“按钮”，单击“确认”按钮。

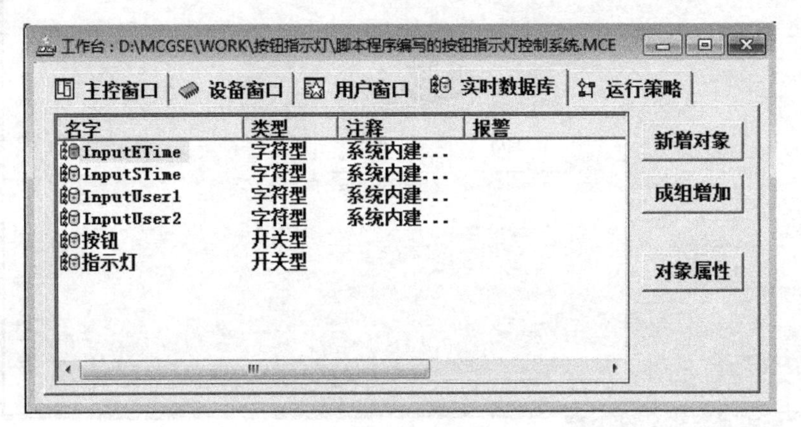

图 2-46 “实时数据库”选项卡

3. 用户窗口组态

（1）窗口的创建

①单击“用户窗口”标签，单击“新建窗口”按钮，在“用户窗口属性设置”对话框中将窗口名称改为“脚本程序编写的按钮指示灯控制系统”，如图 2-47 所示。

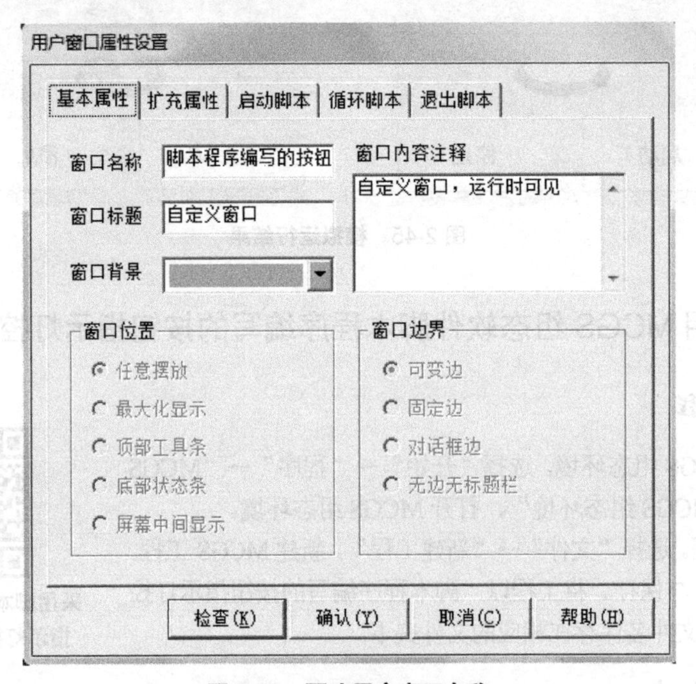

图 2-47 更改用户窗口名称

②单击“确认”按钮，在弹出的对话框中双击“脚本程序编写的按钮指示灯控制系统”图标，打开监控组态界面。

（2）开关、指示灯的绘制及数据链接

①单击工具栏中的按钮，打开工具箱，选择“开关”→“开关 10”，单击“确认”按钮，调整大小，生成如图 2-48（b）所示的开关，将该开关置于动画组态界面上。

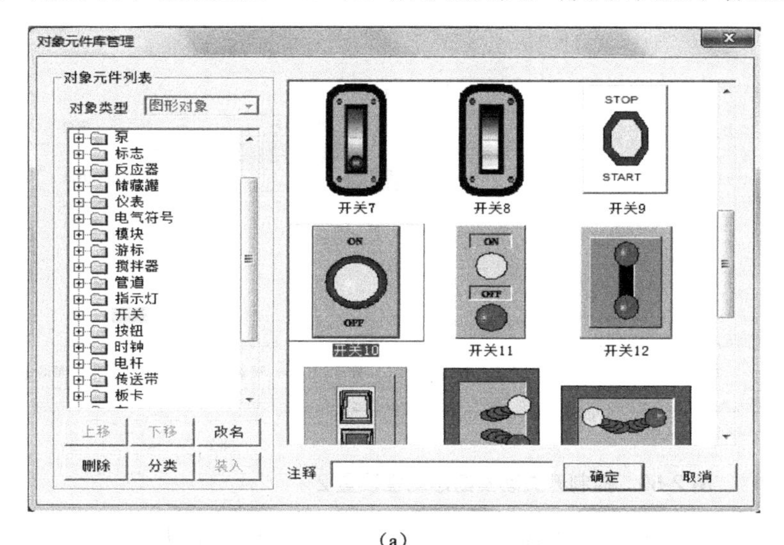

（a）

（b）

图 2-48 控制开关的生成

②双击“开关”，在“单元属性设置”对话框中单击“按钮输入”，单击右侧出现的“>”按钮，在弹出“动画组态属性设置”对话框中勾选“填充颜色”复选框，如图 2-49 所示。

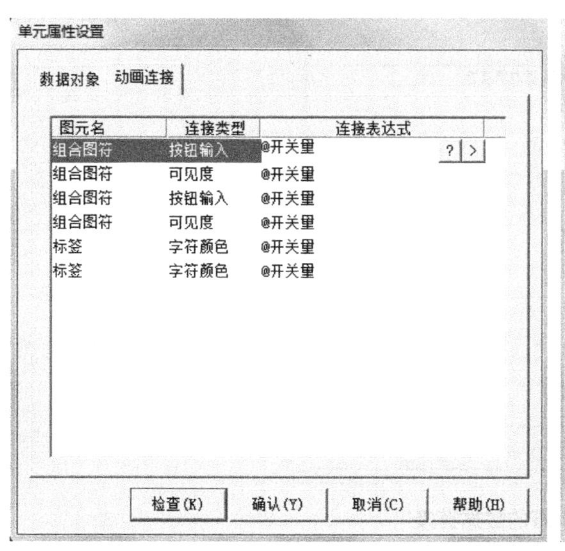

（a）

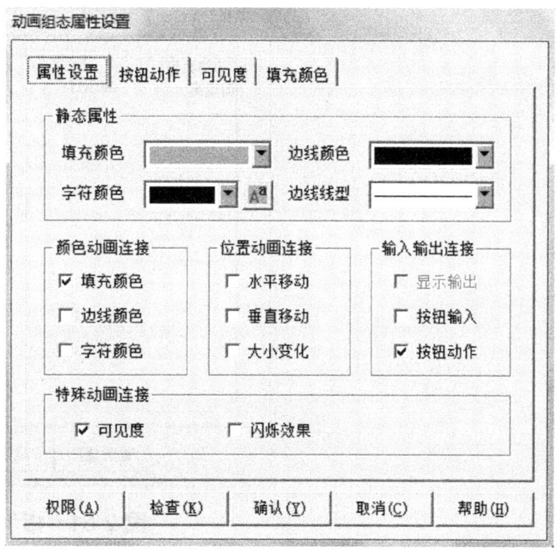

（b）

图 2-49 控制开关动画组态属性设置 1

③在“单元属性设置”对话框中单击 ? 按钮，连接变量“按钮”；在“动画组态属性设置”对话框的“填充颜色”选项卡中，表达式设定为“按钮”；在“可见度”选项卡中，设置连接变量为“按钮”；在“填充颜色”选项卡中，设置表达式为“按钮”，填充颜色连接设定——0 分段点对应颜色为红色，1 分段点对应颜色为浅绿色，单击“确认”按钮，如图 2-50 所示。

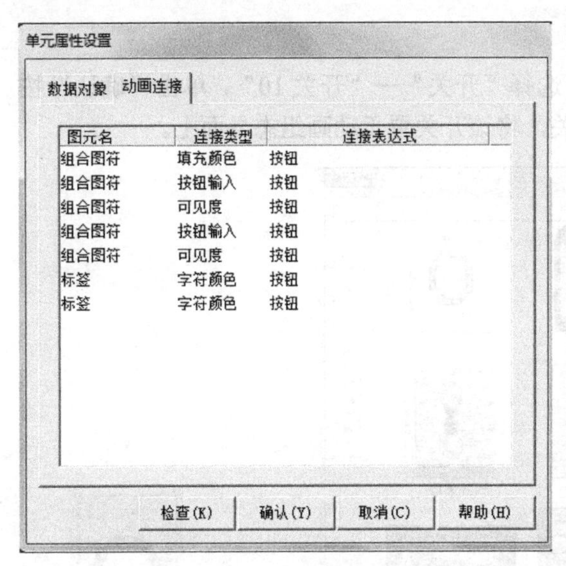

(a)

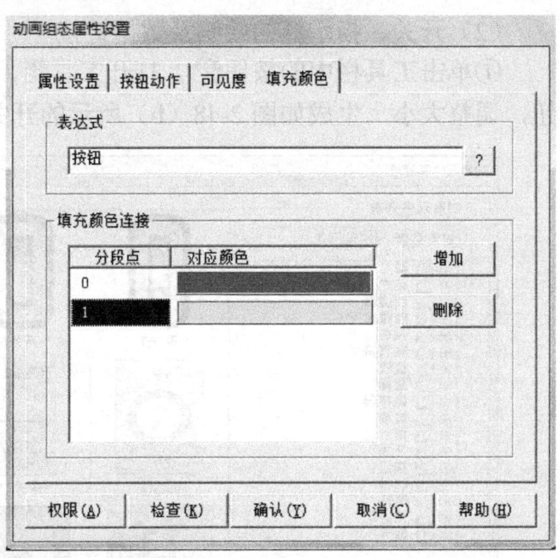

(b)

图 2-50 控制开关动画组态属性设置 2

④选择“插入元件”→“指示灯”→“指示灯 11”，将该指示灯置于动画组态界面上。双击指示灯图标，如图 2-51 所示，在“数据对象”选项卡单击右侧的“？”按钮，在弹出的变量选择对话框中选择表达式连接变量为“指示灯”，单击“确认”按钮。

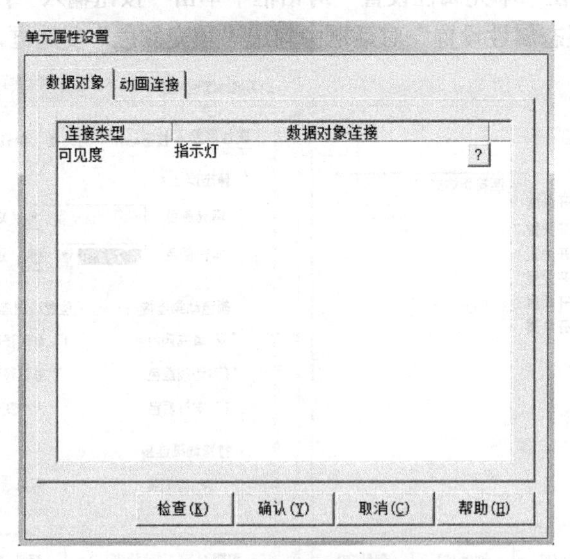

图 2-51 指示灯的数据链接

4. 编辑脚本程序

双击用户窗口空白处（或右击空白处，选择“属性”命令），在“用户窗口属性设置”对话框中打开“循环脚本”选项卡，将循环时间改为“100ms”。单击“打开脚本程序编辑器”按钮，编辑一段脚本程序：

```
IF 按钮=1 THEN
  指示灯=1
```

```
ELSE
  指示灯=0
ENDIF
```

单击“确认”按钮，如图 2-52 所示。

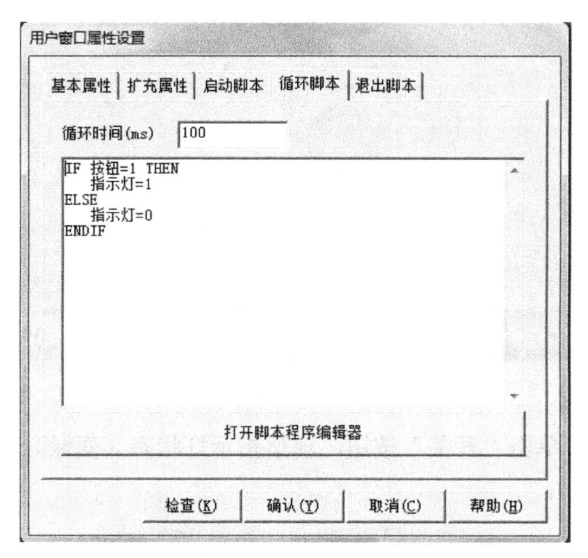

图 2-52 编辑脚本程序

5. 无 PLC 程序状态下模拟运行

①单击“下载工程并进入运行环境”按钮，在弹出的“下载配置”对话框中单击“工程下载”按钮，如图 2-53 所示，等待工程下载成功。

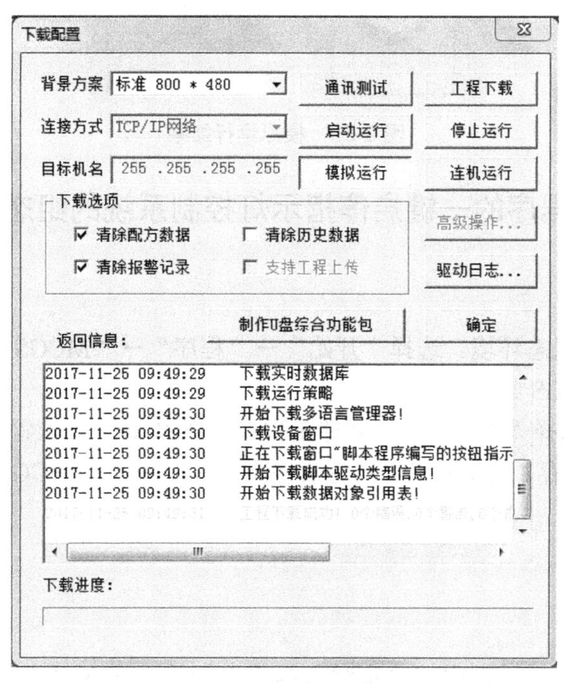

图 2-53 工程下载

②在弹出的模拟运行环境窗口中，单击播放按钮，其界面如图 2-54 所示。

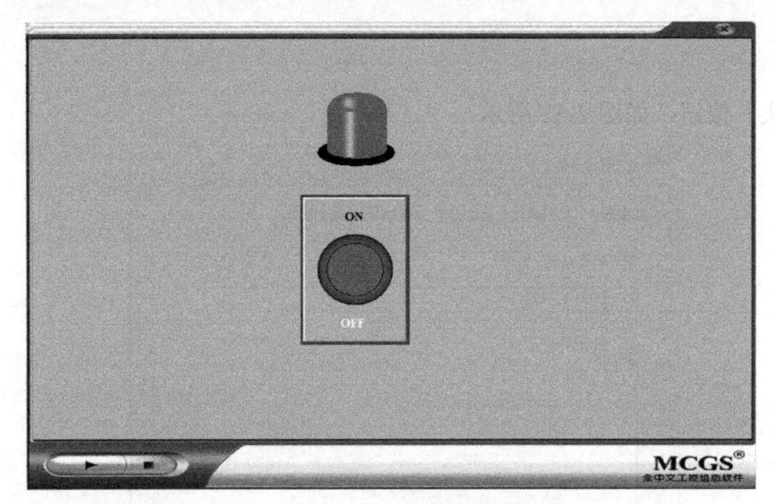

图 2-54 模拟运行界面

③如图 2-55 所示，单击“开关”按钮，观察指示灯状态（变绿）；再单击“开关”按钮，观察指示灯状态（变红）。

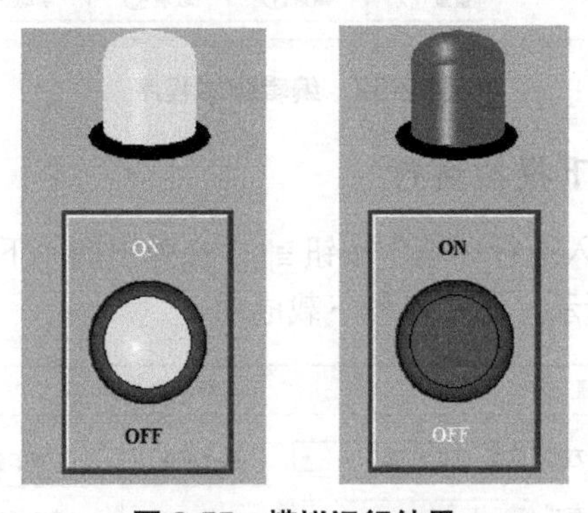

图 2-55 模拟运行结果

无 PLC 程序的一键启停指示灯控制系统的组态

（三）无 PLC 程序的一键启停指示灯控制系统的组态

1. 新建工程

（1）打开 MCGS 组态环境。选择“开始”→“程序”→“MCGS 组态软件”→“MCGS 组态环境”，打开 MCGS 组态环境。

（2）新建工程。选择“文件”→“新建工程”，新建 MCGS 工程。

（3）工程命名与保存。将工程以“一键启停指示灯控制系统.MCG”为文件名保存在相应的文件夹下。

2. 数据库组态

定义对象：

①单击“工作台”对话框中的“实时数据库”标签，进入“实时数据库”选项卡，如

图 2-56（a）所示，单击“新增对象”按钮，在选项卡的数据对象列表中增加新的数据对象。

②选中对象，单击“对象属性”按钮，则打开“数据对象属性设置”对话框。如图 2-56（b）所示，将对象名称改为“指示灯”，对象类型选择为“开关”，然后单击“确认”按钮。

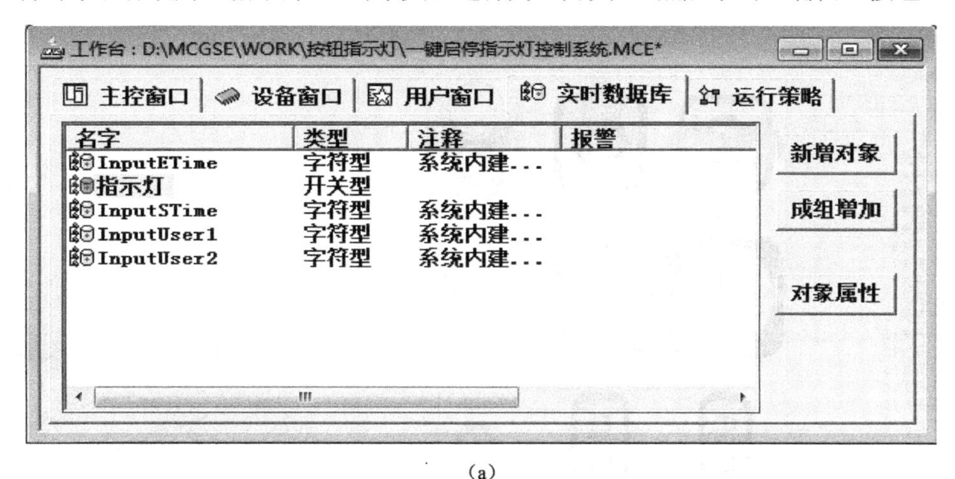

（a）

（b）

图 2-56　定义对象操作

3. 用户窗口组态

（1）窗口的创建

①单击“用户窗口”标签，单击“新建窗口”按钮，在“用户窗口属性设置”对话框中将窗口名称改为“一键启停指示灯控制系统”。

②单击“确认”按钮，在弹出的对话框中双击“一键启停指示灯控制系统”图标，打开监控组态界面。

（2）开关、指示灯的绘制及数据链接

①单击工具栏中的按钮，打开工具箱，选择“开关”→“开关10”，单击“确认”按钮，调整大小，生成如图2-57（b）所示的开关，将该开关置于动画组态界面上。

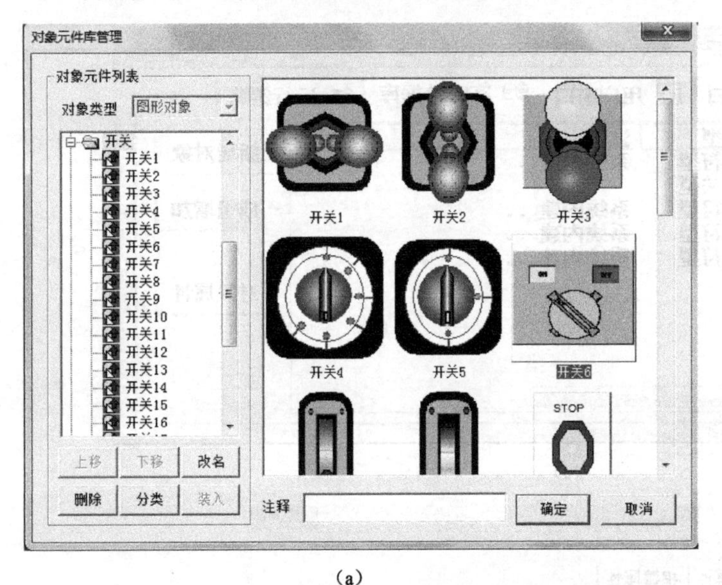

（a）

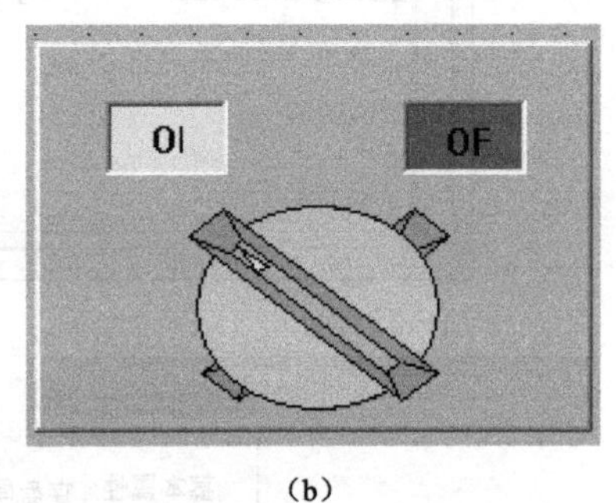

（b）

图2-57 控制开关的生成

②双击“开关”，在“单元属性设置”对话框中单击“按钮输入”，单击右侧的“？”按钮，在弹出的“变量选择”对话框中选择变量“指示灯”，如图2-58所示。

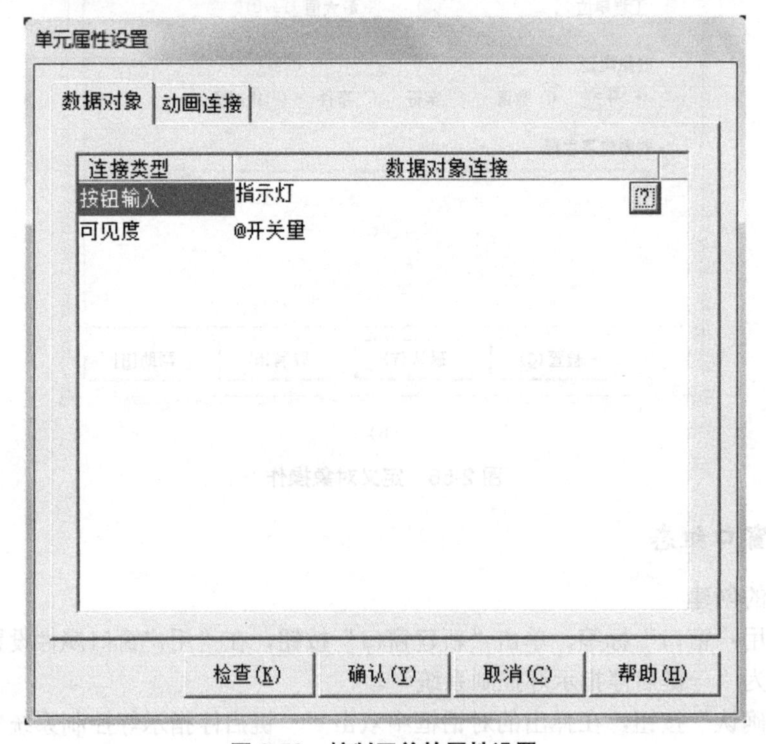

图2-58 控制开关的属性设置

③在“单元属性设置”对话框中单击“组合图符”，单击右边的“>”按钮；在“动画组态属性设置”选项卡中打开“属性设置”选项卡，勾选“填充颜色”复选框，设置连接变量“按钮”；在“可见度”选项卡中，设置连接变量为“指示灯”；在“填充颜色”选项卡中，设置表达式为“按钮”，填充颜色连接设定——0 分段点对应颜色为红色，1 分段点对应颜色为浅绿色，单击“确认”按钮，如图 2-59 所示。

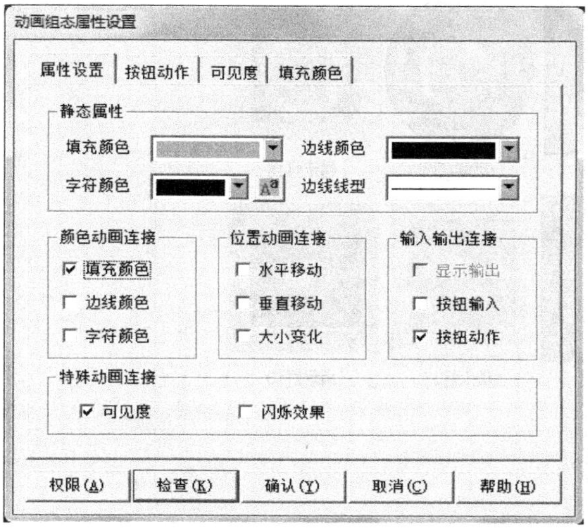

(a) 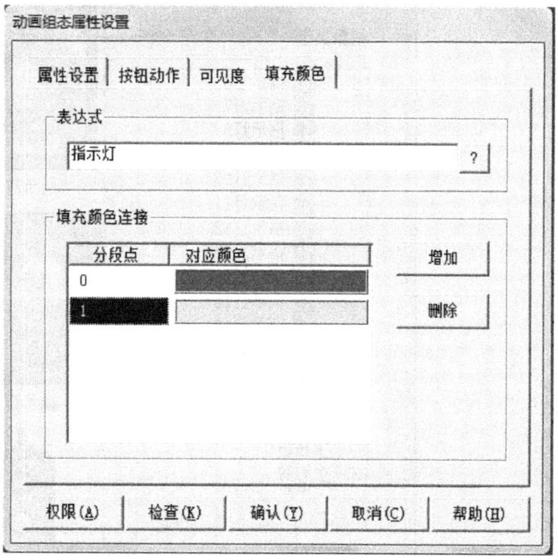　　　　(b)

图 2-59　控制开关动画组态属性设置

④打开“单元属性设置”对话框，单击“可见度”，单击右侧出现的?按钮，连接变量“指示灯”，如图 2-60 所示。

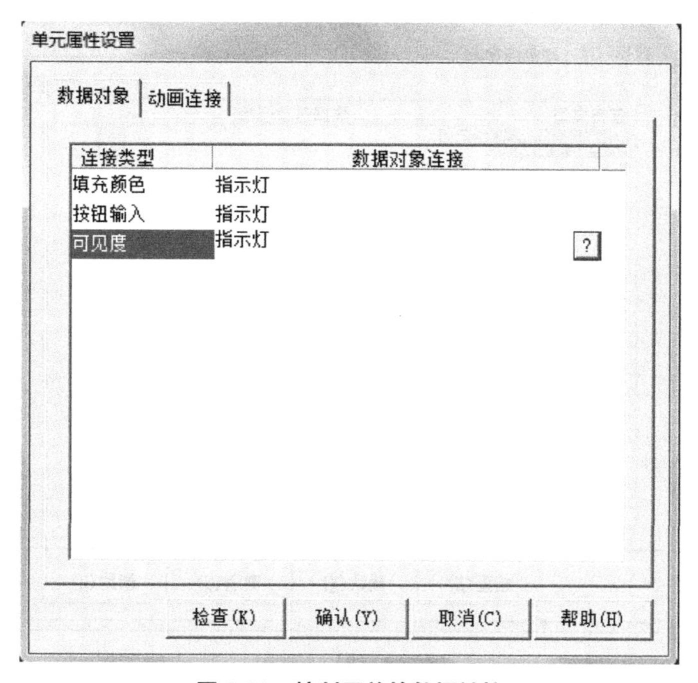

图 2-60　控制开关的数据链接

⑤选择“插入元件”→“指示灯”→“指示灯 14”，将该指示灯置于动画组态界面上。双击指示灯图标，如图 2-61 所示。在“数据对象”选项卡中单击“可见度”，单击右侧出现的“？”按钮，在弹出的变量选择对话框中选择变量“指示灯”，单击“确认”按钮。

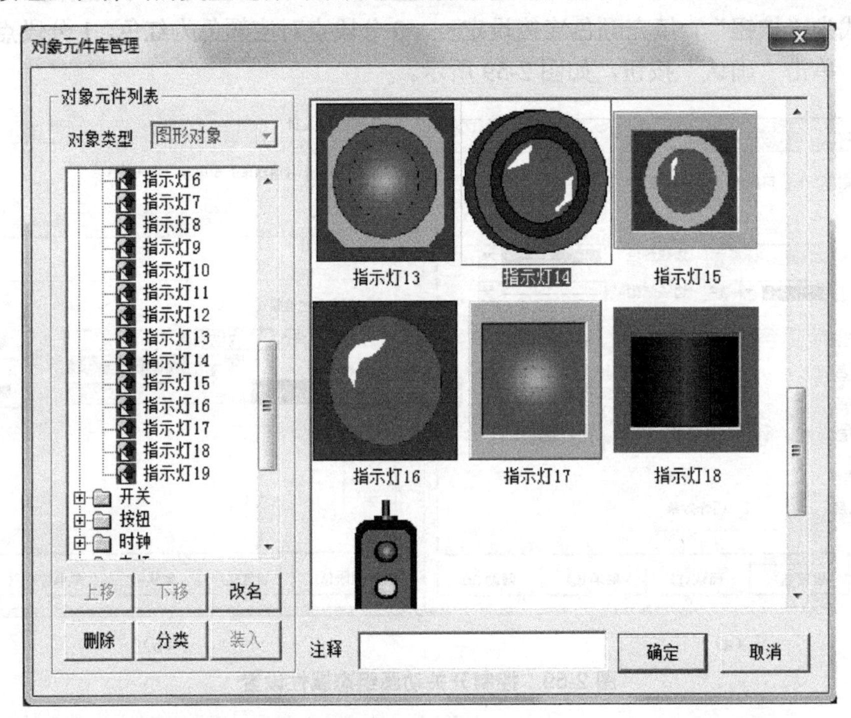

(a)

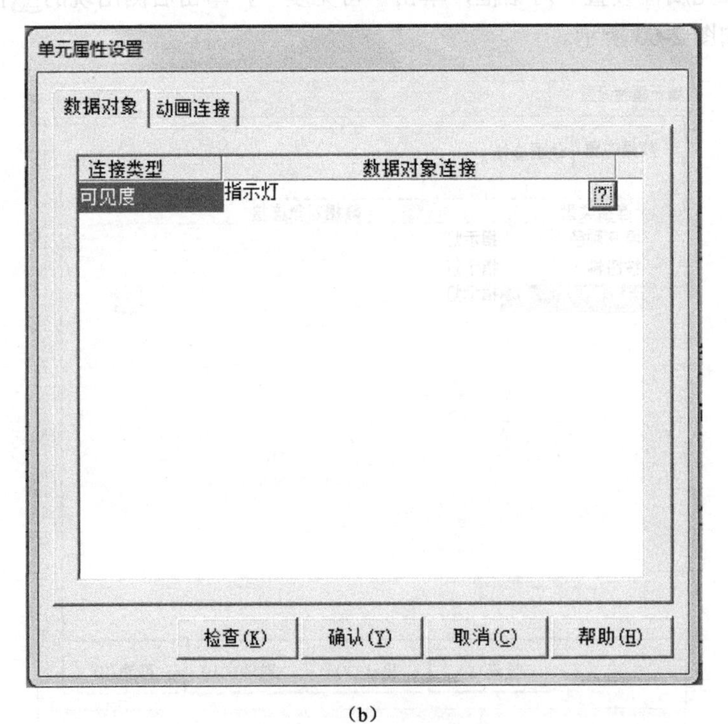

(b)

图 2-61　指示灯的数据链接

4. 无 PLC 程序状态下模拟运行

①单击“下载工程并进入运行环境”按钮，在弹出的“下载配置”对话框中单击“工程下载”按钮，如图 2-62 所示，等待工程下载成功。

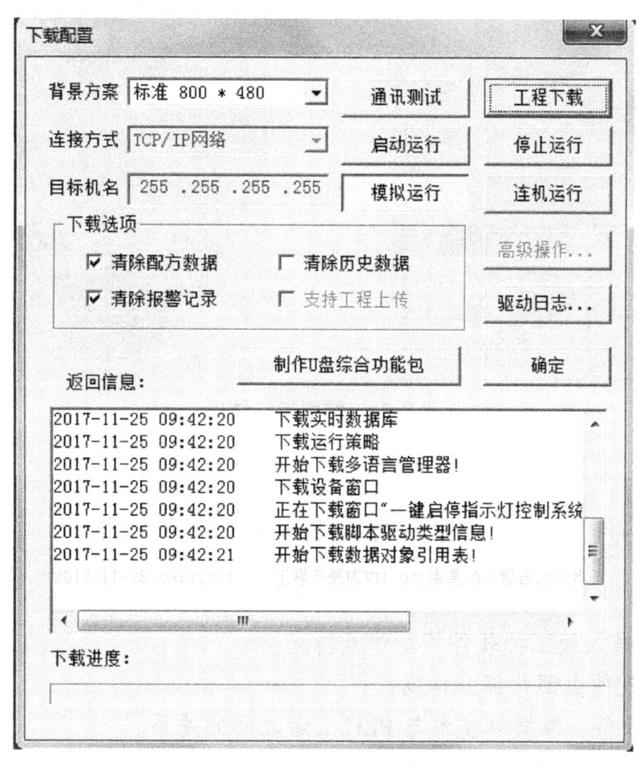

图 2-62　工程下载

②在弹出的模拟运行环境窗口中单击播放按钮，其界面如图 2-63 所示。

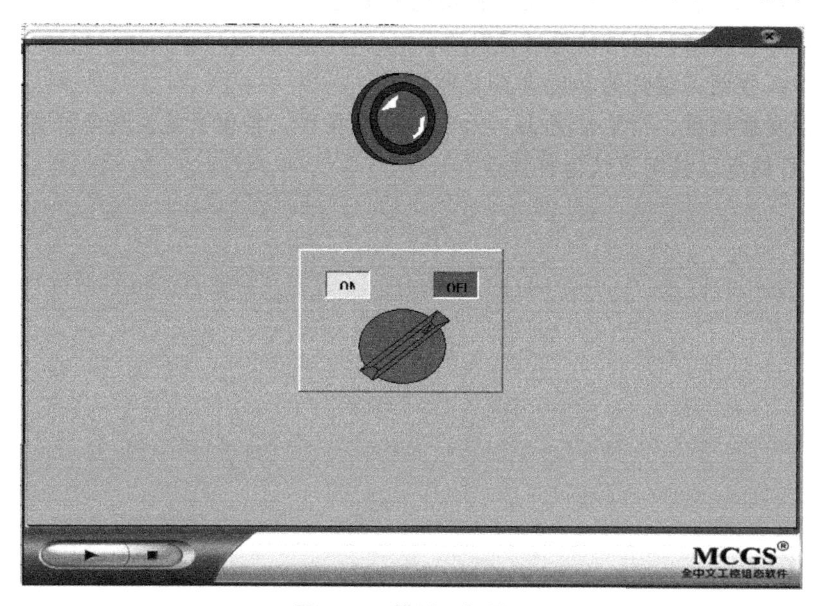

图 2-63　模拟运行界面

③如图 2-64 所示，单击“开关”按钮，观察指示灯状态（变绿）；再单击“开关”按钮，观察指示灯状态（变红）。

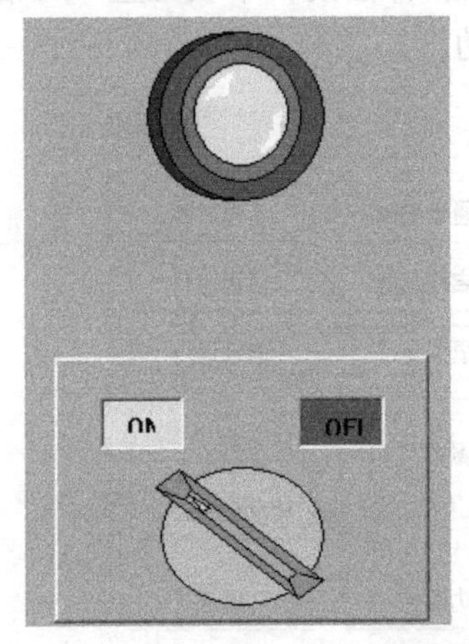

图 2-64　模拟运行结果

思考与练习二

1. 简述 MCGS 嵌入版工控软件的功能及特点。
2. MCGS 工控软件由哪几部分构成？
3. 试分析工控软件、触摸屏技术与 PLC 三者之间的关系。
4. 组建 MCGS 工程的步骤有哪些？
5. MCGS 嵌入式一体化触摸屏 TPC7062 有哪些优点？
6. TPC7062 触摸屏外部有哪些接口？功能分别是什么？
7. 触摸屏如何校准？校准的意义是什么？
8. MCGS 工控组态软件的功能特点有哪些？
9. 按下启动按钮后，指示灯亮 3s、灭 3s，交替循环，控制系统应该怎样修改？
10. 指示灯的点动控制应该怎样修改？

项目三　电动机正反转控制

一、项目目标

1. 了解正反转控制电路；
2. 掌握电动机正反转控制的原理及相关 PLC 指令的使用；
3. 在实施控制的过程中，能独立完成 PLC 程序的编写及工程的组态。

二、项目提出

接触器连锁的正反转控制电路如图 3-1 所示。

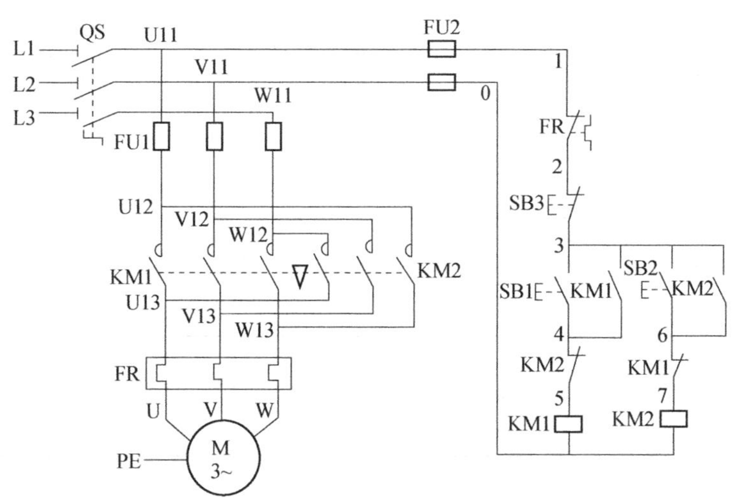

图 3-1　接触器连锁的正反转控制电路

电路中采用了两个接触器，即正转用的接触器 KM1 和反转用的接触器 KM2，它们分别由正转按钮 SB1 和反转按钮 SB2 控制。从电路图中可以看出，这两个接触器的主触头所接通的电源相序不同，KM1 按 L1—L2—L3 相序接线，KM2 则按 L3—L2—L1 相序接线。相应的控制电路有两条，一条是由按钮 SB1 和 KM1 线圈等组成的正转控制电路；另一条是由按钮

SB2 和 KM2 线圈等组成的反转控制电路。本项目研究用 PLC 实现三相异步电动机的正反转控制电路。

三、相关知识

（一）触点指令

触点指令的格式及功能见表 3-1。

表 3-1 触点指令的格式及功能

梯形图 LAD	语句表 STL		功能	
	操作码	操作数	梯形图含义	语句表含义
bit	LD	bit	将一常开触点 bit 与母线相连接	将 bit 装入栈顶
bit /	LDN	bit	将一常闭触点 bit 与母线相连接	将 bit 取反后装入栈顶
bit	A	bit	将一常开触点 bit 与上一触点串联，可连续使用	将 bit 与栈顶相与后存入栈顶
bit /	AN	bit	将一常闭触点 bit 与上一触点串联，可连续使用	将 bit 取反并与栈顶相与后存入栈顶
bit	O	bit	将一常开触点 bit 与上一触点并联，可连续使用	将 bit 与栈顶相或后存入栈顶
bit /	ON	bit	将一常闭触点 bit 与上一触点并联，可连续使用	将 bit 取反并与栈顶相或后存入栈顶
bit ( )	=	bit	当能流流进线圈时，线圈所对应的操作数 bit 置“1”	复制栈顶的值到 bit

说明：

①梯形图程序的触点指令有常开触点和常闭触点两类，类似于继电-接触器控制系统的电器接点，可自由地串并联。

②语句表程序的触点指令由操作码和操作数组成。在语句表程序中，控制逻辑的执行通过 CPU 中的一个逻辑堆栈来实现，这个堆栈有九层深度，每层只有一位宽度。语句表程序的触点指令运算全部都在栈顶进行。

③表中操作数 bit 寻址寄存器 I、Q、M、SM、T、C、V、S、L 的位值。

（二）置位复位指令

置位复位指令的格式及功能见表 3-2。

表 3-2　置位复位指令的格式及功能

梯形图 LAD	语句表 STL		功能
	操作码	操作数	
bit —(R) N	R	bit，N	条件满足时，从 bit 开始的 *N* 个位被置“1”
bit —(S) N	S	bit，N	条件满足时，从 bit 开始的 *N* 个位被清“0”

说明：

①bit 指定操作的起始位地址，寻址寄存器 I、Q、M、S、SM、V、T、C、L 的位值；

②*N* 指定操作的位数，其范围是 0～255，可立即数寻址，也可寄存器寻址（IB，QB，MB，SMB，SB，LB，VB，AC，*AC，*VD）；

③当对同一位地址进行操作的复位、置位指令同时满足执行条件时，写在后面的指令被有效执行。

（三）正负跃变指令

正负跃变指令的格式及功能见表 3-3。

表 3-3　正负跃变指令的格式及功能

梯形图 LAD	语句表 STL		功能
	操作码	操作数	
—┤ P ├—	EU	无	正跃变指令检测到每次输入的上升沿出现时，都将使得电路接通一个扫描周期
—┤ N ├—	ED	无	负跃变指令检测到每次输入的下降沿出现时，都将使得电路接通一个扫描周期

说明：

①当信号从 0 变 1 时，将产生一个上升沿（或正跳沿），而从 1 变 0 时，则产生一个下降沿（或负跳沿）；

②该指令在程序中检测其前方逻辑运算状态的改变，将一个长信号变为短信号。

四、项目分析

I/O 分配

（一）I/O 分配

为了将图 3-1 所示的控制电路用 PLC 来实现，PIC 需要 4 个输入点、2 个输出点，输入/

输出点分配表见表 3-4。

表 3-4　输入/输出点分配表

输入			输出		
输入继电器	输入元件	作用	输出继电器	输出元件	作用
I0.0	SB1	正向启动按钮	Q0.0	KM1	正向运行交流接触器
I0.1	SB2	停止按钮	Q0.1	KM2	反向运行交流接触器
I0.2	SB3	反向启动按钮			
I0.3	FR	过载保护			

（二）工作原理及设计思路

程序设计思路

①根据输入/输出点分配表画出 PLC 的接线图（见后面的图 3-5），PLC 控制系统中的所有输入触点类型全部采用常开触点，由此设计的梯形图如图 3-2 所示。当 SB2、FR 不动作时，I0.1、I0.3 不接通，I0.1、I0.3 常闭触点闭合，为正向或反向启动做好准备。如果按下 SB1，I0.0 接通，I0.0 的常开触点闭合，驱动 Q0.0 动作，使 Q0.0 外接的 KM1 线圈吸合，KM1 的主触点闭合，主电路接通，电动机 M 正向运行，同时梯形图中 Q0.0 常开触点接通，使得 Q0.0 的输出保持，起到自保作用，维持电动机 M 的连续正向运行；另外，梯形图中 Q0.0 的常闭触点断开，确保在 Q0.0 接通时，Q0.1 不能接通，起到互保作用。直到按下 SB2，此时 I0.1 接通，常闭触点断开，使 Q0.0 断开，Q0.0 外接的 KM1 线圈释放，KM1 的主触点断开，主电路断开，电动机 M 停止运行。同理可分析反向运行。

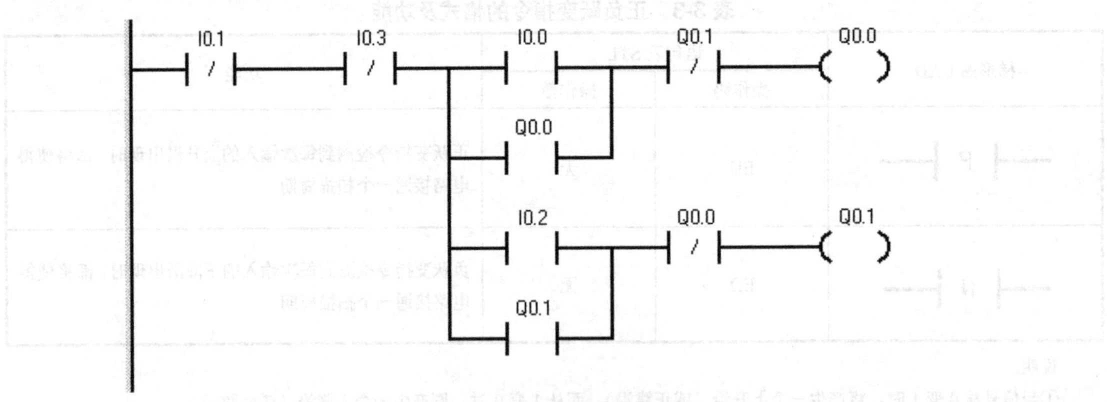

图 3-2　正确的梯形图程序

②比较图 3-1 所示的控制电路和图 3-2 所示的梯形图程序，梯形图中各触点和线圈的连接顺序没有按照继电器控制电路中的连接顺序，那么，梯形图中各触点和线圈的连接顺序能否按照继电器控制电路中的顺序连接呢？按照继电器控制电路中的连接顺序画出梯形图，如图 3-3 所示，表面上逻辑功能是相同的，但使用编程软件输入时，该梯形图无法输入，因为梯形图规定，触点应位于线圈的左边，线圈连接到梯形图的右母线，所以 I0.3 的触点要移到前面，即如图 3-4 所示。

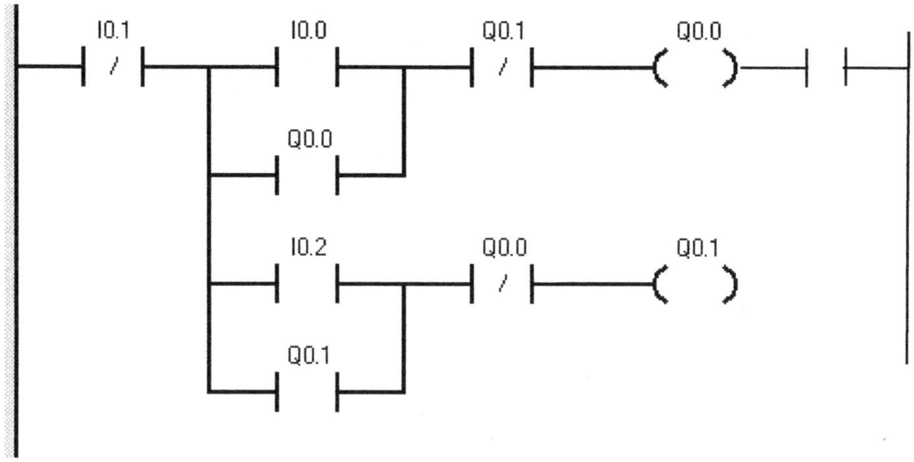

图 3-3　错误的梯形图程序

③设计梯形图时，除了按照继电器控制电路适当调整触点顺序画出梯形图外，还可以对梯形图进行优化，方法是分离交织在一起的逻辑电路。因为在继电器控制电路中，为了减少器件、少用触点，从而节约硬件成本，各线圈的控制电路相互关联、交织在一起，而梯形图中的触点都是软元件，多次使用也不会增加硬件成本，所以，可以将各线圈的控制电路分离开来，如图 3-4 所示是由此设计出的梯形图。将图 3-2 和图 3-4 比较，可以发现图 3-4 所示的逻辑思路更清晰，所用的指令类型更少。

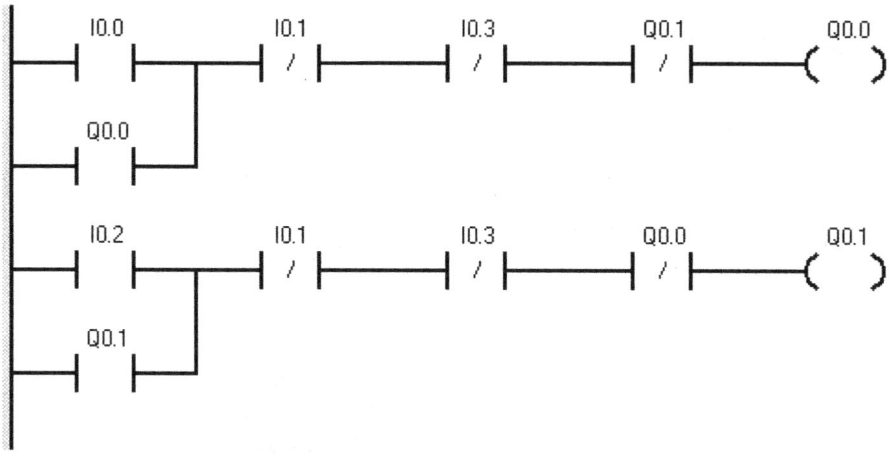

图 3-4　优化的梯形图程序

五、项目实施

（一）硬件接线

PLC 硬件接线图

电动机正反转 PLC 接线图如图 3-5 所示。

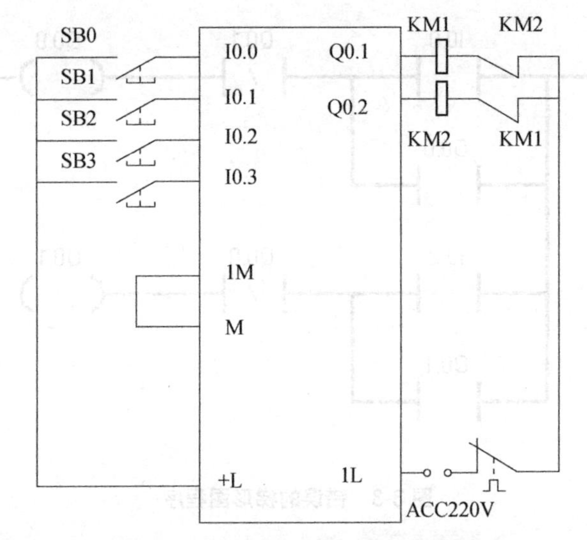

图 3-5 电动机正反转 PLC 接线图

（二）编写 PLC 程序

梯形图程序如图 3-4 所示。

（三）工程组态设计

1. 打开设备工具箱

在“工作台”对话框中激活设备窗口，双击“设备窗口”图标进入设备组态界面，单击工具栏中的按钮打开“设备工具箱”，如图 3-6 所示。

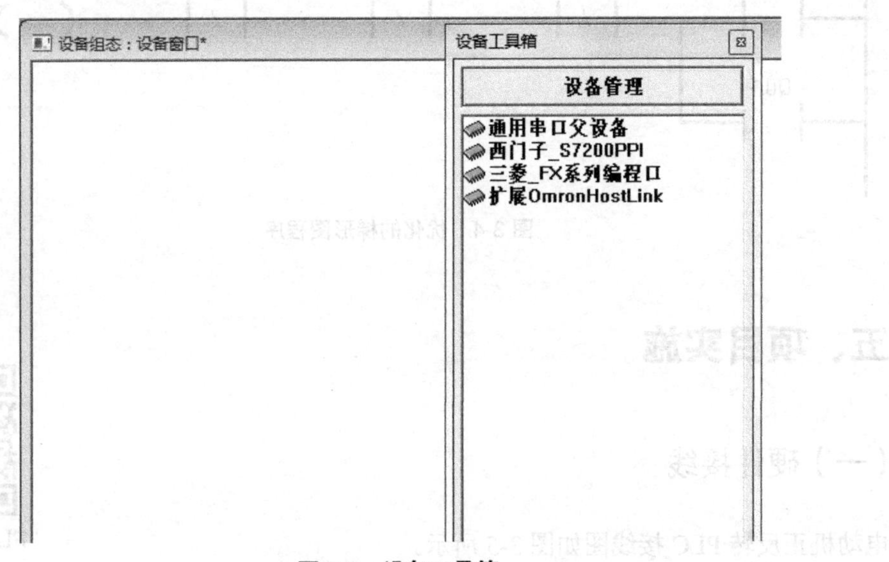

图 3-6 设备工具箱

2. 将设备添加至设备窗口

在“设备工具箱”中，按顺序先后双击“通用串口父设备”和“西门子_S7200PPI”将其添加至设备窗口，如图 3-7 所示。

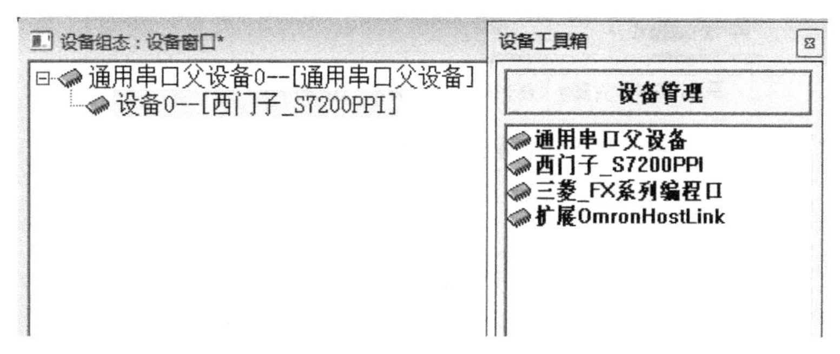

图 3-7 将设备添加至设备窗口

3. 确认默认通信参数设置

系统提示是否使用西门子默认通信参数设置父设备，如图 3-8 所示，单击“是”按钮。所有操作完成后关闭设备窗口，返回“工作台”对话框。

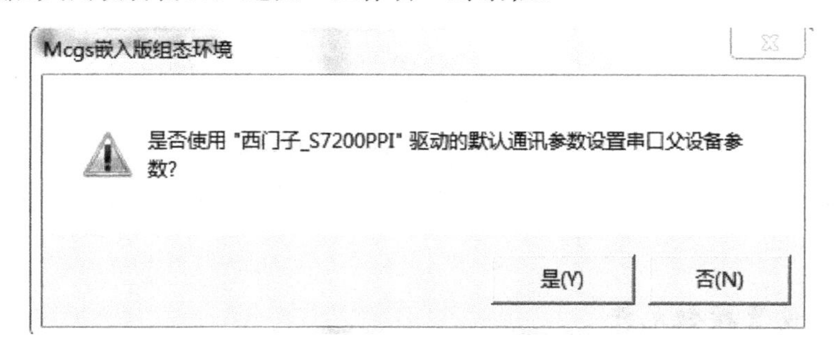

图 3-8 确认默认通信参数设置

4. 新建窗口

在“工作台”对话框中激活用户窗口，单击“新建窗口”按钮，建立新的“窗口 0”，如图 3-9 所示。

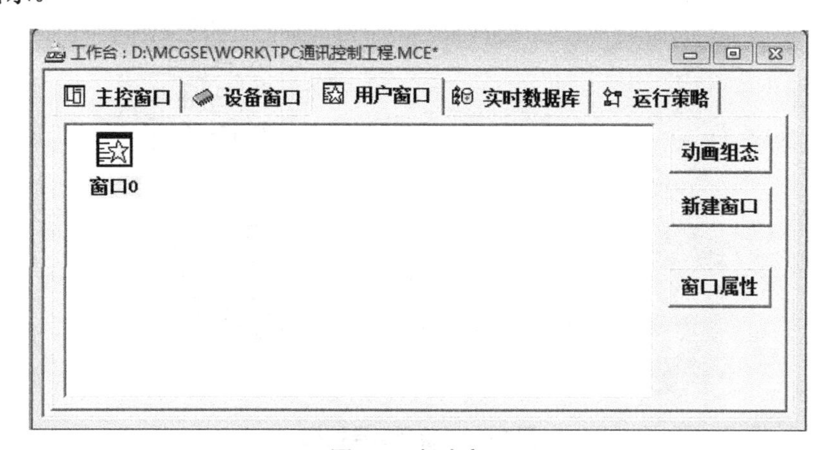

图 3-9 新建窗口

5. 电动机正反转控制名称设置

单击“窗口属性”按钮，弹出“用户窗口属性设置”对话框，在“基本属性”选项卡中，将窗口名称修改为“电动机正反转控制”，单击“确认”按钮进行保存，如图3-10所示。

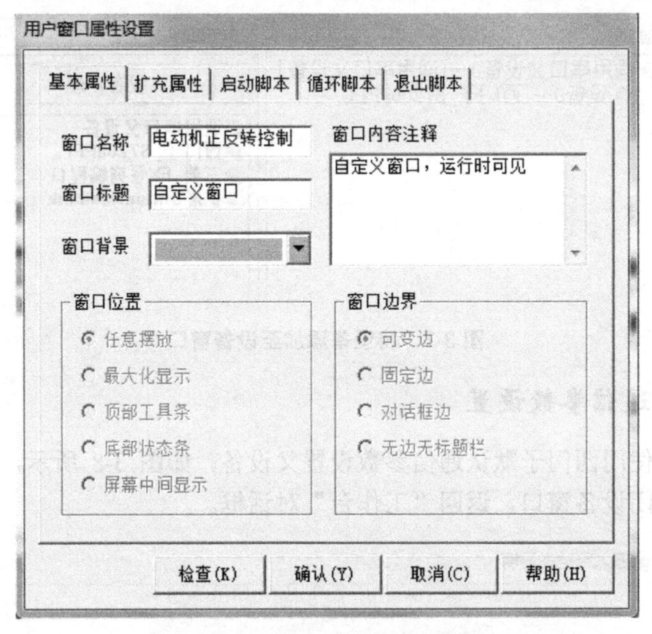

图3-10　电机正反转控制名称设置

在“用户窗口”中双击 图标进入动画组态电动机正反转控制界面，单击 按钮打开“工具箱”。

6. 绘制及设置按钮元件

在“工具箱”中单击“标准按钮”图标，在窗口编辑位置按住鼠标左键拖放出一定大小后，松开鼠标左键，这样一个按钮构件就在窗口中绘制完成了，如图3-11所示。

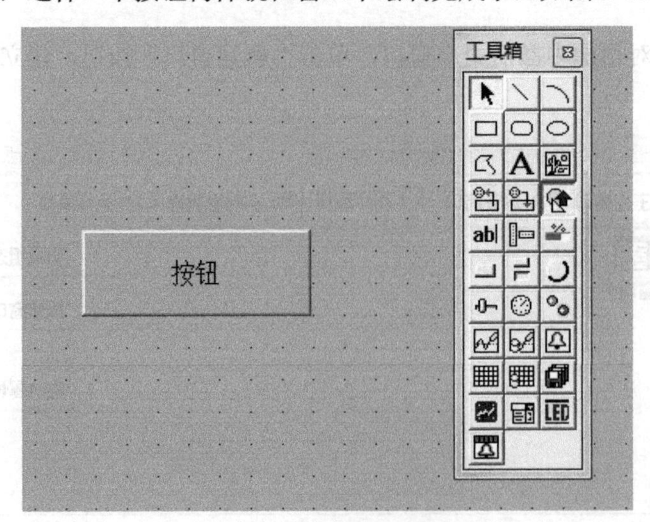

图3-11　绘制标准按钮

双击该按钮打开“标准按钮构件属性设置”对话框，在“基本属性”选项卡中将“文本”修改为“正向启动”，单击“确认”按钮保存，结果如图 3-12 所示。

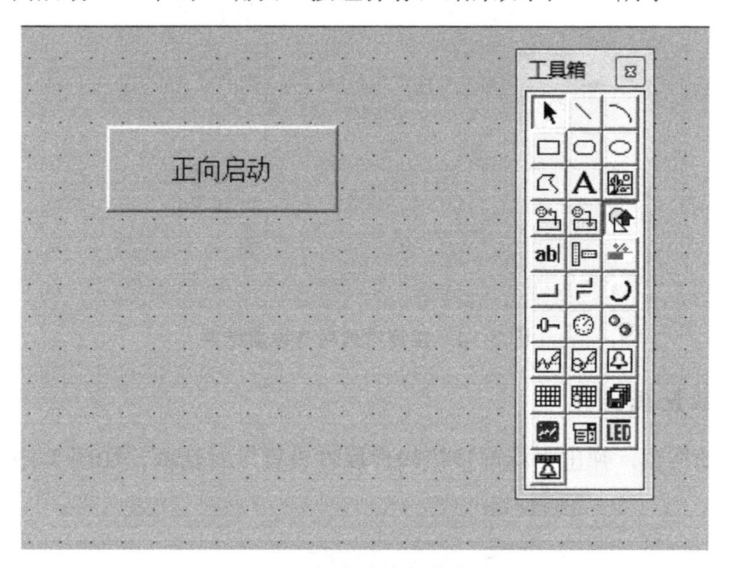

图 3-12　正向启动按钮的名称设置

按照同样的操作方法分别绘制另外两个按钮，文本分别修改为“停止”“反向启动”，结果如图 3-13 所示。

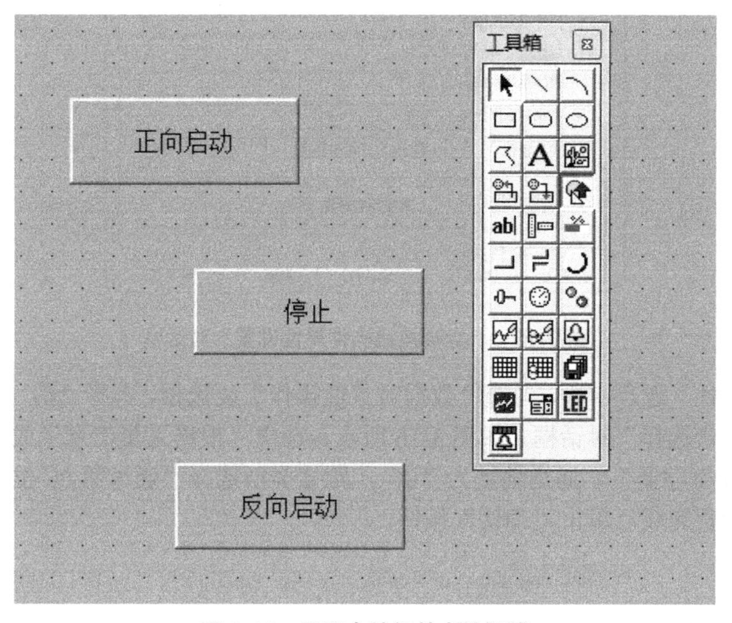

图 3-13　另两个按钮的名称设置

按住 Ctrl 键，然后单击左键，同时选中三个按钮，使用工具栏中的“等高宽”“左（右）对齐”“纵向等间距”按钮对三个按钮进行排列对齐，结果如图 3-14 所示。

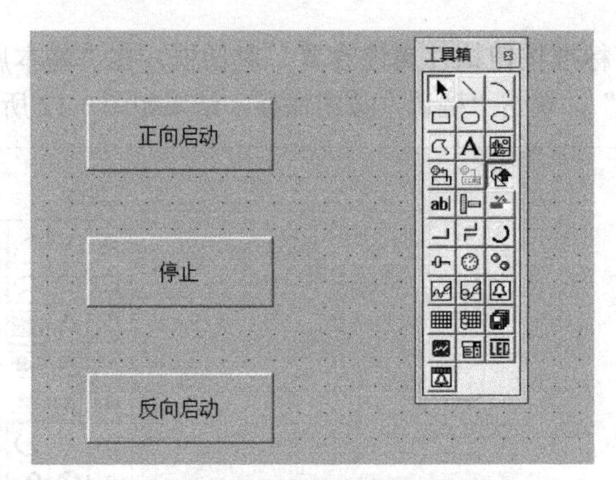

图 3-14　按钮排列对齐设置结果

7. 建立按钮数据链接

双击正向启动按钮，弹出“标准按钮构件属性设置”对话框，如图 3-15 所示。

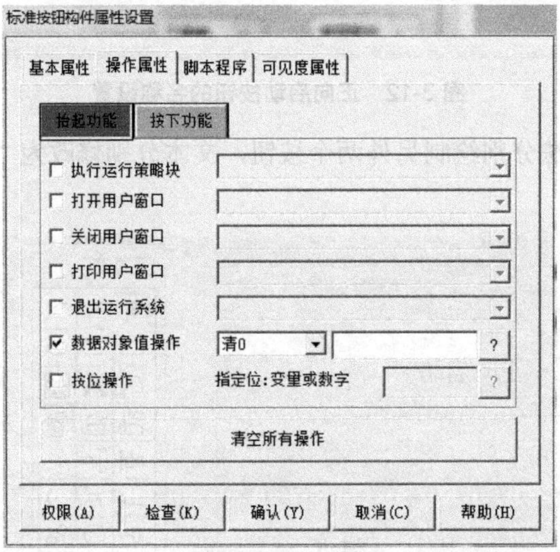

图 3-15　“标准按钮构件属性设置”对话框

在“操作属性”选项卡中，勾选“数据对象值操作”复选框，选择“清 0”，单击“？”按钮，弹出“变量选择”对话框。如图 3-16 所示，选中“根据采集信息生成”单选按钮，通道类型选择“M 寄存器”，通道地址为“0”，数据类型选择“通道第 00 位”，读写类型选择“读写”，设置完成后单击“确认”按钮。

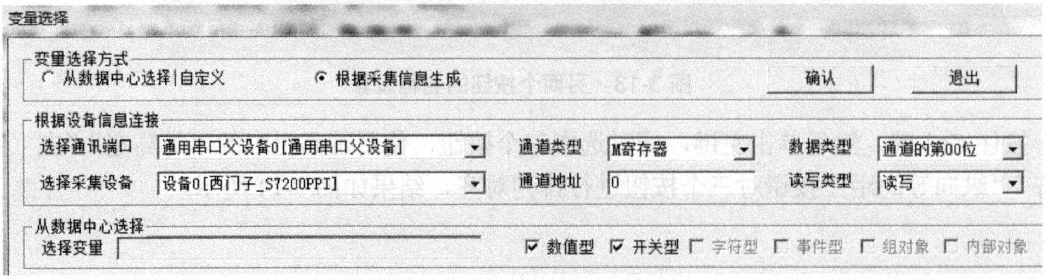

图 3-16　“变量选择”对话框

在设置正向启动按钮抬起功能时，对电动机正反转控制的 Q0.0 地址“清　0”，如图 3-17 所示。

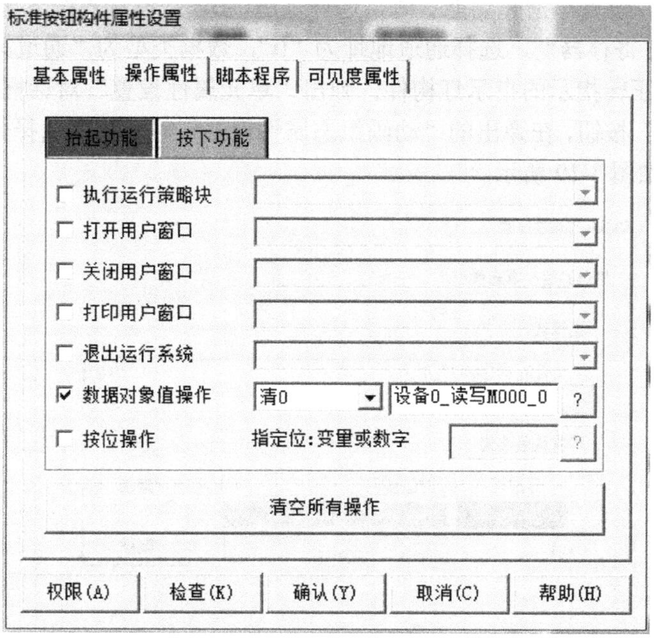

标准按钮构件属性设置
基本属性　操作属性　脚本程序　可见度属性
抬起功能　按下功能
执行运行策略块
打开用户窗口
关闭用户窗口
打印用户窗口
退出运行系统
☑ 数据对象值操作　清0　设备0_读写M000_0　?
按位操作　指定位：变量或数字　?
清空所有操作
权限(A)　检查(K)　确认(Y)　取消(C)　帮助(H)

图 3-17　正向启动按钮抬起功能设置

采用同样的方法，单击“按下功能”并进行设置，勾选“数据对象值操作”复选框，选择“置 1”，选择“设备 0_读写 M000_0”，如图 3-18 所示。

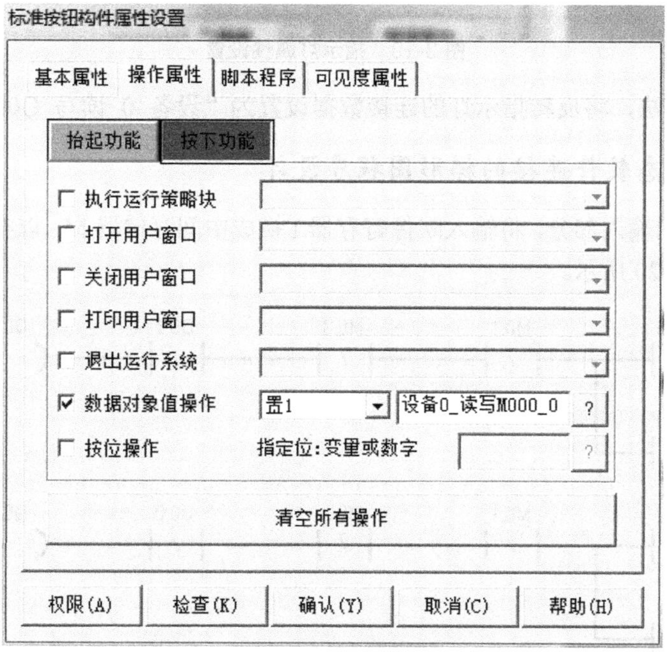

标准按钮构件属性设置
基本属性　操作属性　脚本程序　可见度属性
抬起功能　按下功能
执行运行策略块
打开用户窗口
关闭用户窗口
打印用户窗口
退出运行系统
☑ 数据对象值操作　置1　设备0_读写M000_0　?
按位操作　指定位：变量或数字　?
清空所有操作
权限(A)　检查(K)　确认(Y)　取消(C)　帮助(H)

图 3-18　正向启动按钮按下功能设置

同样的方法，分别对停止按钮和反向启动按钮进行设置。

停止按钮：设置“抬起功能”时，选择“清 0”；设置“按下功能”时，选择“置 1”，变量选择“M 寄存器”，选择通道地址为“0”，数据类型为“通道第 01 位”。

反向启动按钮：设置“抬起功能”时，选择“清 0”；设置“按下功能”时，选择“置 1”，变量选择“M 寄存器”，选择通道地址为“0”，数据类型为“通道第 02 位”。

指示灯：双击正转指示的指示灯构件，弹出“单元属性设置”对话框，在“数据对象”选项卡中单击“？”按钮，在弹出的“动画组态属性设置”对话框中选择数据对象“设备 0_读写 Q000_0”，如图 3-19 所示。

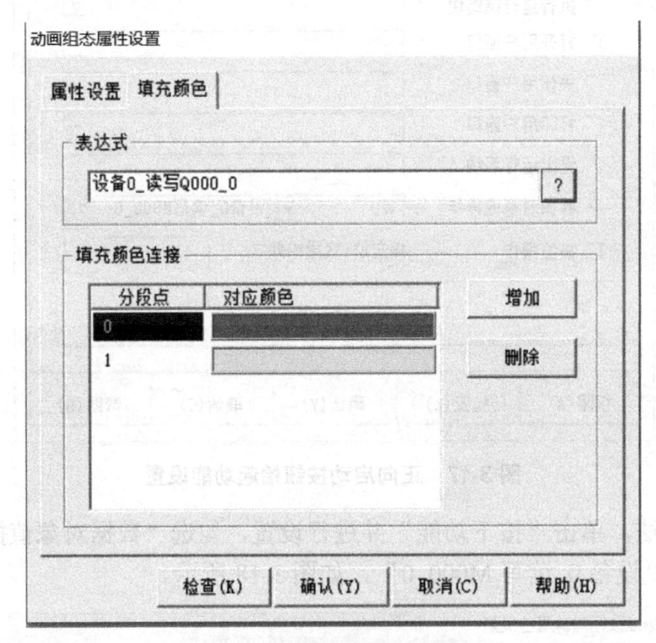

图 3-19 指示灯属性设置

采用同样的方法，将反转指示灯的连接数据设置为“设备 0_读写 Q000_1”。

8. PLC 与组态软件连接的梯形图程序设计

在 PLC 程序的输入部分，将输入映像寄存器 I 换成中间存储器 M，以实现 PLC 与组态软件的连接，如图 3-20 所示。

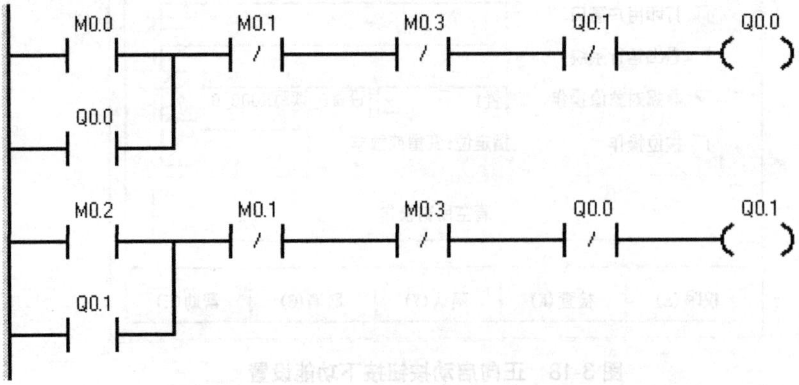

图 3-20 PLC 与组态软件连接的梯形图程序设置

9. 正反转工作状态显示

按下正向启动按钮，组态软件中正转工作状态显示如图 3-21 所示。

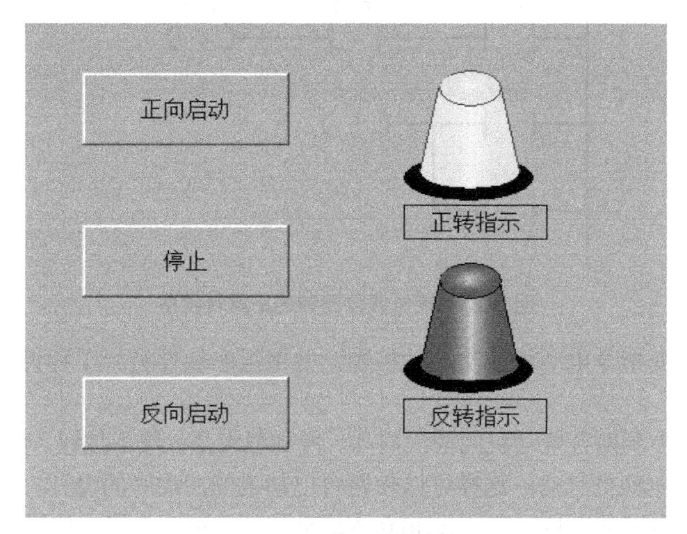

图 3-21　正转工作状态显示

按下反向启动按钮，组态软件中反转工作状态显示如图 3-22 所示。

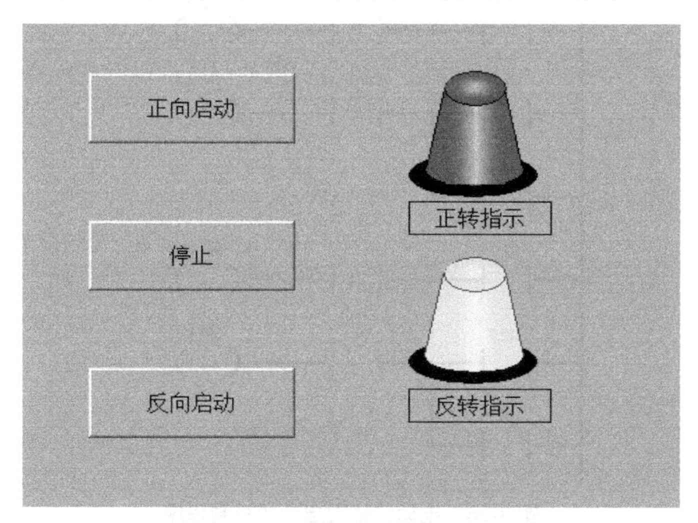

图 3-22　反转工作状态显示

六、项目拓展

（1）用置位复位指令实现电动机正反转控制，并用组态软件进行工程设计，组态软件设计步骤参考前文，参考程序如图 3-23 所示。

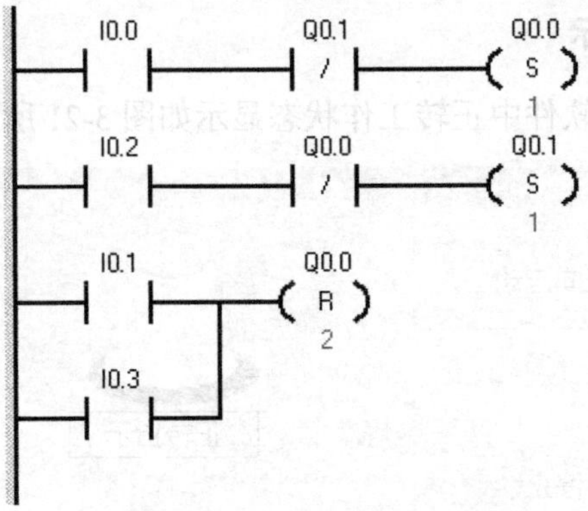

图 3-23　置位复位控制的正反转程序

（2）用正负跃变指令电动机依次启动控制，并用组态软件进行工程设计，组态软件设计步骤参考前文。

采用一个按钮控制两台电动机的依次启动。控制要求是：按下按钮，第一台电动机启动，松开按钮，第二台电动机启动。这样可以使两台电动机的启动时间分开，从而防止两台电动机同时启动造成对电网的不良影响。设 I0.0 为启动按钮，I0.1 为停止按钮，Q0.0、Q0.1 分别驱动两个接触器，控制程序如图 3-24 所示。

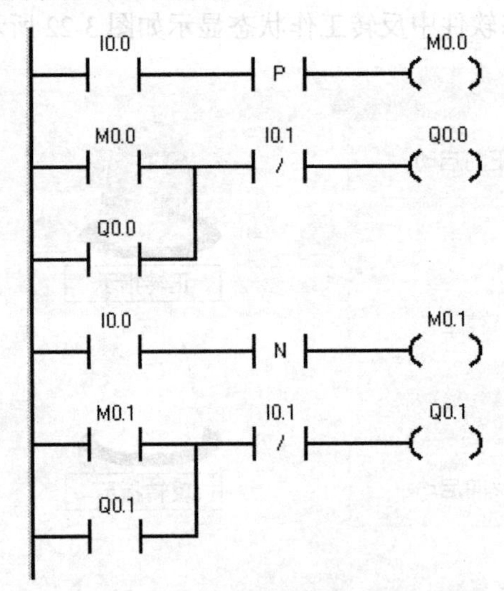

图 3-24　电动机依次启动的控制程序

思考与练习三

1. 设计带按钮互锁的正反转控制电路，用置位复位指令控制，并用组态软件进行相应的设计。

2. 编写两套程序。

（1）启动时，电动机 M1 先启动，M1 启动后，才能启动 M2。停止时，M1、M2 同时停止。

（2）启动时，电动机 M1、M2 同时启动，停止时，M2 先停止，M1 才能停止。

3. 为什么热继电器要使用常闭触点？而与热继电器相对应的 PLC 存储单元要使用常开触点？

4. 设计两人抢答器控制系统，甲选手使用按钮 SB1，控制甲小灯；乙选手使用按钮 SB2，控制乙小灯；主持人使用开始复位按钮 SB3。

5. 已知输入触点时序图如图 3-25 所示，结合程序画出 Q0.0 和 Q0.1 的时序图。

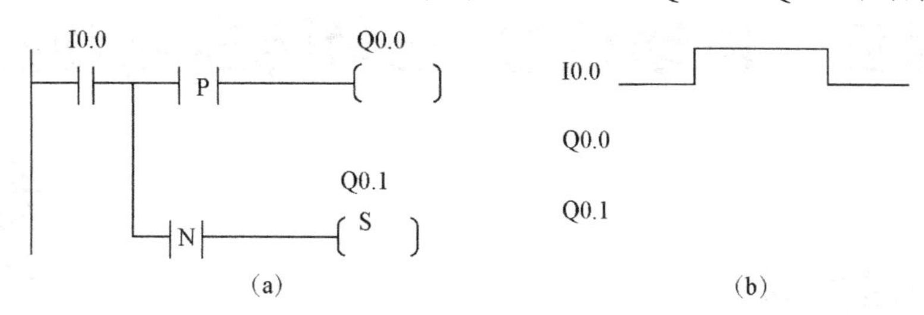

图 3-25 输入触点程序与时序图

项目四　电动机星-三角降压启动控制

本项目教学课件

一、项目目标

1. 了解星-三角降压启动控制电路；
2. 掌握星-三角降压启动控制的原理及相关 PLC 指令的使用；
3. 在实施控制的过程中，能独立完成 PLC 程序的编写及工程的组态。

二、目标提出

Y-△降压启动控制电路

电动机星-三角（Y-△）降压启动控制电路图如图 4-1 所示。

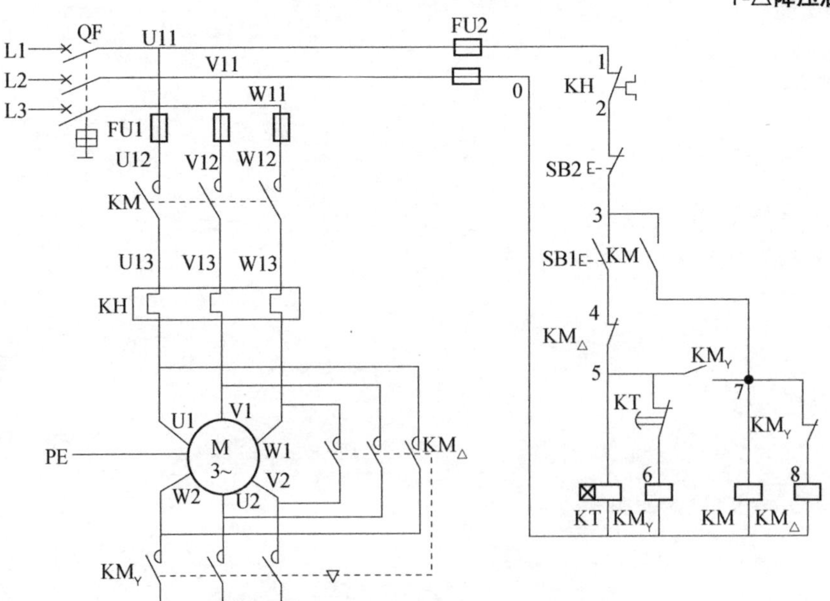

图 4-1　电动机 Y-△降压启动控制电路图

该电路由 3 个接触器、1 个热继电器、1 个时间继电器和 2 个按钮组成。接触器 KM 用于引入电源，接触器 KM_Y和 $KM_\triangle$分别用于 Y 降压启动和△运行，时间继电器 KT 用于控制 Y

降压启动的时间和完成 Y-△自动切换，SB1 是启动按钮，SB2 是停止按钮，FU1 用于主电路的短路保护，FU2 用于控制电路的短路保护，KH 用于过载保护。

较大功率的电动机如果在电源变压器容量不够大的情况下直接启动，会使电源变压器输出电压大幅下降，这样不仅会减小电动机本身的启动转矩，还会影响同一供电网中其他设备的正常工作，因此较大功率的电动机需要采取降压启动。本项目研究用 PLC 实现电动机星-三角降压启动控制电路。

三、相关知识

（一）S7-200 定时器指令

定时器指令在控制系统中主要用来实现定时操作，可用于需要按时间原则控制的场合。

S7-200 系列 PLC 的软定时器有三种类型，它们分别是接通延时定时器 TON、断开延时定时器 TOF 和保持型接通延时定时器 TONR，其定时时间等于分辨率与设定值的乘积。

定时器的分辨率有 1ms、10ms 和 100ms 三种，取决于定时器编号。

定时器的设定值和当前值均为 16 位的有符号整数（INT），允许的最大值为 3276.7。

定时器的设定值 PT 可寻址寄存器 VW、IW、QW、MW、SMW、SW、LW、AC、AIW、T、C、*VD、*AC 及常数。

定时器

1. 定时器的类型

定时器的类型见表 4-1。

表 4-1　定时器的类型

类型	分辨率/ms	最长定时时间/s	定时器编号
TONR	1	32.767	T0，T64
	10	327.67	T1～T4，T65～T68
	100	3276.7	T5～T31，T69～T95
TON/TOF	1	32.767	T32，T96
	10	327.67	T33～T36，T97～T100
	100	3276.7	T37～T63，T101～T255

2. 接通延时定时器指令

接通延时定时器指令的格式及功能见表 4-2。

表 4-2　接通延时定时器指令的格式及功能

梯形图 LAD	语句表 STL		功能
	操作码	操作数	
???? IN TON ????-PT ??? ms	TON	Txxx，PT	当 TON 定时器的使能输入端 IN 为“1”时，定时器开始计时；当定时器的当前值大于设定值 PT 时，定时器位变为 ON（该位为“1”）；当 TON 定时器的使能输入端 IN 由“1”变“0”时，定时器复位

3. 断开延时定时器指令

断开延时定时器指令的格式及功能见表4-3。

表4-3　断开延时定时器指令的格式及功能

梯形图LAD	语句表STL		功能
	操作码	操作数	
???? IN　TOF ????-PT　??? ms	TOF	Txxx，PT	当TOF定时器的使能输入端IN为“1”时，定时器位变为ON，当前值被清零；当定时器的使能输入端IN为“0”时，定时器开始计时；当前值达到设定值PT时，定时器位变为OFF（该位为“0”）

4. 保持型接通延时定时器指令

保持型接通延时定时器指令的格式及功能见表4-4。

表4-4　保持型接通延时定时器指令的格式及功能

梯形图LAD	语句表STL		功能
	操作码	操作数	
???? IN　TONR ????-PT　??? ms	TONR	Txxx，PT	当TONR定时器的使能输入端IN为“1”时，定时器开始计时；为“0”时，定时器停止计时，并保持当前值不变；当当前值达到设定值PT时，定时器位变为ON（该位为“1”）

（二）S7-200计数器指令

计数器

计数器利用输入脉冲上升沿累计脉冲个数。S7-200系列PLC有3类计数器：加计数器CTU、减计数器CTD和加减计数器CTUD。

1. 加计数器指令

加计数器指令的格式及功能见表4-5。

表4-5　加计数器指令的格式及功能

梯形图LAD	语句表STL		功能
	操作码	操作数	
???? CU　CTU R ????-PV	CTU	Cxxx，PV	加计数器在CU的上升沿开始加计数；当计数器的当前值大于等于设定值PV时，计数器位被置“1”；当计数器的复位R为ON时，计数器被复位，计数器当前值被清零，计数器位变为OFF

说明：

①CU为计数器的计数脉冲；R为计数器的复位；PV为计数器的设定值，取值范围为1～32767；

②计数器的编号CXXX在0～255范围内任选；

③计数器也可通过复位指令为其复位。

2. 减计数器指令

减计数器指令的格式及功能见表 4-6。

表 4-6　减计数器指令的格式及功能

梯形图 LAD	语句表 STL		功能
	操作码	操作数	
???? CD CTD LD ????-PV	CTD	Cxxx，PV	减计数器在 CD 的上升沿开始减计数；当前值为“0”时，该计数器被置位，同时停止计数；当计数装载端 LD 为“1”时，当前值恢复为设定值，减计数器位置“0”

说明：

（1）CD 为计数器的计数脉冲；LD 为计数器的装载端；PV 为计数器的设定值，取值范围为 1～32767；

（2）减计数器的编号及设定值寻址范围同加计数器。

3. 加减计数器指令

加减计数器指令的格式及功能见表 4-7。

表 4-7　加减计数器指令的格式及功能

梯形图 LAD	语句表 STL		功能
	操作码	操作数	
???? CU CTUD CD R ????-PV	CTUD	Cxxx，PV	在加计数脉冲输入（CU）的上升沿，计数器的当前值加“1”；在减计数脉冲输入（CD）的上升沿，计数器的当前值减“1”；当前值大于等于设定值 PV 时，计数器被置位。若复位 R 为 ON 时或对计数器执行复位指令 R 时，计数器被复位

说明：

①当计数器的当前值达到最大计数值（32767）后，下一个 CU 上升沿将使计数器当前值变为最小值（−32768）；同样，在当前计数值达到最小计数值（−32768）后，下一个 CD 上升沿将使当前计数值变为最大值（32767）。

②加减计数器的编号及设定值寻址范围同加计数器。

4. 跳转指令与跳转标号指令

跳转指令与跳转标号指令的格式及功能见表 4-8。

表 4-8　跳转指令与跳转标号指令的格式及功能说明

梯形图 LAD	语句表 STL		功能
	操作码	操作数	
???? —(JMP)	JMP	n	条件满足时，跳转指令（JMP）可使程序转移到同一程序的具体标号（n）处
???? LBL	LBL	n	跳转标号指令（LBL）标记跳转目的地的位置（n）

说明：

①跳转标号 *n* 的取值范围是 0～255；

②跳转指令与跳转标号指令只能用于同一程序段中，不能在主程序段中使用跳转指令，而在子程序段中使用跳转标号指令。

5. 子程序调用指令

将具有特定功能并且多次使用的程序段作为子程序，当主程序调用子程序并执行时，子程序执行全部指令直至结束，然后返回到主程序的子程序调用处。子程序用于程序的分段和分块，使其成为较小的、更易于管理的块，只有在需要时才调用，这样可以更加有效地使用PLC。

子程序调用与子程序标号指令、子程序返回指令的格式及功能见表4-9。

表4-9 子程序调用与子程序标号指令、子程序返回指令的格式及功能

梯形图LAD	语句表STL		功能
	操作码	操作数	
SBR_0 EN	CALL	SBR_n	子程序调用与标号指令（CALL）把程序的控制权交给子程序（SBR_n）
—(RET)	CRET	—	有条件子程序返回指令（CRET）根据该指令前面的逻辑关系，决定是否终止子程序（SBR_n）；无条件子程序返回指令（RET）立即终止子程序的执行

四、项目分析

（一）I/O分配

为了将图4-1所示的控制电路用PLC来实现，PLC需要2个输入点、3个输出点，I/O分配见表4-10。

表4-10 I/O分配

输入			输出		
输入继电器	输入元件	作用	输出继电器	输出元件	作用
I0.0	SB0	停止按钮	Q0.0	KM1	电源接触器
I0.1	SB1	启动按钮	Q0.1	KM2	△联结接触器
			Q0.2	KM3	Y联结接触器

（二）设计思路

当按下SB0时，I0.0接通，驱动Q0.0，延时2s后Q0.2动作，电动机M星形降压启动；5s后，Q0.2断开，延时2s后Q0.1接通，电动机M转入三角形全压运行。程序设计如图4-2所示。

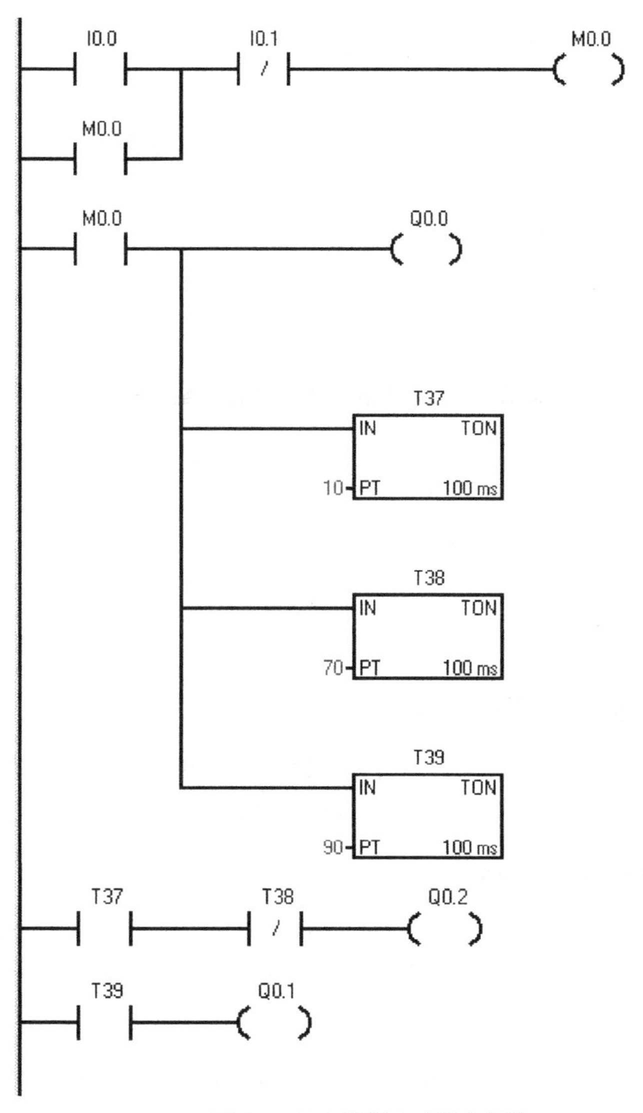

图 4-2　Y-△降压启动程序设计

程序中的三个定时器的设定值可以根据现场电动机的参数、接触器的型号适当选取。需要注意的是，当 Y 联结接触器断开后应延时足够长的时间，然后再接通△联结接触器，避免 KM3、KM2 同时接通而造成电源相间短路。

五、项目实施

(一) 硬件接线

电动机 Y-△降压启动 PLC 控制电路接线图如图 4-3 所示。

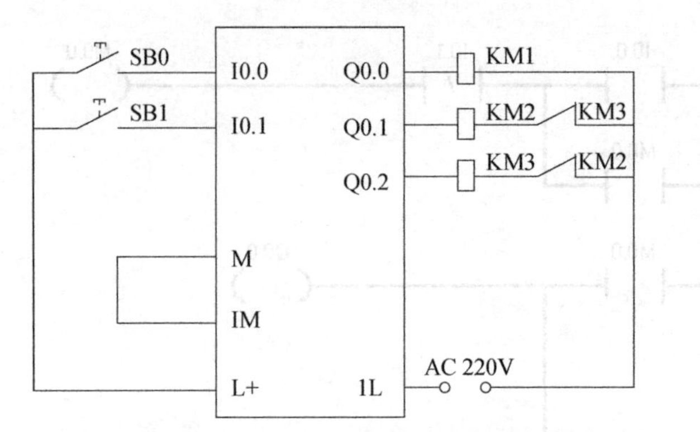

图 4-3 电动机 Y-△降压启动 PLC 控制电路接线图

（二）编写 PLC 程序

PLC 程序如图 4-2 所示。

（三）工程组态设计

1. 打开设备工具箱，将设备添加至设备窗口

在“工作台”对话框中激活设备窗口，打开“设备工具箱”，按顺序先后双击“通用串口父设备”和“西门子_S7200PPI”将其添加至设备窗口。

2. 新建窗口及修改窗口名称

单击“新建窗口”按钮，单击“窗口属性”按钮，弹出“用户窗口属性设置”对话框，在“基本属性”选项卡中将窗口名称修改为“星三角降压启动”，如图 4-4 所示。

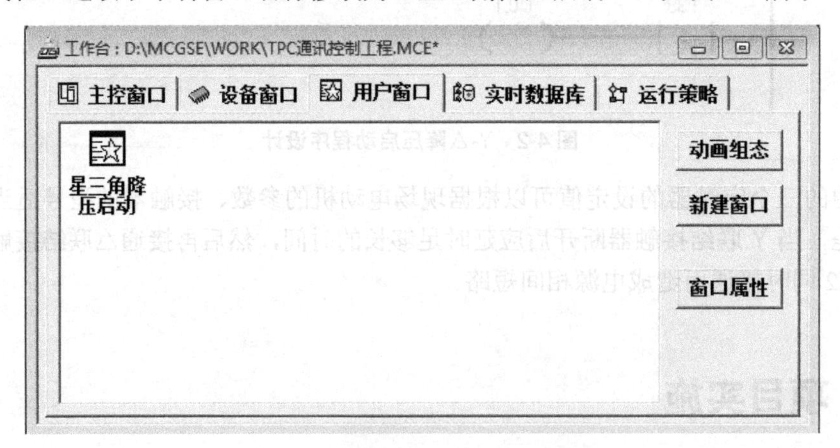

图 4-4 新建窗口及修改窗口名称

3. 建立及设置按钮元件

建立及设置按钮元件，如图 4-5 所示。

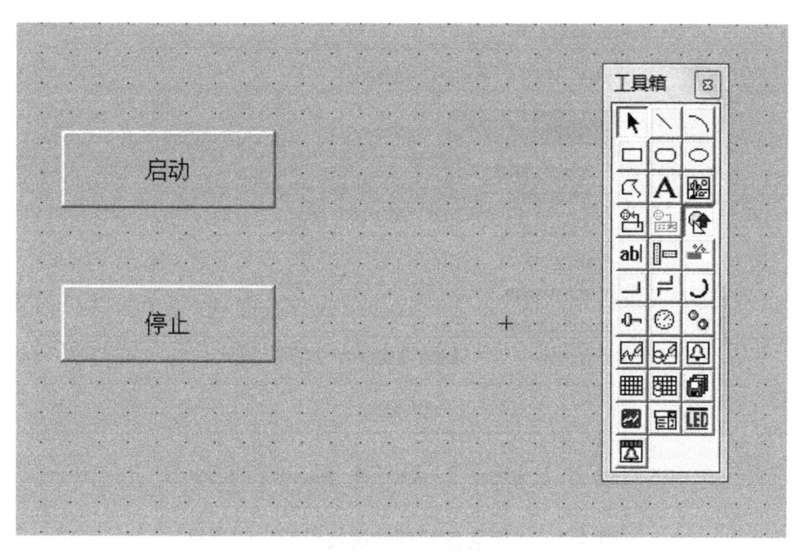

图 4-5　建立及设置按钮元件

4. 建立输出部分用指示灯

打开“对象元件库管理”对话框，选中图形对象库中的一款指示灯，单击“确认”按钮，将其添加到窗口画面中，如图 4-6 所示。

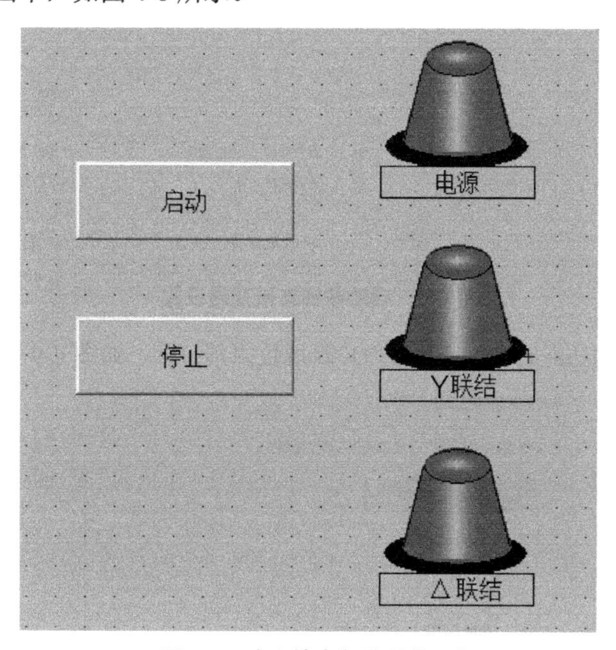

图 4-6　建立输出部分用指示灯

5. 建立按钮数据链接

双击“启动”按钮，弹出“标准按钮构件属性设置”对话框，如图 4-7 所示。

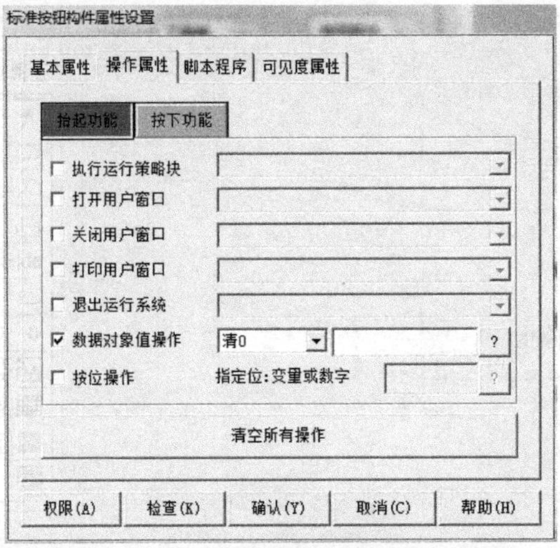

图 4-7 “标准按钮构件属性设置”对话框

在“操作属性”选项卡中，设置抬起功能，勾选“数据对象值操作”复选框，选择“清0”，单击“？”按钮，弹出“变量选择”对话框。选中“根据采集信息生成”单选按钮，通道类型选择“M 寄存器”，通道地址选择“0”，数据类型选择“通道第 00 位”，读写类型选择“读写”。如图 4-8 所示，设置完成后单击“确认”按钮。

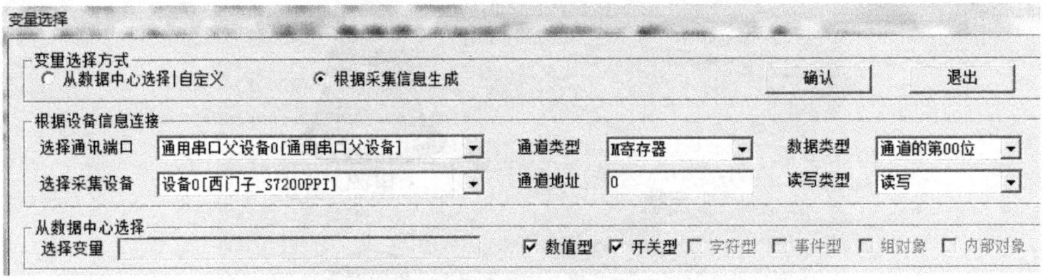

图 4-8 启动按钮连接变量设置

设置启动按钮抬起功能时，对电源的 Q0.0 地址“清 0”，如图 4-9 所示。

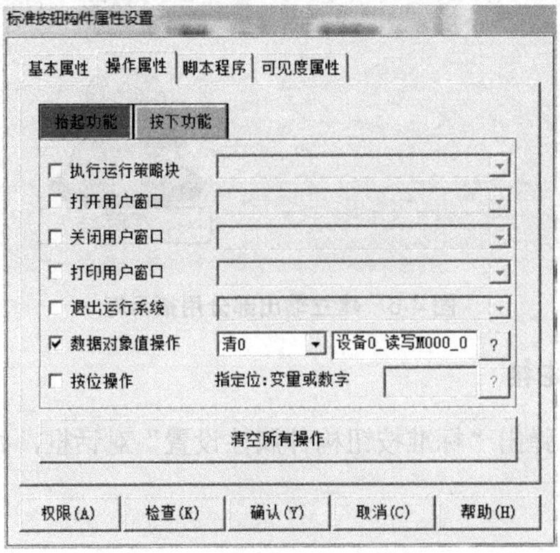

图 4-9 启动按钮抬起功能设置

采用同样的方法，设置按下功能时，勾选“数据对象值操作”复选框，选择“置 1”，选择“设备 0_读写 M000_0”，如图 4-10 所示。

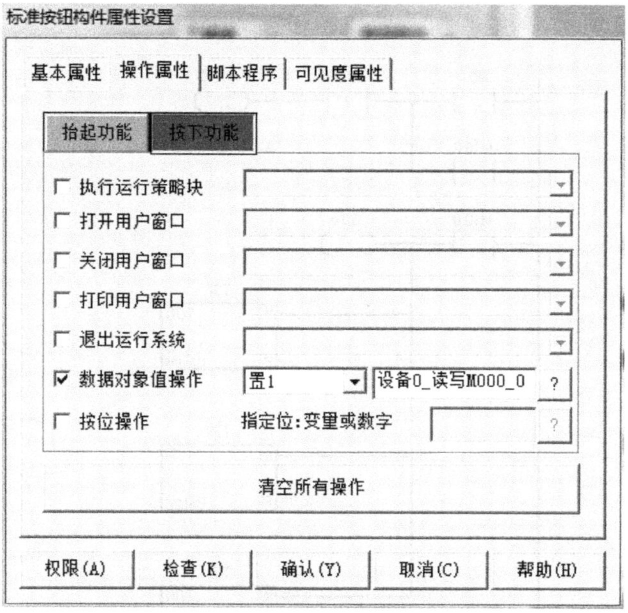

图 4-10　启动按钮按下功能设置

采用同样的方法，对停止按钮进行设置。

指示灯：双击电源的指示灯构件，弹出“单元属性设置”对话框，在“数据对象”选项卡中单击“？”按钮，在弹出的“动画组态属性设置”对话框中选择数据对象“设备 0_读写 Q000_0”，如图 4-11 所示。

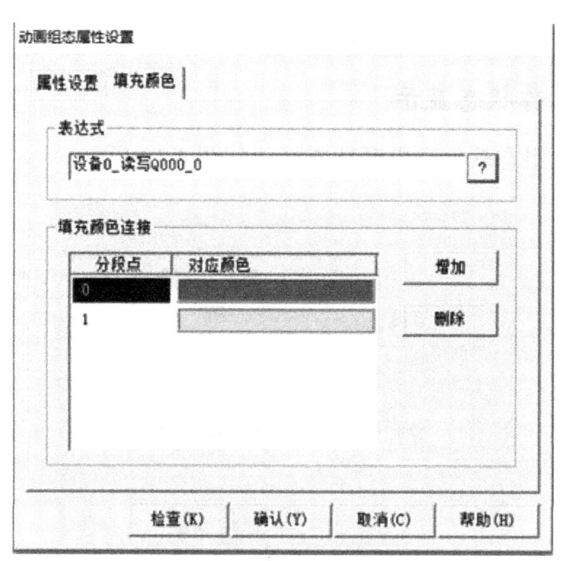

图 4-11　指示灯属性设置

采用同样的方法，将 Y 联结和△联结指示灯连接变量分别设置为“设备 0_读写 Q000_1”和“设备 0_读写 Q000_2”。

6. PLC 与组态软件连接的梯形图程序设计

在 PLC 程序的输入部分，将输入映像寄存器 I 换成中间存储器 M，以实现 PLC 与组态软件的连接，如图 4-12 所示。

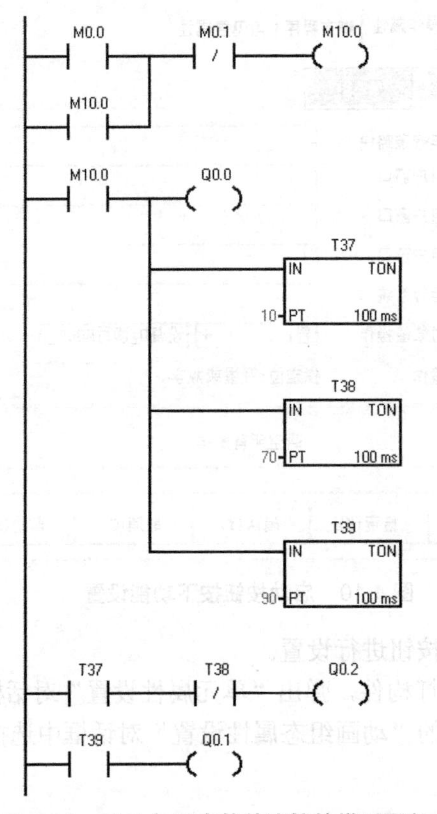

图 4-12　PLC 与组态软件连接的梯形图程序设计

7. 启动、停止工作状态显示

按下启动按钮 1s 后组态软件中电源状态显示如图 4-13 所示。

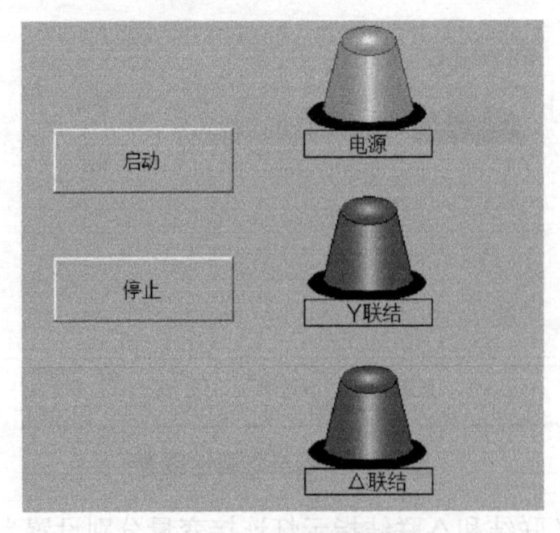

图 4-13　电源状态显示

按下启动按钮 7s 后组态软件中 Y 联结工作状态显示如图 4-14 所示。

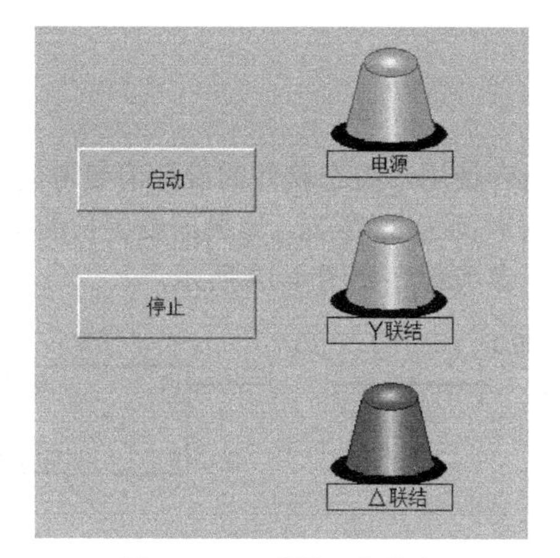

图 4-14　Y 联结工作状态

按下启动按钮 9s 后组态软件中△联结工作状态显示如图 4-15 所示。

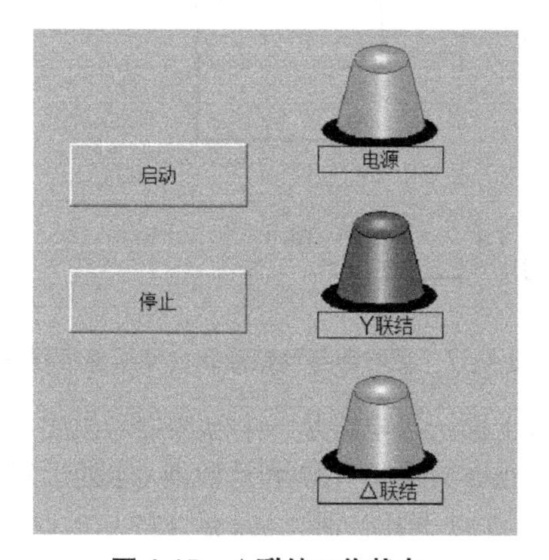

图 4-15　△联结工作状态

按下停止按钮，组态软件中停止工作状态显示如图 4-16 所示。

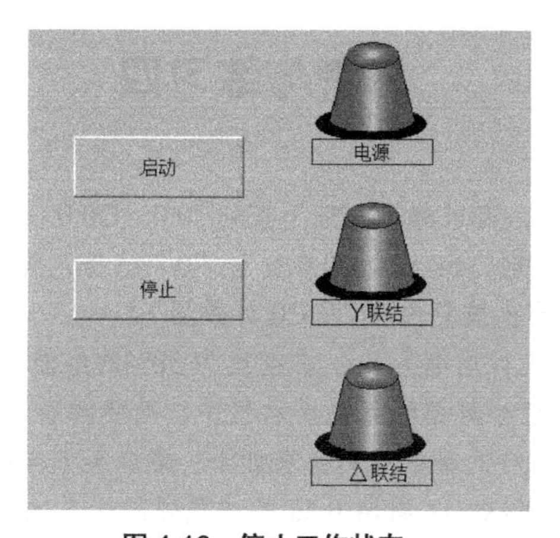

图 4-16　停止工作状态

六、项目拓展

关于定时器与计数器的结合使用，组态软件的设计请参考前文介绍的操作步骤。

S7-200 定时器的最长定时时间为 3276.7s，如果需要更长的定时时间，可使定时器与计数器结合使用，扩大定时范围，参考程序如图 4-17 所示。

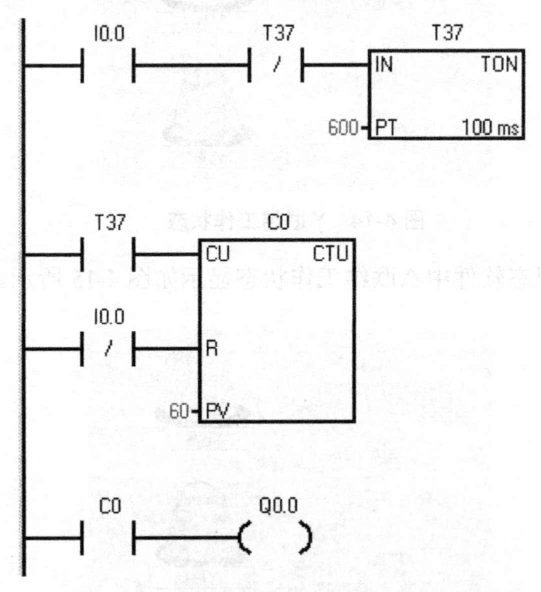

图 4-17　定时器与计数器结合使用参考程序

图 4-17 所示程序中，最上面一行电路是一个脉冲信号发生器，脉冲周期等于 T37 的设定值（60s）。I0.0 为 OFF 时，100ms 定时器 T37 和计数器 C4 处于复位状态，它们不能工作。I0.0 为 ON 时，其常开触点接通，T37 开始计时，60s 后 T37 定时时间到，其当前值等于设定值，它的常闭触点断开，使它自己复位；复位后 T37 的当前值变为 0，同时它的常闭触点接通，使它自己的线圈重新“通电”，又开始计时。T37 将这样周而复始的工作，直到 I0.0 变为 OFF。

思考与练习四

1. 设计 PLC 控制程序，要求如下：按下按钮 I0.0，Q0.0 变为“1”状态并保持，I0.1 输入 3 个脉冲后，T37 开始计时，5s 后，Q0.0 变为“0”状态，同时计数器复位，在 PLC 刚开始执行用户程序时，计数器也被复位。（用 C0 计数器）

2. 利用置位复位指令设计周期为 3s、占空比为 50%的红波输出信号。

3. 设计红黄绿 3 种颜色小灯循环点亮显示程序，循环间隔为 0.5s，并画出接线图。

4. PLC 控制红、黄、绿灯的基本控制要求如下：路口某方向绿灯显示（另一方向亮红灯）20s 后，绿灯以占空比为 50%的 1s 周期 0.5s 脉冲宽度闪烁 3 次（另一方向亮红灯），然后变为黄灯亮 2s（另一方向红灯亮），如此循环工作。

项目五　灯光喷泉控制电路设计

本项目教学课件

一、项目目标

1. 掌握位移位寄存器指令及应用；
2. 掌握数据移位指令及应用；
3. 掌握 PLC 中断指令及应用；
4. 掌握位移位寄存器指令、数据移位指令、中断指令解决实际问题的方法。

二、项目提出

在日常生活中，霓虹彩灯无处不在，看着美丽的彩灯，心情会更加的舒畅，也使人们的压力在无形中减轻了不少。本项目主要采用 PLC 来实现灯光喷泉的自动控制，运用组态软件仿真与监控灯光喷泉的工作过程，应用 PLC 编程来控制灯光喷泉的样式和时间。

三、相关知识

位移位寄存指令讲解

（一）位移位寄存器指令

位移位寄存器指令的格式及功能见表 5-1。

表 5-1　位移位寄存器指令的格式及功能

梯形图 LAD	语句表 STL		功能
	操作码	操作数	
SHRB EN　ENO DATA S_BIT N	SHRB	DATA，S_BIT，N	在使能端 EN 为“1”的每个程序扫描周期中，将 DATA 端指定数据输入到以 S_BIT 端为最低地址的 *N* 个位单元组成的位移位寄存器中

说明：

①S_BIT 和 N 定义一个位移位寄存器，该寄存器以 S_BIT 为最低位，长度为 *N*。

②若N为正值，则DATA端指定数据输入到位移位寄存器的最低位，寄存器中原有数据就会左移（由低位向高位移动）一位；若N为负值，则DATA端指定数据输入到位移位寄存器的最高位，寄存器中原有数据就会右移（由高位向低位移动）一位。

③移除位移位寄存器的数据进入溢出标志位SM1.1。

④DATA和S_BIT寻址I、Q、M、SM、T、C、V、S、L的位值；N为字节寻址，可寻址的寄存器为VB、IB、QB、MB、SB、SMB、LB、AC，也可立即数寻址。

【例5-1】设I0.0为控制输入，I0.1为数据输入，VW10.0为位移位寄存器的最低位，移位位数为+3。与此对应的梯形图程序和工作时序如图5-1所示。

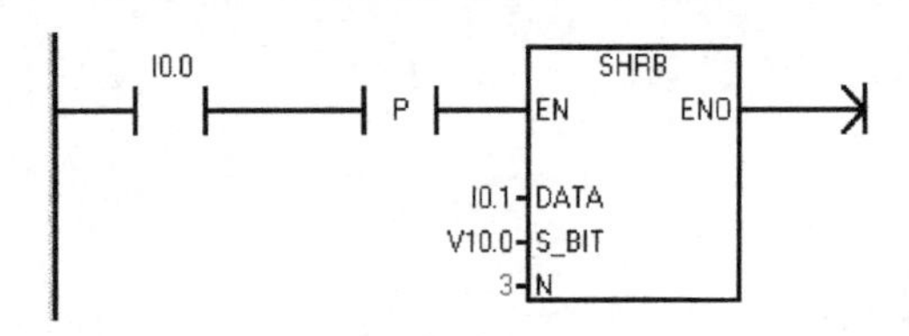

（a）梯形图程序

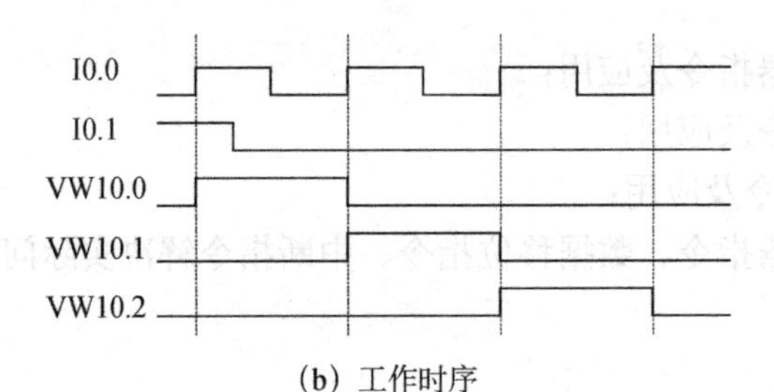

（b）工作时序

图5-1 位移位寄存器编程举例

（二）数据移位指令

位移位寄存器指令、数据循环左右移位指令、数据左右移位指令的区别

1. 数据左右移位指令

数据左右移位指令的格式与功能见表5-2。

表5-2 数据左右移位指令的格式与功能

梯形图LAD	语句表STL		功能
	操作码	操作数	
SHL_X（EN、ENO、IN、OUT、N）；SHR_X（EN、ENO、IN、OUT、N）	SLX SRX	OUT，N OUT，N	当使能位EN为“1”时，把输入数据IN左移或右移N位后，再把结果输出到OUT

说明：

①操作码中的X为移位数据长度，分为字节（B）、字（W）和双字（D）3种。

②N为数据移位位数，对字节、字、双字的最大移位位数分别为8、16和32。字节寻址时，不能寻址专用的字及双字存储器，如T、C及HC等。

③IN、OUT的寻址范围要与操作码中的X一致，不能对T、C等专用存储器寻址；OUT不能寻址常数。

④数据左右移位指令影响特殊存储器的SM1.0和SM1.1位。

【例5-2】假定VW0中存有十六进制数B34A，现将其左移2位，I0.0为移位控制信号。对应的梯形图程序及移位结果如图5-2所示。

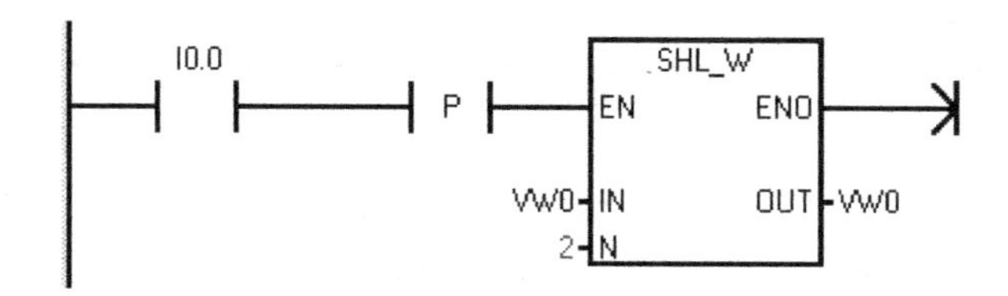

（a）梯形图程序

	地址	格式	当前值
1	VW0	二进制	2#1011_0011_0100_1010
2	SM1.1	位	2#0

（b）移位之前

	地址	格式	当前值
1	VW0	二进制	2#1100_1101_0010_1000
2	SM1.1	位	2#0

（c）移位之后

图 5-2　梯形图程序及移位结果

2. 数据循环左右移位指令

数据循环左右移位指令的格式与功能见表 5-3。

表 5-3　数据循环左右移位指令的格式与功能

梯形图 LAD	语句表 STL		功能
	操作码	操作数	
ROL_X（EN ENO IN OUT N）　ROR_X（EN ENO IN OUT N）	RLX RRX	OUT，N OUT，N	当使能位 EN 为“1”时，把输入数据 IN 循环左移或右移 *N* 位后，再把结果输出到 OUT

说明：

①操作码中的 X 代表被移位的数据长度，分为字节（B）、字（W）和双字（D）3 种。

②N 指定数据被移位的位数，对字节、字、双字的最大移位位数分别为 8、16 和 32。通过字节寻址方式设置，不能对专用存储器 T、C 及 HC 寻址。

③IN、OUT 的寻址范围要与操作码中的 X 一致，不能对 T、C、HC 等专用存储器寻址；OUT 不能寻址常数。

④循环移位是环形的，即被移出来的位将返回到另一端空出来的位。

⑤数据循环左右移位指令影响特殊存储器的 SM1.0 和 SM1.1 位。

⑥字节循环左移或循环右移指令不适用于 CPU2141.01 以下版本。

【例 5-3】假定 VW0 中存有十六进制数 B34A，现将其循环左移 3 位，I0.0 为移位控制信号。对应的梯形图程序及移位结果如图 5-3 所示。

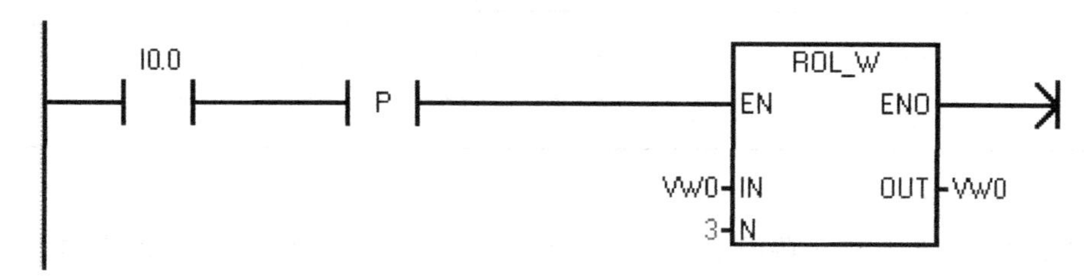

（a）梯形图程序

图 5-3　梯形图程序及移位结果

	地址	格式	当前值
1	VW0	二进制	2#1011_0011_0100_1010
2	SM1.1	位	2#0

(b) 移位之前

	地址	格式	当前值
1	VW0	二进制	2#1001_1010_0101_0101
2	SM1.1	位	2#0

(c) 移位之后

图 5-3 梯形图程序及移位结果（续）

(三) PLC 的中断处理功能及应用

S7-200 系列 PLC 的中断功能同微型计算机的中断功能相似，是指当一些随机的中断事件发生时，CPU 暂时停止执行主程序并保存中断点，然后对随机发生的更紧迫事件进行处理，即转去执行相应的中断服务程序。中断服务程序结束后，将自动返回主程序继续执行。

1. 中断事件及优先级

1）中断事件

能够向 PLC 发出中断请求的事件叫中断事件，如外部开关量输入信号的上升沿或下降沿事件、通信事件、高速计数器的当前值等于设定值事件等。PLC 事先并不知道这些事件何时发生，一旦出现便立即进行处理。S7-200 系列 PLC 的中断事件包括 3 大类，它们分别是通信口中断事件、I/O 中断事件和时基中断事件。

（1）通信口中断事件

S7-200 系列 PLC 有 6 种通信口中断事件，其中断名称、事件编号及优先级见表 5-4。这些通信口事件在 S7-200 系列 PLC 的中断优先级中属最高级，其中端口 0 事件优先于端口 1 事件。利用这些通信口中断事件可以简化程序对通信的控制。

表 5-4 通信口中断事件及其优先级

事件编号	中断名称	优先级 H	可支持的 CPU 型号						
			212	214	215	216	221 222	224	CPU 224XP 226
8	端口 0：接收字符	0	有	有	有	有	有	有	有
9	端口 0：发送完成	0	有	有	有	有	有	有	有
23	端口 0：接收信息完成	0			有	有	有	有	有
24	端口 1：接收信息完成	1				有			有
25	端口 1：接收字符	1				有			有
26	端口 1：发送完成	1				有			有

（2）I/O 中断事件

I/O 中断事件包含上升/下降沿中断事件、高速计数器中断事件和高速脉冲串输出中断事件 3 类，其中断名称、事件编号及优先级见表 5-5。

表 5-5　I/O 中断事件及优先级

事件编号	中断名称	优先级 M	可支持的 CPU 型号						
			212	214	215	216	221 222	224	CPU224XP 226
0	I0.0 上升沿	0	有	有	有	有	有	有	有
1	I0.0 下降沿	4	有	有	有	有	有	有	有
2	I0.1 上升沿	1		有	有	有	有	有	有
3	I0.1 下降沿	5		有	有	有	有	有	有
4	I0.2 上升沿	2		有	有	有	有	有	有
5	I0.2 下降沿	6		有	有	有	有	有	有
6	I0.3 上升沿	3		有	有	有	有	有	有
7	I0.3 下降沿	7		有	有	有	有	有	有
12	HSC0 当前值等于设定值	0	有	有	有	有	有	有	有
27	HSC0 输入方向改变	16					有	有	有
28	HSC0 外部复位	2					有	有	有
13	HSC1 当前值等于设定值	8		有	有	有			有
14	HSC1 输入方向改变	9		有	有	有			有
15	HSC1 外部复位	10		有	有	有			有
16	HSC2 当前值等于设定值	11		有	有	有			有
17	HSC2 输入方向改变	12		有	有	有			有
18	HSC2 外部复位	13		有	有	有			有
32	HSC3 当前值等于设定值	1					有	有	有
29	HSC4 当前值等于设定值	3					有	有	有
30	HSC4 输入方向改变	17					有	有	有
31	HSC4 外部复位	18					有	有	有
33	HSC5 当前值等于设定值	19					有	有	有
19	PLS0 脉冲数完成	14		有	有	有	有	有	有
20	PLS1 脉冲数完成	15		有	有	有	有	有	有

上升/下降沿中断事件是指由 I0.0、I0.1、I0.2、I0.3 输入端子在脉冲的上升沿或下降沿引起的中断。这些输入端子在脉冲的上升沿或下降沿出现时，CPU 可检测到其变化，从而转入中断处理，以便及时响应某些故障状态。

高速计数器中断事件可以是计数器当前值等于设定值时的响应，可以是计数方向改变时的响应，也可以是外部复位时的响应。这些高速计数器中断事件可以实时得到迅速响应，从而可以实现比 PLC 扫描周期还要短的有关控制任务。

高速脉冲串输出中断事件是指当 PLC 完成指定脉冲数输出时引起的中断。它可以方便地控制步进电动机的转角或转速。

（3）时基中断事件

时基中断事件包括内部定时中断事件和外部定时器中断事件两类，其中断名称、事件编号及优先级见表 5-6。

表 5-6　时基中断事件及其优先级

事件编号	中断名称	优先级 L	可支持的 CPU 型号						
			212	214	215	216	221 222	224	CPU 224XP 226
10	定时中断 0（SMB34）	0	有	有	有	有	有	有	有
11	定时中断 1（SMB35）	1		有	有	有	有	有	有
21	定时器 T32 当前值等于设定值	2			有	有	有	有	有
22	定时器 T96 当前值等于设定值	3			有	有	有	有	有

内部定时中断事件包括定时中断 0 和定时中断 1。这两个定时中断事件按设定的时间周期不断循环工作，可以用来以固定的时间间隔作为采样周期，对模拟量输入进行采样，也可以用来执行一个 PID 调节指令。定时中断的时间间隔存储在时间间隔寄存器 SMB34 和 SMB35 中，它们分别对应定时中断 0 和定时中断 1，对于 21X 系列机型，它们在 5～255ms 之间以 ms 为增量单位进行设定；对于 22X 系列机型，它们在 1～255ms 之间以 ms 为增量单位进行设定。当 CPU 响应定时中断事件时，就会获取该时间间隔值。

外部定时器中断事件就是利用定时器来对一个指定的时间段产生中断，只能由 lms 延时定时器 T32 和 T96 产生。T32 和 T96 的工作方式与普通定时器一样，一旦定时器中断允许，当 T32 或 T96 的当前值等于设定值时，CPU 就响应定时器中断，执行被连接的中断服务程序。

2）中断事件的优先级

在 S7-200 系列 PLC 中，中断事件的优先级是事先规定好的，最高优先等级为通信口中断，中间级为 I/O 中断，最低优先等级为时基中断。

在同一优先等级的事件中，CPU 按先来先服务的原则处理。在同一时刻，只能有一个中断服务程序被执行。一个中断服务程序一旦被执行就会一直执行到结束，中途不能被另一个中断服务程序中断，即便是优先级更高的中断也不行。在一个中断服务程序执行期间发生的其他中断需排队等候处理。3 类中断排队等候处理所允许的最大队列数及队列溢出标志见表 5-7。若等候处理的中断数目超过最大队列数，则中断队列溢出标志 SM4.0～SM4.2 就会置“1”。在队列空或由中断程序返回主程序后，队列溢出标志复位。

表 5-7　中断最大队列数及队列溢出标志位

队 列	CPU 类型							中断队列溢出标志位	
	212	214	215	216	221 222	224	224XP 226		
通信中断队列	4	4	4	8	4	4	8	SM4.0	溢出为 ON
I/O 中断队列	4	16	16	16	16	16	16	SM4.1	溢出为 ON
时基中断队列	2	4	8	8	8	8	8	SM4.2	溢出为 ON

2. 中断指令及应用

S7-200 系列 PLC 的中断指令包含中断允许指令、中断禁止指令、中断连接指令、中断分离指令、中断服务程序标号指令和中断返回指令，可用于实时控制、在线通信或网络当中，根据中断事件优先等级及时发出控制指令。其指令的格式及功能见表 5-8。

表 5-8 中断指令的格式及功能

梯形图 LAD	语句表 STL		功能
	操作码	操作数	
(ENI)	ENI	—	中断允许指令 ENI 全局地允许处理所有被连接的中断事件
(DISI)	DISI	—	中断禁止指令 DISI 全局地禁止处理所有中断事件
ATCH EN ENO INT EVNT	ATCH	INT，EVNT	中断连接指令 ATCH 把一个中断事件（EVNT）和一个中断服务程序连接起来，并允许处理该中断事件
DTCH EN ENO EVNT	DTCH	EVNT	中断分离指令 DTCH 截断一个中断事件（EVNT）和所有中断程序的联系，并禁止处理该中断事件
n INT	INT	n	中断服务程序标号指令 INT 指定中断服务程序（n）的开始
(RETI)	CRETI	—	在前面的逻辑条件满足时，中断返回指令 CRETI 退出中断服务程序而返回主程序
(RETI)	RETI	—	执行 RETI 指令将无条件返回主程序

说明：

①操作数 INT 及 n 用来指定中断服务程序标号，取值可为 0～127。

②EVNT 用于指定被连接或被分离的中断事件，对于 21X 系列 PLC 其编号为 0～26；对于 22X 系列 PLC 其编号为 0～33。

③在 STEP7-Micro/Win 编程软件中无 INT 指令，中断服务程序的区分由不同的中断程序窗口来辨识。

④无条件返回指令 RETI 是每一个中断程序所必须有的，在 STEP7-Micro/Win 编程软件中可自动在中断服务程序后面加入该指令。

四、项目分析

（一）工作原理

用 12 只彩灯轮流点亮模拟灯光喷泉，其示意图如图 5-4 所示。

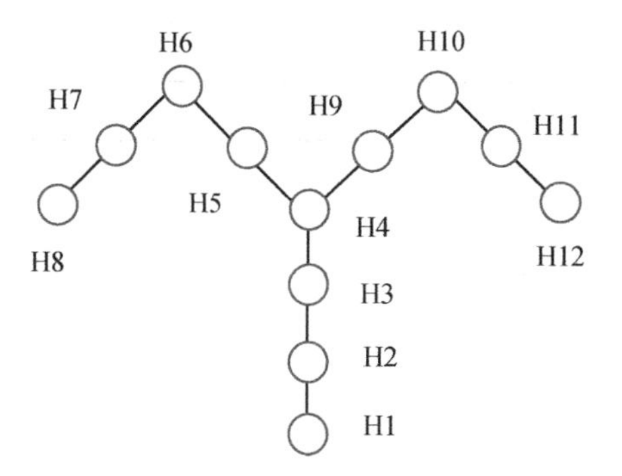

图 5-4 灯光模拟示意图

按下启动按钮后，H1、H2、H3、H4 依次点亮 0.5s，接着 H5 和 H9、H6 和 H10、H7 和 H11、H8 和 H12 依次点亮 0.5s，然后再从 H1 开始点亮，不断循环下去，直至按下停止按钮。

（二）设计思路

由图 5-4 中可以看出，项目中小灯输出共有 8 个点，正好构成一个字节存储器，即为 QB0。利用中断指令或者定时器指令，每隔 0.5s 向移位指令发出一个信号，移位指令使 QB0 里的信号“1”循环移位，从而实现小灯的循环点亮。

在 MCGS 组态设置中建立数据库与 PLC 连接，完成整个 MCGS 系统的设置。

（三）产品选型

产品选型表见表 5-9。

表 5-9　产品选型表

名称	品牌	型号
PLC	西门子 S7-200	CPU226/AC/DC/RLY
触摸屏	MCGS	TPC7062KS
小灯	—	—

（四）I/O 分配

PLC 控制 I/O 分配表见表 5-10。

表 5-10　PLC 控制 I/O 分配表

PLC 地址	说明	PLC 地址	说明
I0.0	启动按钮	Q0.2	H3
I0.1	停止按钮	Q0.3	H4
M0.0	MCGS 中启动按钮	Q0.4	H5、H9
M0.1	MCGS 中停止按钮	Q0.5	H6、H10
Q0.0	H1	Q0.6	H、7H11
Q0.1	H2	Q0.7	H8、H12

（五）PLC 接线

PLC 接线图如图 5-5 所示。

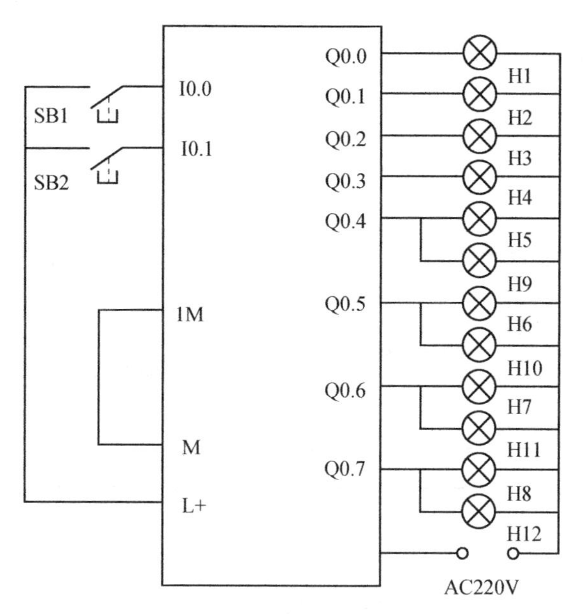

图 5-5　PLC 接线图

（六）组态系统软件设计流程

组态系统软件设计流程图如图 5-6 所示。

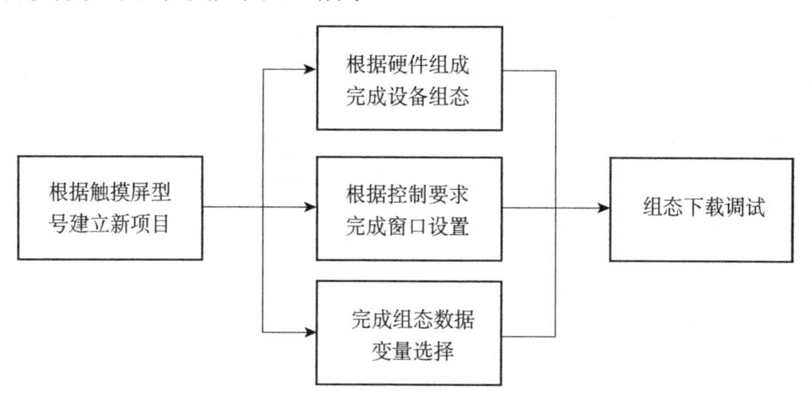

图 5-6　组态系统软件设计流程图

五、项目实施

（一）编写 PLC 程序

灯光喷泉启停控制梯形图程序如图 5-7 所示。

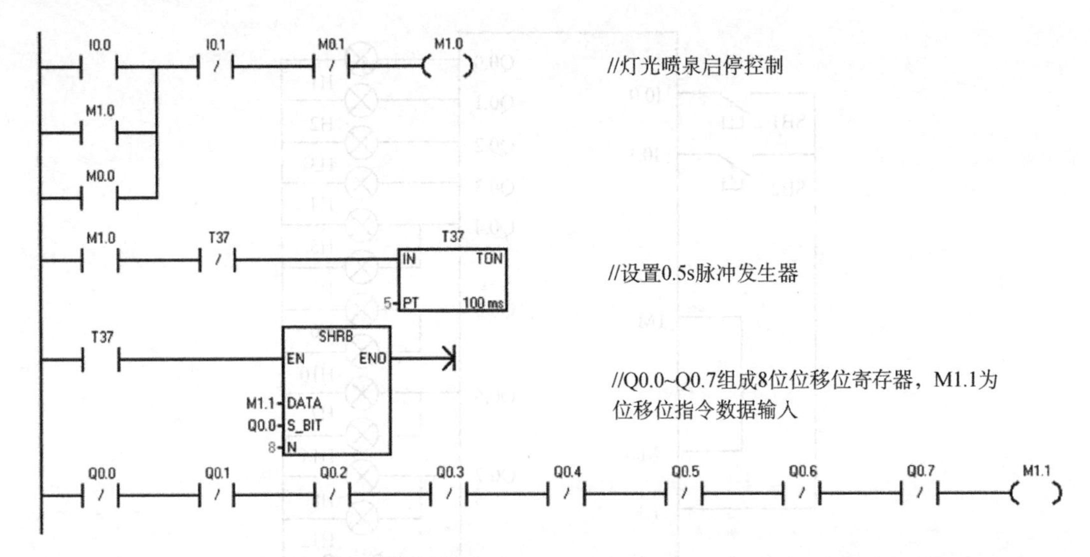

图 5-7 灯光喷泉启停控制梯形图程序

（二）编写触摸屏程序

灯光喷泉控制系统 MCGS 画面制作

1. 创建新项目并命名

创建一个新项目，设置工程名为“灯光喷泉控制系统”。

2. 完成设备组态

在“工作台”对话框中激活设备窗口，双击“设备窗口”图标，出现“设备组态：设备窗口”窗口，右击空白处，在弹出的快捷菜单中选择“设备工具箱”命令，在“设备工具箱”中双击需要的组态设备，如图 5-8 所示。

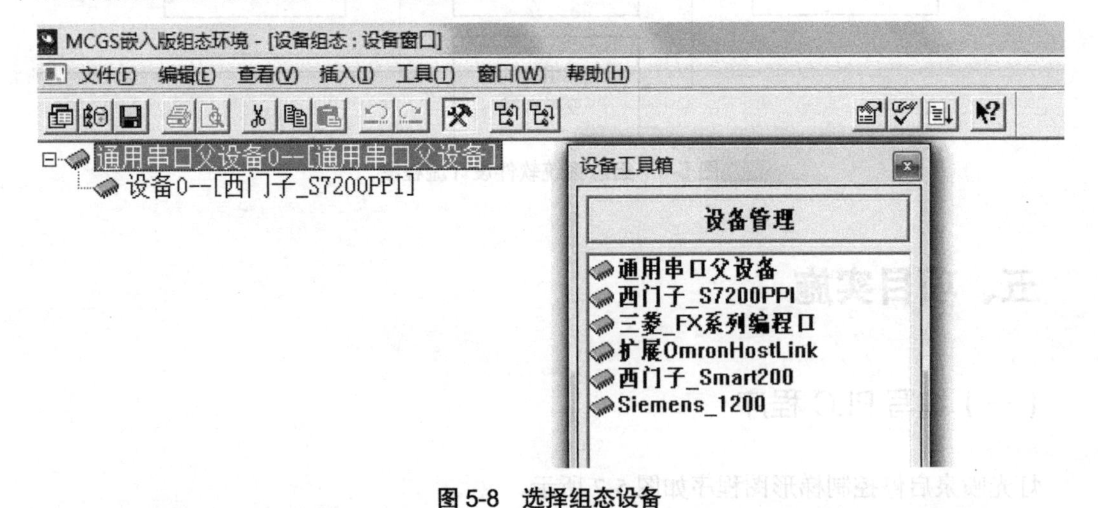

图 5-8 选择组态设备

双击“通用串口父设备”，出现“通用串口设备属性编辑”对话框，打开“基本属性”选项卡，根据实际通信情况设置相关参数，如图 5-9 所示。

通用串口设备属性编辑

基本属性　电话连接

设备属性名	设备属性值
设备名称	通用串口父设备0
设备注释	通用串口父设备
初始工作状态	1 - 启动
最小采集周期(ms)	1000
串口端口号(1~255)	3 - COM4
通讯波特率	6 - 9600
数据位位数	1 - 8位
停止位位数	0 - 1位
数据校验方式	2 - 偶校验

检查(K)　确认(Y)　取消(C)　帮助(H)

图 5-9　设置通用串口设备属性

3. 完成窗口画面设计

在用户窗口中新建一个窗口，命名为“灯光喷泉控制系统”。双击该新建的窗口，根据控制要求设计窗口画面，如图 5-10 所示。其中，选择工具箱中的“标签”，完成画面文字设计；选择工具箱中的“椭圆”，完成彩灯的设计；选择工具箱中的“标准按钮”，完成按钮的设计（也可以使用其他元件完成设计）。

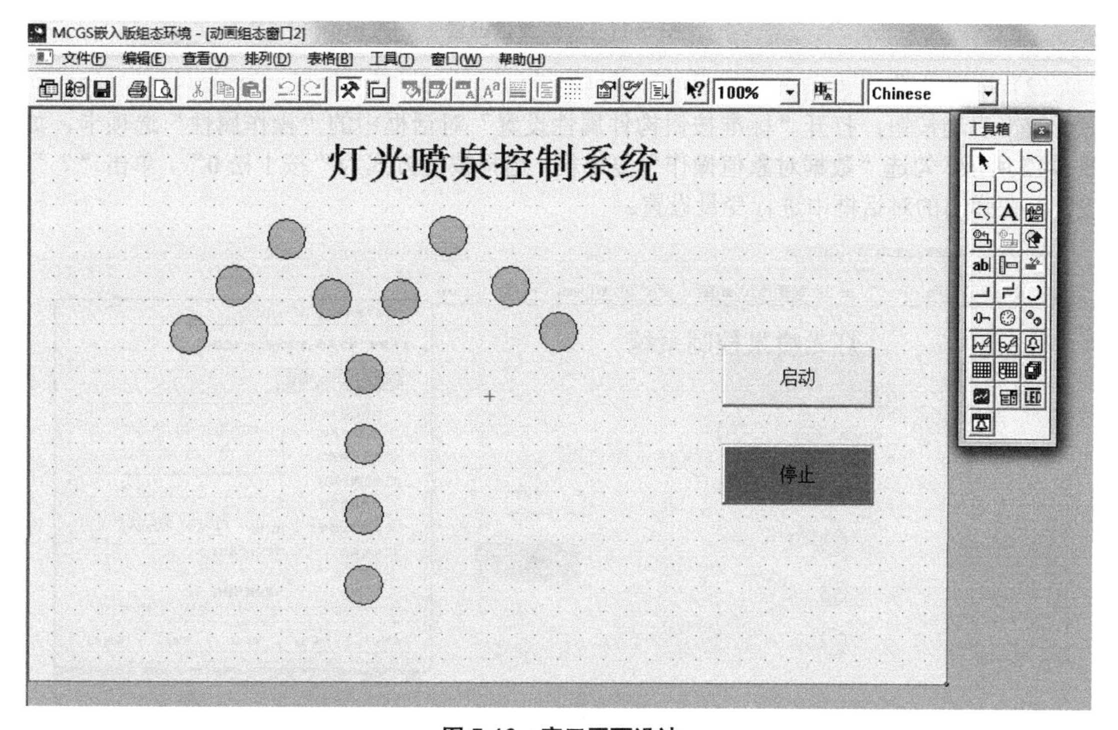

图 5-10　窗口画面设计

4. 完成变量设置

根据控制要求，对 PLC 中的地址与 MCGS 窗口画面中的元件进行变量设置。

（1）彩灯设置

双击画面中的彩灯元件，弹出“动画组态属性设置”对话框，打开“属性设置”选项卡，勾选“填充颜色”复选框，设置标题颜色；打开“填充颜色”选项卡，单击“表达式”后面的“？”按钮，在弹出的“变量选择”对话框中进行彩灯变量设置，如图 5-11 所示。

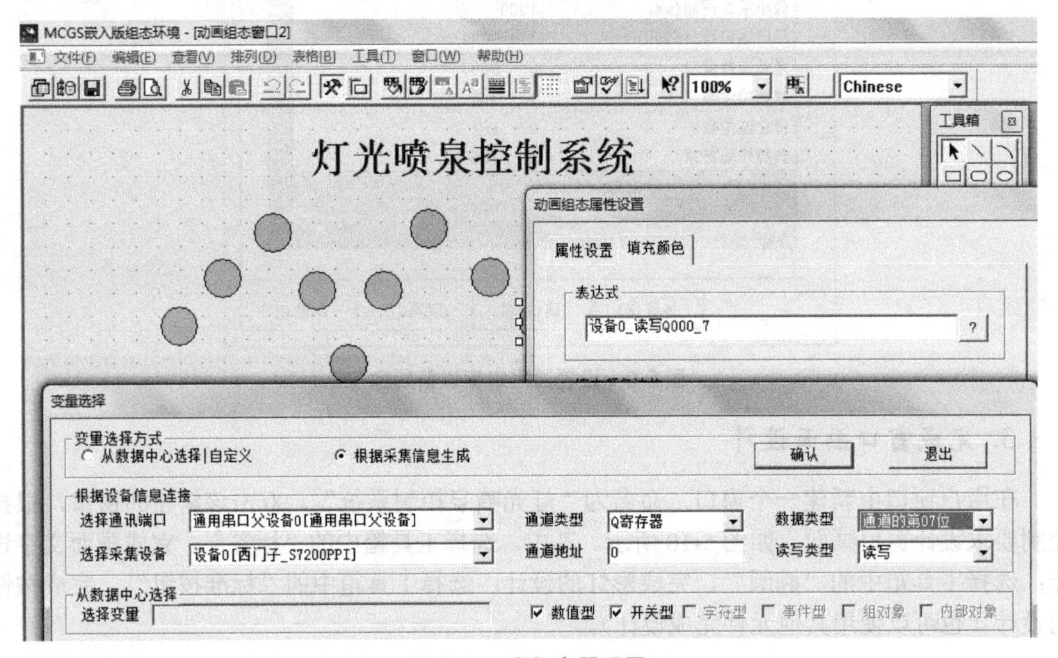

图 5-11　彩灯变量设置

（2）按钮设置

双击启动按钮，打开“标准按钮构件属性设置”对话框中的“操作属性”选项卡，如图 5-12 所示，勾选“数据对象值操作”复选框，选择按键方式为“按 1 松 0”，单击“？”按钮，在弹出的对话框中进行变量设置。

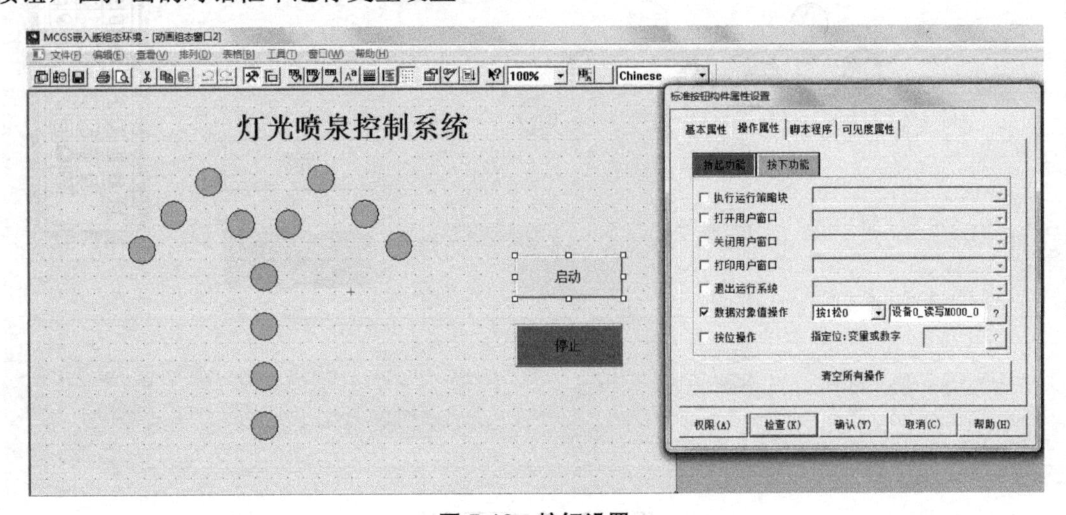

图 5-12　按钮设置

完成窗口中元件的变量设置，保存。打开“实时数据库”窗口，检查所有需要的 PLC 地址是否都已经设置完毕，如图 5-13 所示。

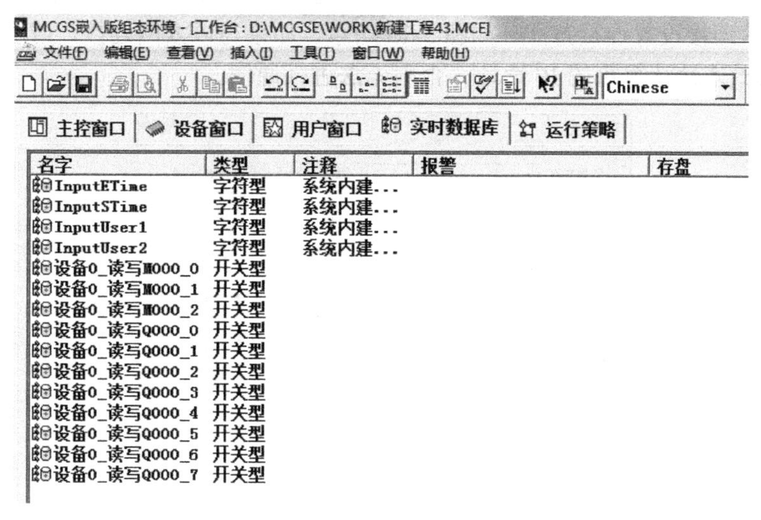

图 5-13　“实时数据库”窗口

(三) 系统调试

将 PLC 程序和 MCGS 组态程序下载到各自的硬件中，进行通信调试。

1. PLC 程序下载

单击 PLC 工具栏中的“下载”按钮，弹出“下载”对话框，单击“下载”按钮后进行程序下载，如图 5-14 所示。如发现通信异常，请单击“选项”按钮，检查“设置 PG/PC 接口”选项卡中的参数设置。

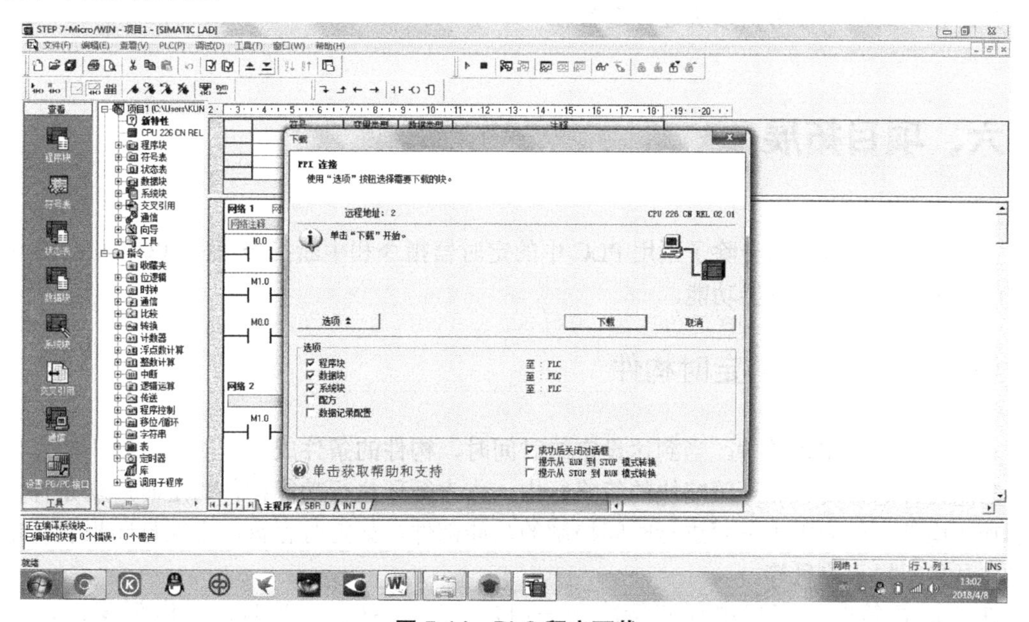

图 5-14　PLC 程序下载

2. MCGS 组态程序下载

单击工具栏中下载工程并进入运行环境图标，进入“下载配置”对话框，根据 MCGS 触摸屏的实际通信连接设置连接方式，如图 5-15 所示。如果与以太网连接，请注意查找 MCGS 的 IP 地址，修改本地计算机的 IP 地址，否则无法进行通信。

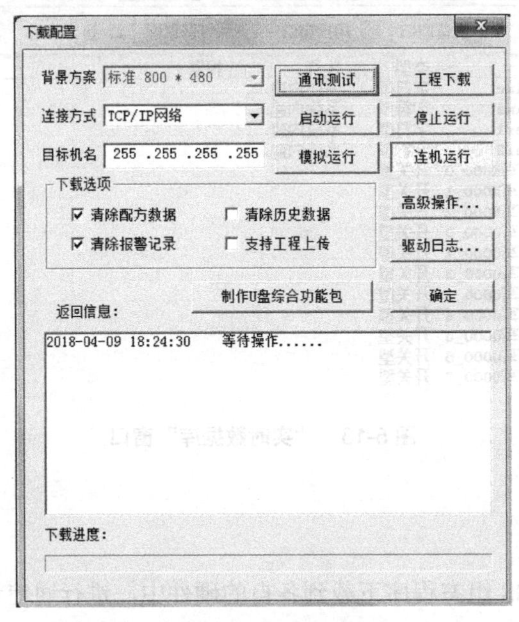

图 5-15 下载配置

3. PLC 与 MCGS 触摸屏进行联机调试，完成控制要求

注意：在下载和调试过程中，PLC 和 MCGS 的编程窗口不要两个同时打开，若同时打开则会造成端口占用，无法进行通信。

六、项目拓展

上述任务中的脉冲信号除了采用 PLC 中的定时器指令和中断指令，还可以用 MCGS 组态软件中定时构件实现定时器功能。

（一）MCGS 中的定时构件

本构件以时间作为条件，当到达设定的时间时，构件的条件成立一次，否则不成立。定时器功能构件通常用于循环策略块的策略行中，作为循环执行功能构件的定时启动条件。定时器功能构件一般应用于需要进行时间控制的功能部件，如定时存盘、定期打印报表、定时给操作员显示提示信息等。

在“运行策略”窗口中新建策略——用户策略，双击该策略，弹出新窗口，右击供其他策略、按钮和菜单等使用，在弹出的快捷菜单中选择“新增策略行”命令。如图 5-16 所示，建立定时构件。

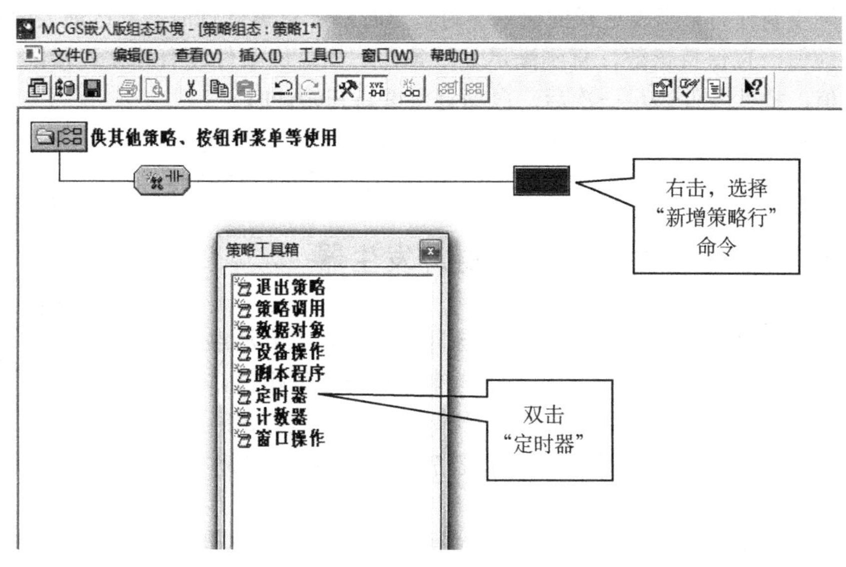

图 5-16　建立定时构件

双击定时构件，设置定时构件的基本属性，如图 5-17 所示。其中相关参数设置如下：

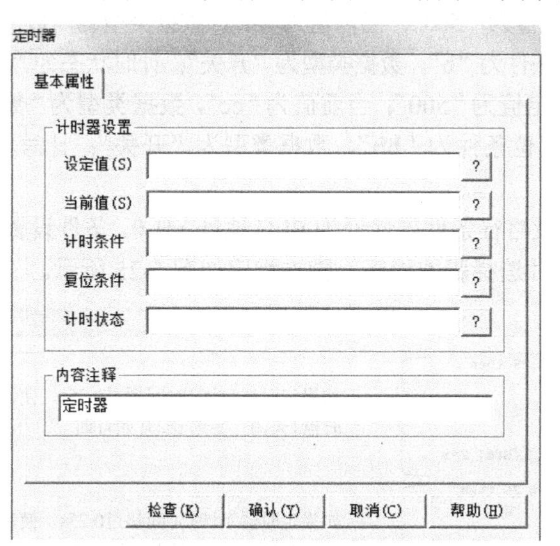

图 5-17　定时构件的基本属性设置

①定时器设定值：定时器设定值对应于一个表达式，用表达式的值作为定时器的设定值。当定时器的当前值大于等于设定值时，本构件的条件一直满足。定时器的时间单位为秒（s），但可以设置成小数，以处理 ms 级的时间。如设定值没有建立连接或把设定值设为 0，则构件的条件永远不成立。

②定时器当前值：当前值和一个数值型的数据对象建立连接，每次运行到本构件时，把定时器的当前值赋给对应的数据对象。如果没有建立连接则不处理。

③计时条件：计时条件对应一个表达式，当表达式的值为非零时，定时器进行计时，为

零时停止计时。如没有建立连接则认为时间条件永远成立。

④复位条件：复位条件对应一个表达式，当表达式的值为非零时，对定时器进行复位，使其从 0 开始重新计时；当表达式的值为零时，定时器一直累计计时，到达最大值 65535 后，定时器的当前值一直保持该数，直到满足复位条件。如复位条件没有建立连接则认为定时器计时到设定值、构件条件满足一次后，自动复位重新开始计时。

⑤计时状态：与开关型数据对象建立连接，把计时器的计时状态赋给数据对象。当前值小于设定值时，计时状态为 0；当前值大于等于设定值时，计时状态为 1。

（二）使用定时构件制作 0.5s 脉冲发生器

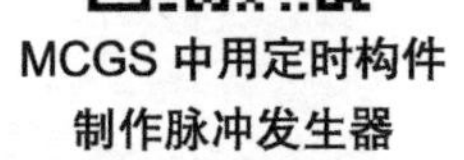

MCGS 中用定时构件制作脉冲发生器

在本项目中，需要一个周期为 0.5s 的脉冲信号，其上升沿触发为位移位寄存器指令使能端提供信号。因此，建立两个定时构件，两个定时构件互相触发，构成所需要的脉冲信号。具体操作步骤如下：

①在“运行策略”窗口中新建“循环策略”，设置执行策略方式为“定时循环执行”，循环时间为“10ms”。

②双击“策略 1”，单击右键建立两行策略行，其策略行条件属性设为 PLC 地址 M1.0，条件设置为“表达式的值非零时条件成立”，其策略构件选择定时器，设置两个定时器的参数分别为：

第一个定时器　设定值为“500”；当前值为“c”，数据类型为“数值”；计时条件为“a”，数据类型为“开关”；复位条件为“b”，数据类型为“开关”；计时状态为“d”，数据类型为“开关”。

第二个定时器　设定值为“500”；当前值为“cc”，数据类型为“数值”；计时条件为“aa”，数据类型为“开关”；复位条件为“bb”，数据类型为“开关”；计时状态为“dd”，数据类型为“开关”。

③新增策略行，其策略行条件属性设为 PLC 地址 M1.0，条件设置为“表达式的值非零时条件成立”，其策略构件选择脚本程序。脚本程序如图 5-25 所示。

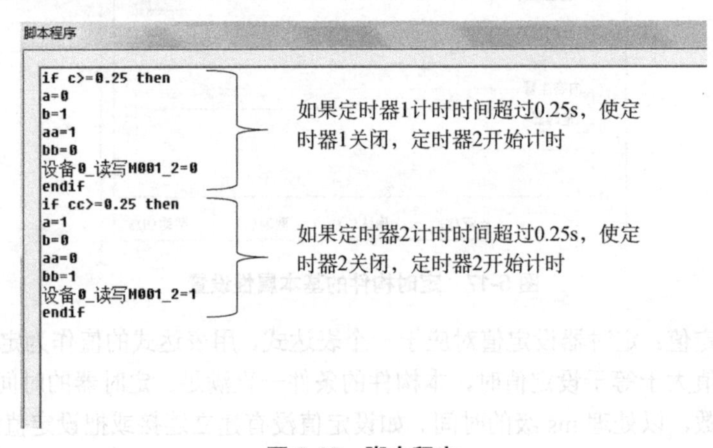

图 5-18　脚本程序

④新增策略行，其策略行条件属性设为 PLC 地址 M1.0，条件设置为“表达式的值产生正跳变时条件成立一次”，其策略构件选择数据对象操作，使条件成立时，开关量数值 a=1，如图 5-19 所示。设置完成后，关闭对话框并保存设置。

图 5-19　表达式设置

（三）PLC 程序

对前面的 PLC 程序（见图 5-7）略做修改，去掉定时器功能，增加 M1.2 接收由 MCGS 发送来的脉冲信号，并添加上升沿触发指令，则可完成 PLC 程序。修改后的 PLC 程序如图 5-20 所示。

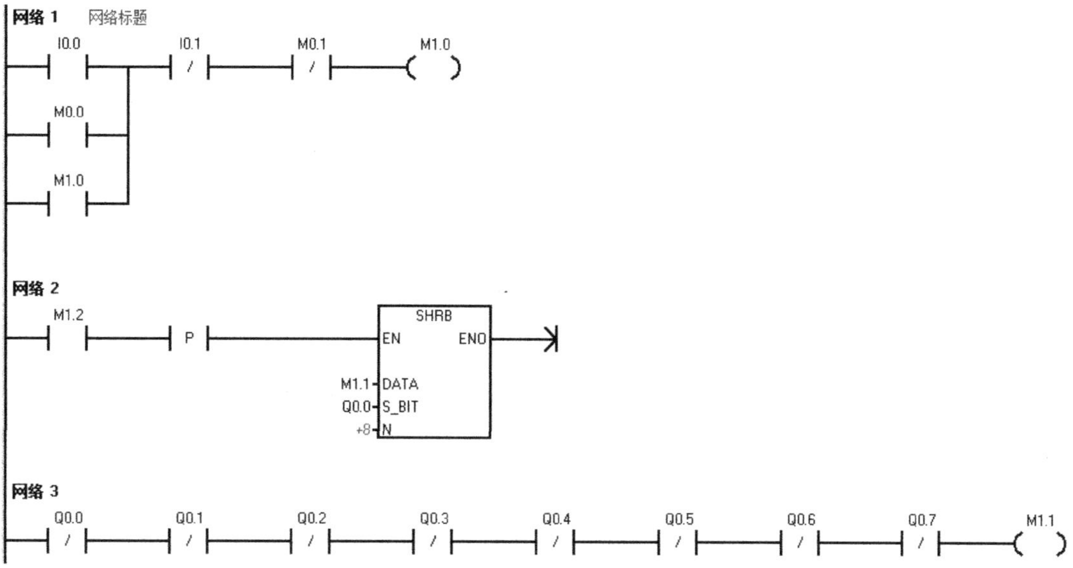

网络 1　网络标题

I0.0　I0.1　M0.1　M1.0

M0.0

M1.0

网络 2

M1.2　P　SHRB　EN　ENO

M1.1 DATA

Q0.0 S_BIT

+8 N

网络 3

Q0.0　Q0.1　Q0.2　Q0.3　Q0.4　Q0.5　Q0.6　Q0.7　M1.1

图 5-20　修改后的 PLC 程序

（四）系统调试

将PLC程序和MCGS组态程序下载到各自的硬件中，进行通信调试。

思考与练习五

1. 用中断指令和数据移位指令完成本项目程序。

2. 控制16位彩灯循环点亮，移位的时间间隔为1s，用I0.1作为移位方向控制开关，I0.1为OFF时循环右移一位，I0.1为ON时循环左移一位，试编写程序。

3. S7-200系列PLC的中断事件分哪几类?它们的中断优先级如何划分?

4. 时基中断包括哪几类？内部定时中断与定时器中断有何不同?

5. 首次扫描时给Q0.0～Q0.7赋初值，用T32中断定时控制连接在Q0.0～Q0.7上的8个彩灯循环右移，每秒移一位，编写控制程序。

项目六　多台电动机分时启动

一、项目目标

本项目教学课件

1. 掌握顺序控制继电器指令的格式和功能；
2. 掌握比较指令的格式和功能；
3. 掌握 MCGS 组态软件旋转动画的制作方法和步骤；
4. 能够熟练运用顺序控制继电器指令、比较指令、MCGS 组态软件旋转动画制作完成任务要求。

二、项目提出

当多台中小型电动机同时启动时，会因为电动机总容量较大而导致电源变压器输出电压大幅度下降，这不仅使电动机本身的启动转矩减小，而且会影响同一线路上其他负载的正常工作。因此，可以采用电动机分时启动的办法来解决这一问题。但传统的继电器分时启动的辅助控制电路需要多个时间继电器，不仅电路复杂、接线麻烦，而且运行过程中容易出问题，采用 PLC 控制多台电动机分时启动的控制电路则更加方便、可靠。

三、相关知识

顺序控制继电器指令讲解

（一）S7-200 顺序控制继电器指令

一个复杂的任务往往可以分成若干个小任务，当按一定的顺序完成这些小任务后，整个大任务也就完成了。在生产实践中，顺序控制是指按照一定的顺序逐步控制来完成各个工序的控制方式。

1. 顺序功能图

在采用顺序控制时，为了直观地表示控制过程，可以绘制顺序功能图。在 PLC 编程时，绘制的顺序功能图简称 SFC 图。可以将程序的执行分成多个程序步，通常用顺序控制继电器的位 S0.0～S31.7 代表程序的状态步。

使系统由当前步进入下一步的信号称为转换条件，又称步进条件。转换条件可以是外部的输入信号，如按钮、指令开关、限位开关的通/断等；也可以是程序运行中产生的信号，如定时器、计数器的常开触点的接通等。转换条件还可能是若干个信号的逻辑运算组合。

一个三步循环步进的顺序功能图如图 6-1 所示。图中的每个方框代表一个状态步，如图中 1、2、3 分别代表程序的 3 个状态步，这 3 个状态步用顺序控制继电器位 S0.0、S0.1、S0.2 表示，程序执行的任何瞬间，只能有一个步的状态位置“1”，其余均为“0”。如执行第一步时，S0.0=1，而 S0.1、S0.2 全为 0。每步所驱动的负载称为步动作，用方框中的文字或符号表示，并用直线将该方框和相应的步相连。状态步之间用有向连线连接，表示状态步转移的方向，有向连线上没有箭头标注时，方向为自上而下、自左而右。有向连线上的短线表示状态步的转换条件，当转换条件满足时，程序将激活下一状态步，同时关闭上一状态步。与控制过程的初始状态相对应的步称为初始步，用双线框表示。

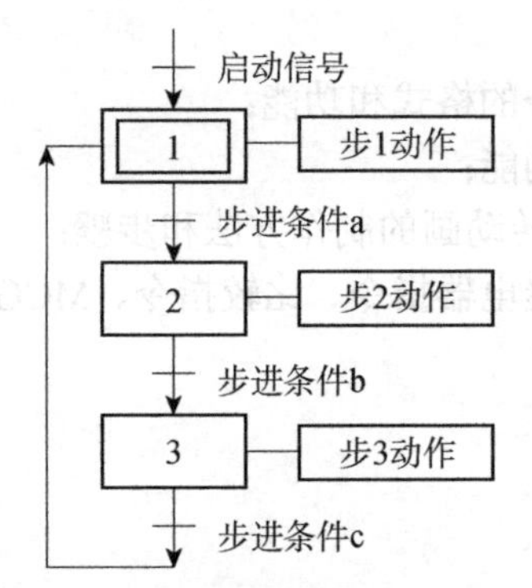

图 6-1　三步循环步进的顺序功能图

2. 顺序控制继电器指令

S7-200 系列 PLC 有 3 条常用的顺序控制指令，其格式与功能见表 6-1。

表 6-1　顺序控制继电器指令的格式与功能

梯形图 LAD	语句表 STL		功能
	操作码	操作数	
n SCR	LSCR	n	当顺序控制继电器位 n 为 1 时，SCR 指令被激活，标志着该顺序控制程序段的开始
n (SCRT)	SCRT	n	当满足条件执行 SCRT 指令时，复位本顺序控制程序段，激活下一顺序控制程序段 n
(SCRE)	SCRE	—	结束由 SCR 开始到 SCRE 之间顺序控制程序段的工作

说明：

①顺序控制继电器位 n 必须寻址顺序控制继电器 S 的位，不能把同一编号的顺序控制继电器位用在不同的程序中。例如，如果在主程序中使用 S0.1，则不能在子程序中再使用 S0.1。

②在 SCR 段之间不能使用 JMP 和 LBL 指令，即不允许跳入或跳出 SCR 段。可以使用跳转和标号指令在 SCR 段内跳转。

③不能在 SCR 段中使用 FOR、NEXT 和 END 指令。

【例 6-1】按下启动按钮后，三台电动机每隔 3s 分别依次启动，按下停止按钮，三台电动机同时停止。

设 PLC 的输入端子 I0.0 为启动按钮输入端，I0.1 为停止按钮的输入端，Q0.0、Q0.1、Q0.2 分别为驱动三台电动机的电源接触器输出端。根据控制要求绘制三台电动机分时启动的顺序功能图，如图 6-2 所示。

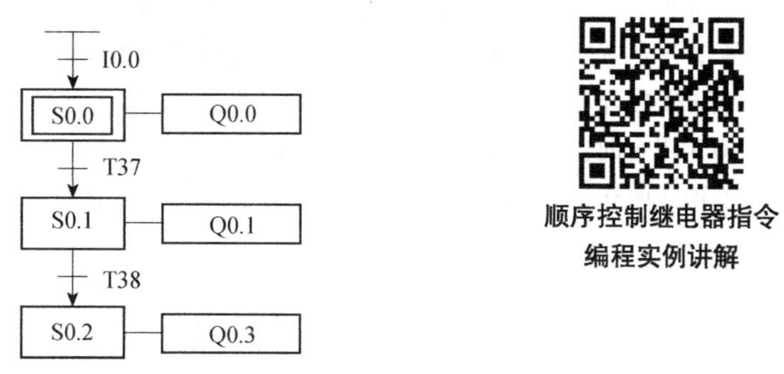

图 6-2　三台电动机分时启动的顺序功能图

根据控制要求编写三台电动机分时启动控制梯形图程序，如图 6-3 所示。图中程序分成四段，一是启动停止控制，二是第一台电动机启动控制，三是第二台电动机启动控制，四是第三台电动机启动控制。

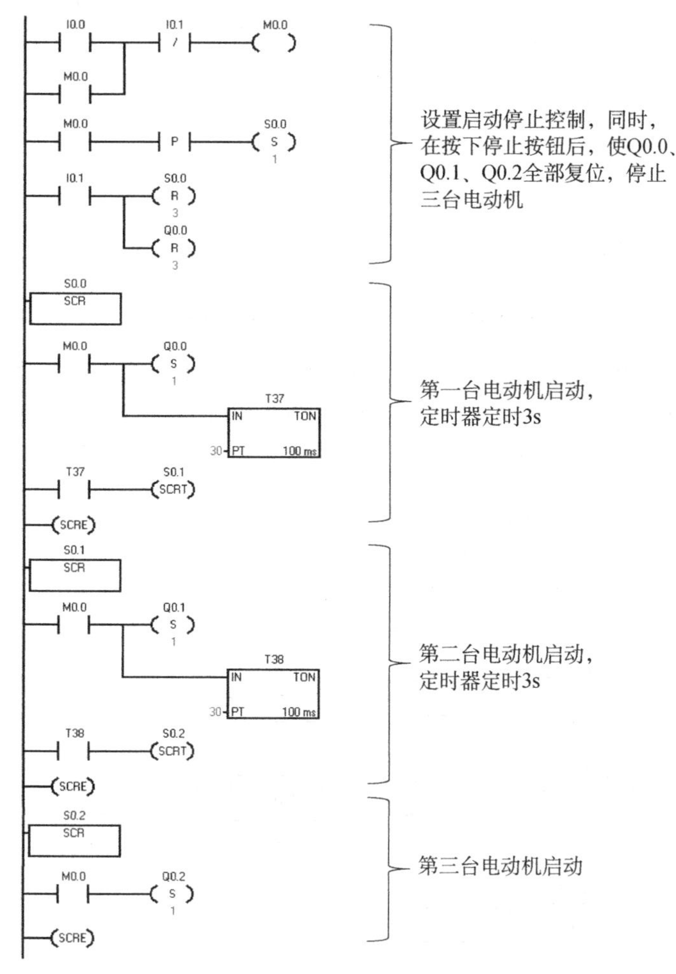

图 6-3　三台电动机分时启动控制梯形图程序 1

3. 顺序控制的几种方式

顺序控制的主要方式有：单分支方式、选择性分支方式和并行分支方式。图 6-2 所示的顺序功能图为单分支方式，程序由前往后依次执行，中间没有分支，简单的顺序控制常采用这种单分支方式。较复杂的顺序控制可采用选择性分支方式或并行分支方式。

选择性分支方式顺序功能图如图 6-4 所示，在状态继电器 S0.0 后面有两个可选择的分支，当 I0.0 闭合时执行 S0.1 分支，当 I0.3 闭合时执行 S0.3 分支，如果 I0.0 较 I0.3 先闭合，则只执行 I0.0 所在的分支，I0.3 所在的分支不执行，即两条分支不能同时进行。

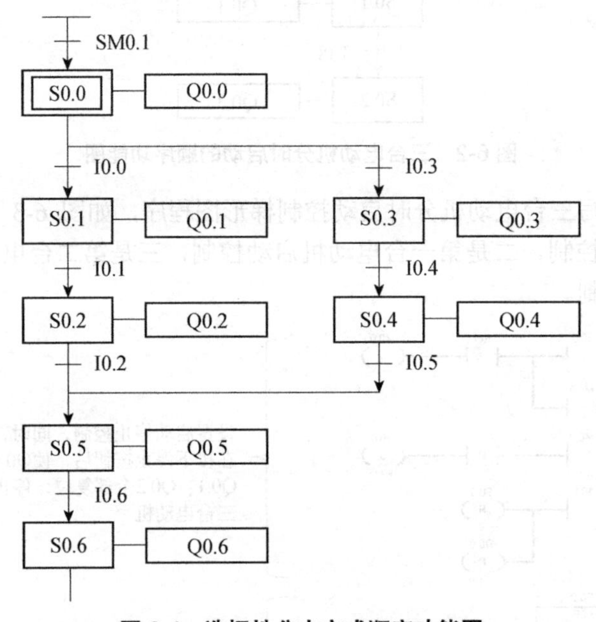

图 6-4 选择性分支方式顺序功能图

并行分支方式顺序功能图如图 6-5 所示，在状态继电器 S0.0 后面有两个并行的分支，并行分支用双线表示。当 I0.0 闭合时，S0.1 和 S0.3 两个分支同时执行，当两个分支都执行完成并且 I0.3 闭合时才能往下执行；若 S0.2 或 S0.4 任一条分支未执行完，即使 I0.3 闭合，也不会执行到 S0.5。

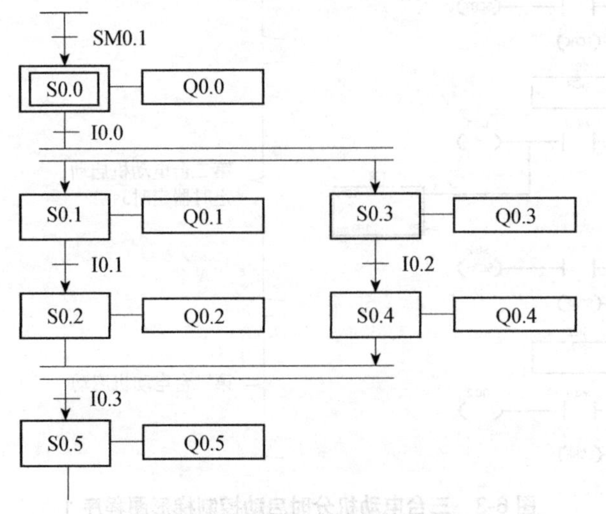

图 6-5 并行分支方式顺序功能图

由于 S0.2、S0.4 两程序段都未使用 SCRT 指令进行转移，故 S0.2、S0.4 状态继电器均未复位（即状态都为 1）。因此，可以在 S0.5 程序段的上方插入一行程序，如图 6-6 所示。如果 I0.3 触点闭合，而 S0.2、S0.4 两个常开触点均处于闭合状态，则马上将 S0.2、S0.4 状态继电器复位，同时将 S0.5 状态继电器置 1，转移至 S0.5 程序段。

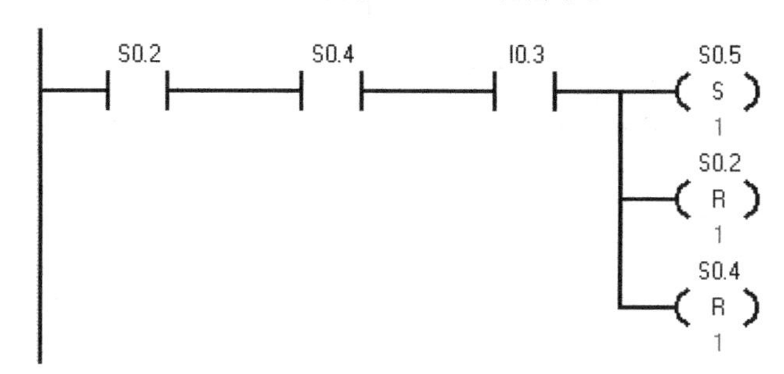

图 6-6　梯形图程序

（二）数据比较指令

数据比较指令用于比较两个数据的大小，并根据比较的结果使触点闭合，进而实现某种控制要求。它包括字节比较指令、字整数比较指令、双字整数比较指令及实数比较指令 4 种。数据比较指令的格式及功能见表 6-2。

表 6-2　数据比较指令的格式及功能

梯形图 LAD	语句表 STL		功能
	操作码	操作数	
IN1 —| Y X |— IN2	LDXY AXY OXY	INI，IN2 INI，IN2 INI，IN2	比较两个数 IN1 和 IN2 的大小，若比较式为真，则该触点闭合

说明：

①操作码中的 Y 代表比较符号，可分为“=”“<>”“>=”“<=”“>”“<”6 种。

②操作码中的 X 代表数据类型，分为字节（B）、字整数（I）、双字整数（D）和实数（R）4 种。

③操作数的寻址范围要与操作码中的 X 一致。其中，字节比较、实数比较不能寻址专用的字及双字存储器，如 T、C 及 HC 等；字整数比较不能寻址专用的双字存储器 HC；双字整数比较不能寻址专用的字存储器 T、C 等。

④字节比较是无符号的，字整数比较、双字整数比较及实数比较都是有符号的。

⑤指令中的比较符号<>、<、>不适用于 CPU21X 系列机型。为了实现这 3 种比较功能，在 CPU21X 系列机型编程时，可采用 NOT 指令与=、>=、<=组合的方法实现。

【例 6-2】按下启动按钮后，三台电动机每隔 3s 分别依次启动，按下停止按钮，三台电动机同时停止。

设 PLC 的输入端子 I0.0 为启动按钮输入端，I0.1 为停止按钮的输入端，Q0.0、Q0.1、Q0.2 分别为驱动三台电动机的电源接触器输出端。根据控制要求编写三台电动机分时启动控制梯形图程序，如图 6-7 所示。

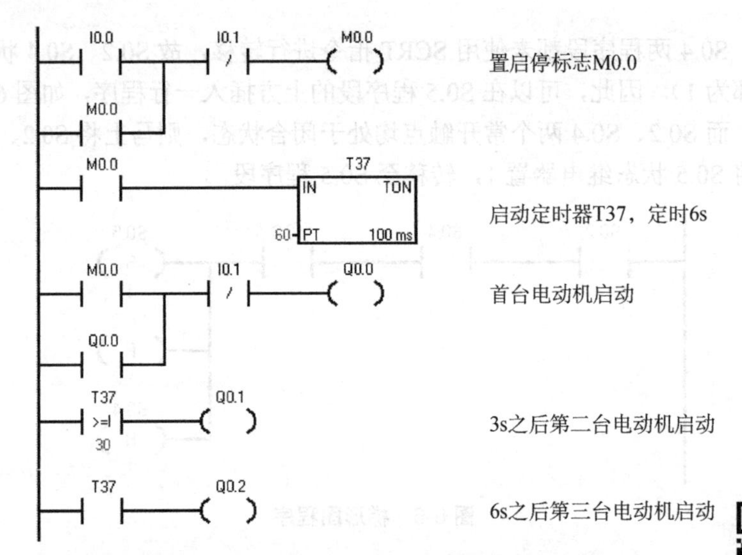

图 6-7　三台电动机分时启动控制梯形图程序 2

（三）MCGS 组态软件旋转动画的制作

MCGS 旋转动画制作

可以用图符的可见度设置来制作 MCGS 组态软件的旋转动画。设某一开关量为 a，设置一组图符 a=1 时可见，另一组图符 a=0 时可见，这样使得开关量不断取反，两组图符交替显示，就可以模拟出旋转动画的效果。

①制作两组图符，如图 6-8 所示。

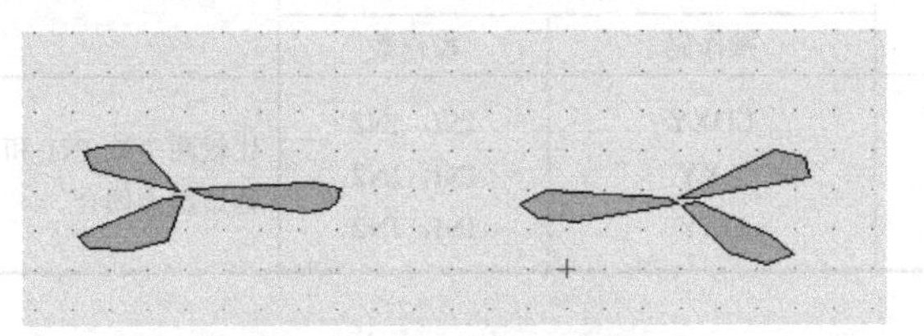

图 6-8　制作两组图符

②设置图符的可见度，两组图符的可见度是相反的，如图 6-9 所示。

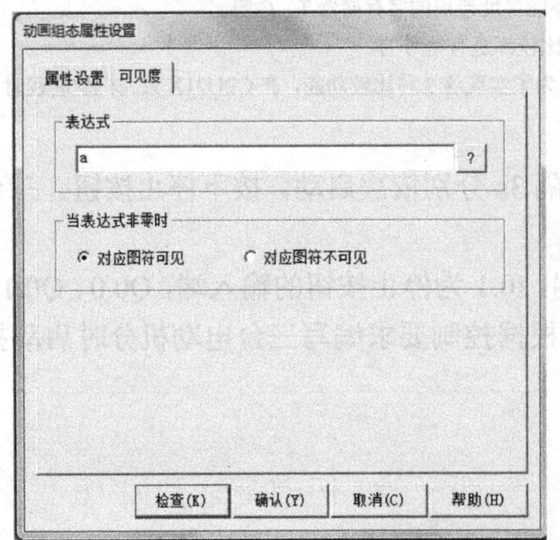

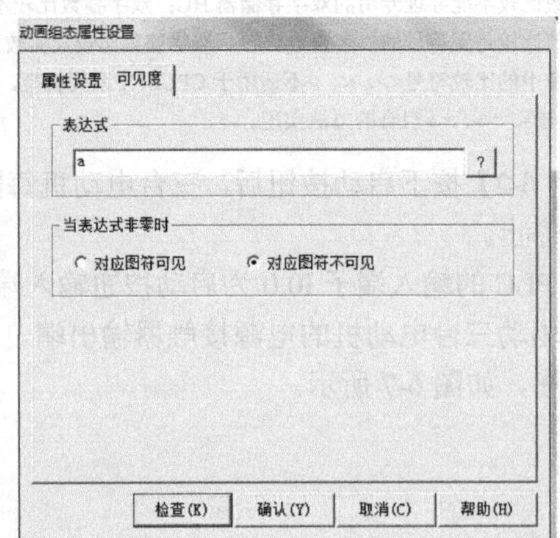

图 6-9　设置图符的可见度

③将两组图符组合在一起，注意把中心叠加在一个点上，如图 6-10 所示。

图 6-10　两组图符组合

④设置一个按钮，如图 6-11 所示。

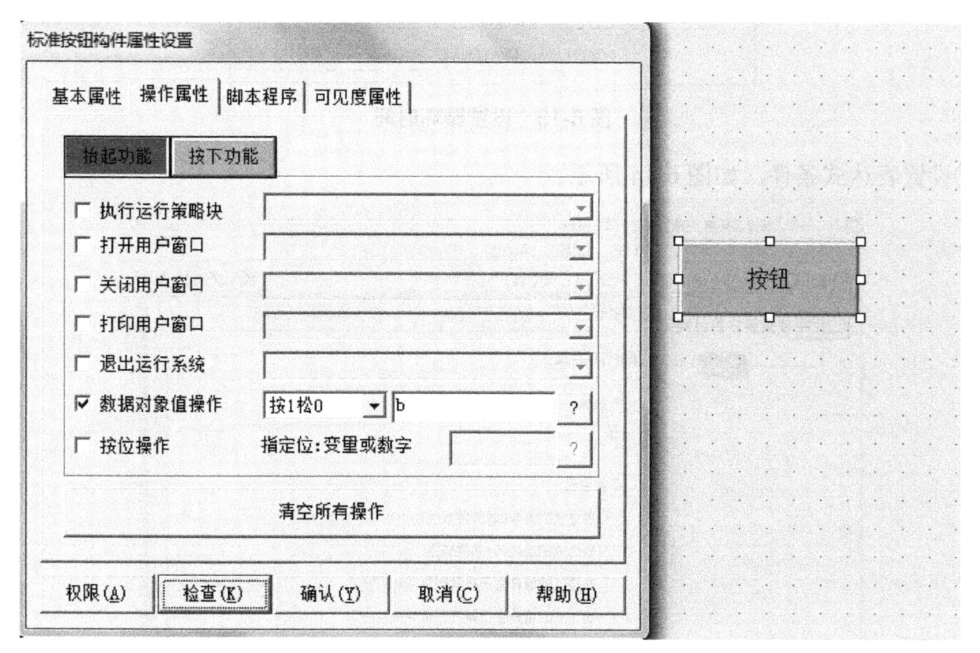

图 6-11　设置一个按钮

⑤在循环脚本里添加一个脚本，如图 6-12 所示。

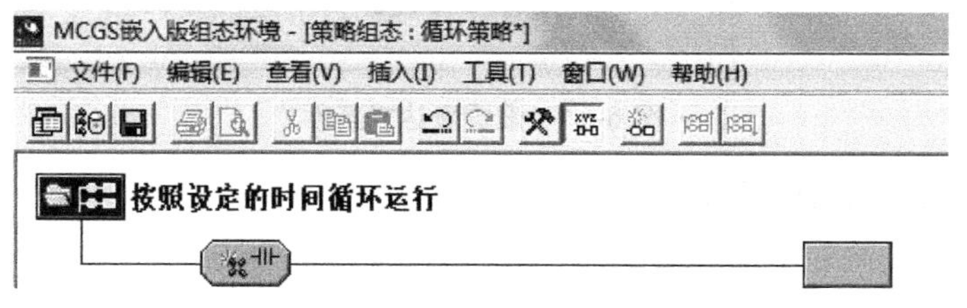

图 6-12　添加一个脚本

⑥设置循环时间，如图 6-13 所示。

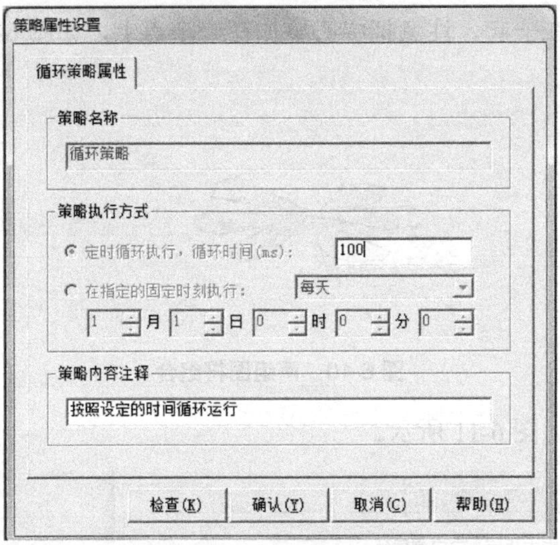

策略属性设置

循环策略属性

策略名称

循环策略

策略执行方式

定时循环执行，循环时间(ms)： 100

在指定的固定时刻执行： 每天

1 月 1 日 0 时 0 分 0

策略内容注释

按照设定的时间循环运行

检查(K) 确认(Y) 取消(C) 帮助(H)

图 6-13　设置循环时间

⑦设置表达式条件，如图 6-14 所示。

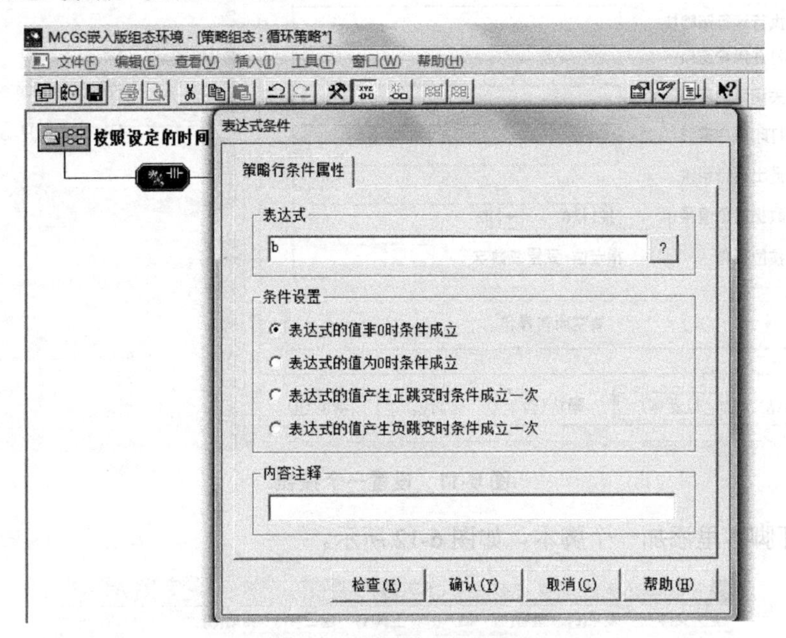

图 6-14　设置表达式条件

⑧编辑脚本，如图 6-15 所示。

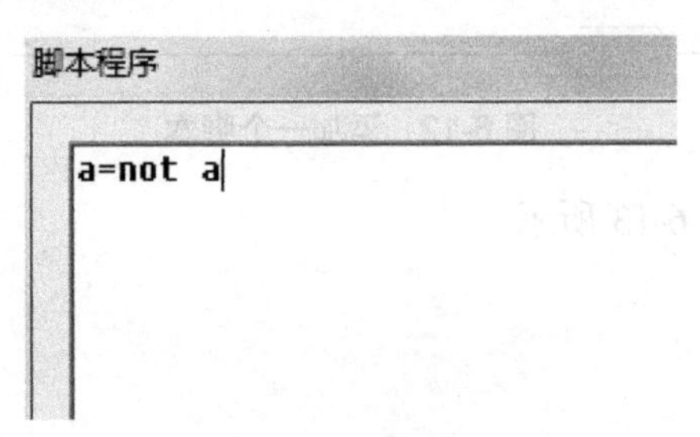

图 6-15　编辑脚本

这样，在电动机运行也就是 b 为 ON 时，变量 a 来回地变换，使两组图符也来回地变换，达到看起来像是电动机扇叶转动的效果。

四、项目分析

（一）工作原理

按下启动按钮后，三台电动机每隔 3s 分别依次启动，按下停止按钮，三台电动机同时停止。同时，利用 MCGS 进行控制，并反馈电动机的旋转情况。

（二）设计思路

设置一个 6s 的定时器，当定时器刚开始得电时，第一台电动机启动；然后用比较指令，当定时器的当前值大于 3s 时，第二台电动机启动；当定时器定时结束，也就是 6s 后，第三台电动机启动，完成三台电动机分时启动。

（三）产品选型

产品选型表见表 6-3。

表 6-3 产品选型表

名称	品牌	型号
PLC	西门子 S7-200	CPU226/AC/DC/RLY
触摸屏	MCGS	TPC7062KS
交流接触器	—	CJX2-09
交流电动机	—	JW6324-180W AC380V

（四）I/O 分配

PLC 控制 I/O 分配表见表 6-4。

表 6-4 PLC 控制 I/O 分配表

PLC 地址	说明	PLC 地址	说明
I0.0	启动按钮	Q0.0	第一台电动机的交流接触器
I0.1	停止按钮	Q0.1	第二台电动机的交流接触器
M1.0	MCGS 中的启动按钮	Q0.2	第三台电动机的交流接触器
M1.1	MCGS 中的停止按钮		

（五）系统接线

系统接线图如图 6-16 所示。

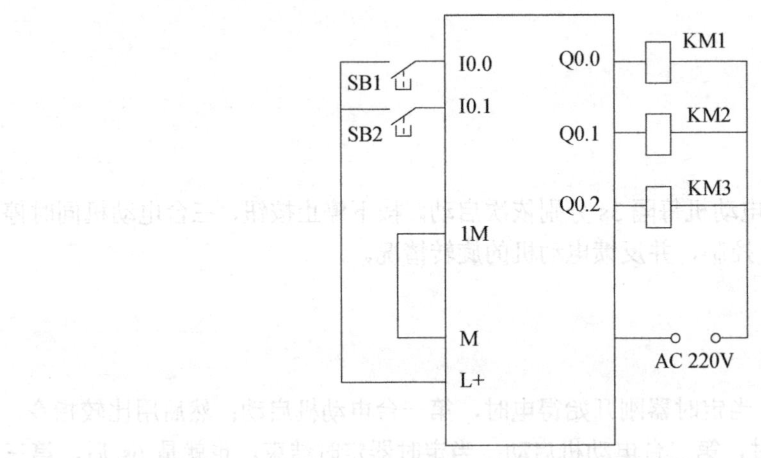

图 6-16　系统接线图

（六）组态软件设计流程

组态软件设计流程图如图 6-17 所示。

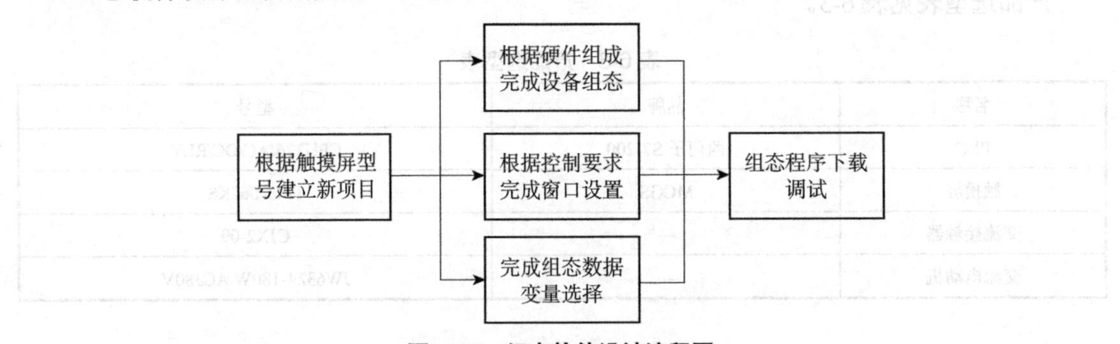

图 6-17　组态软件设计流程图

五、项目实施

（一）编写 PLC 程序

因控制要求中加入了 MCGS 中的启动按钮和停止按钮，因此须对图 6-7 所示程序进行修改，修改后的程序如图 6-18 所示。

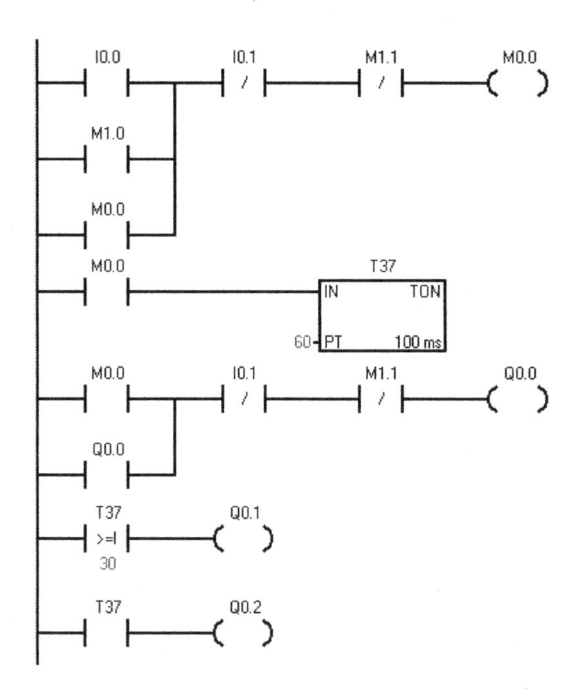

图 6-18　修改后的 PLC 梯形图程序

（二）编写触摸屏程序

1. 创建新项目并命名

创建一个新项目，将工程命名为“多台电动机分时启动”。

2. 完成设备组态

在“工作台”对话框中激活“设备窗口”，双击“设备窗口”图标，出现“设备组态：设备窗口”窗口，右击空白处，在弹出的快捷菜单中选择“设备工具箱”命令，在“设备工具箱”中双击需要的组态设备，如图 6-19 所示。

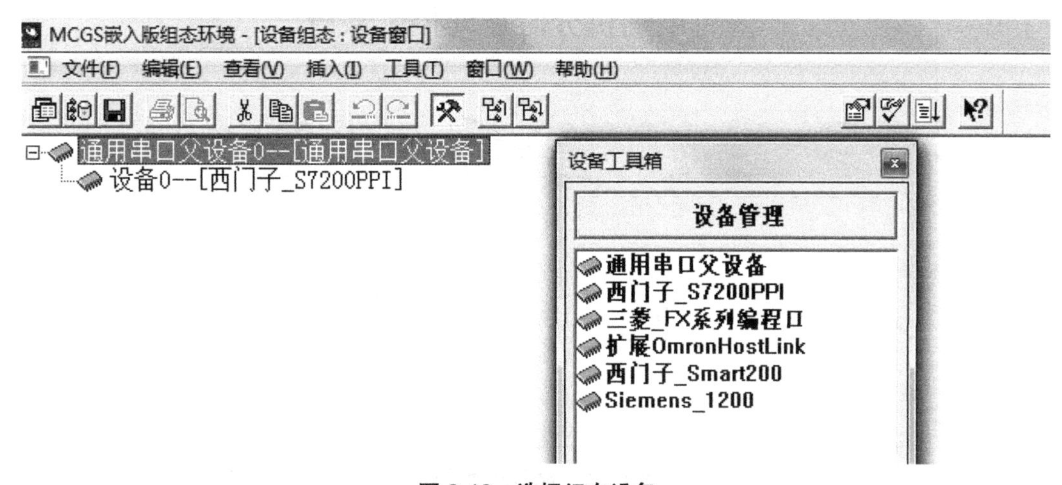

图 6-19　选择组态设备

双击“通用串口父设备”，出现“通用串口设备属性编辑”对话框，打开“基本属性”选项卡，根据实际通信情况设置相关参数，如图 6-20 所示。

设备属性名	设备属性值
设备名称	通用串口父设备0
设备注释	通用串口父设备
初始工作状态	1 - 启动
最小采集周期(ms)	1000
串口端口号(1~255)	3 - COM4
通讯波特率	6 - 9600
数据位位数	1 - 8位
停止位位数	0 - 1位
数据校验方式	2 - 偶校验

图 6-20　设置通用串口设备属性

3. 完成窗口画面设计

在用户窗口中新建一个窗口，命名为“多台电动机分时启动”。双击该新建的窗口，根据控制要求设计窗口画面。其中，选择设备工具箱中的“标签”，完成画面文字设计；选择设备工具箱中的“多边形或折线”，完成电动机叶轮的设计；选择设备工具箱中的“标准按钮”，完成按钮的设计（也可以用其他元件完成设计）。窗口画面设计如图 6-21 所示。

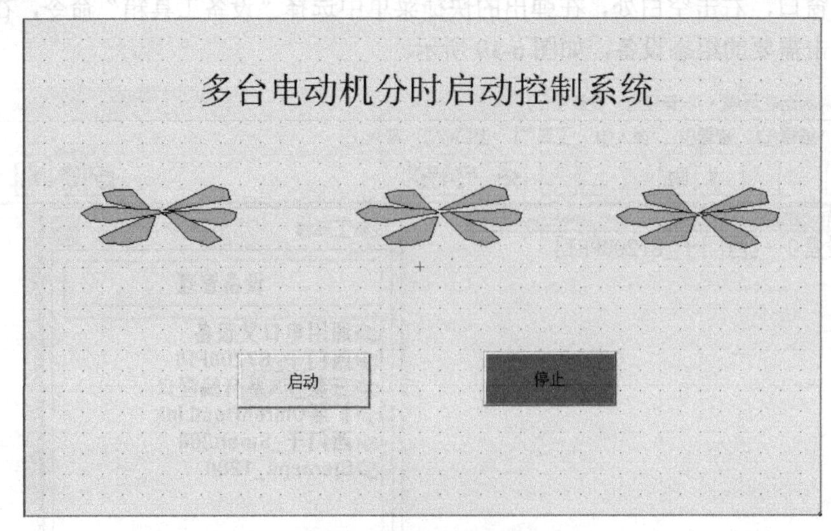

图 6-21　窗口画面设计

4. 完成变量设置

根据控制要求，对 PLC 中的地址与 MCGS 窗口画面中的元件进行变量设置。启动按钮的操作属性设置为“数据对象值操作，按 1 松 0，M1.0”，停止按钮的操作属性设置为“数据对象值操作，按 1 松 0，M1.1”。三个叶轮按照前文所述进行设置，可见度分别对应开关量 a、b、c。

5. 脚本设置

按照前文所述，在循环策略里新增三行策略，其表达式条件分别为 Q0.0、Q0.1、Q0.2，脚本程序分别为“a=not a”“b=not b”“c=not c”。

（三）系统调试

将 PLC 程序和 MCGS 组态程序下载到各自的硬件中，进行通信调试。

1. PLC 程序下载

单击 PLC 工具栏中的“下载”图标，弹出“下载”对话框，单击“下载”按钮后进行程序下载，如图 6-22 所示。如发现通信异常，请单击“选项”按钮，检查“设置 PG/PC 接口”选项卡中的参数设置。

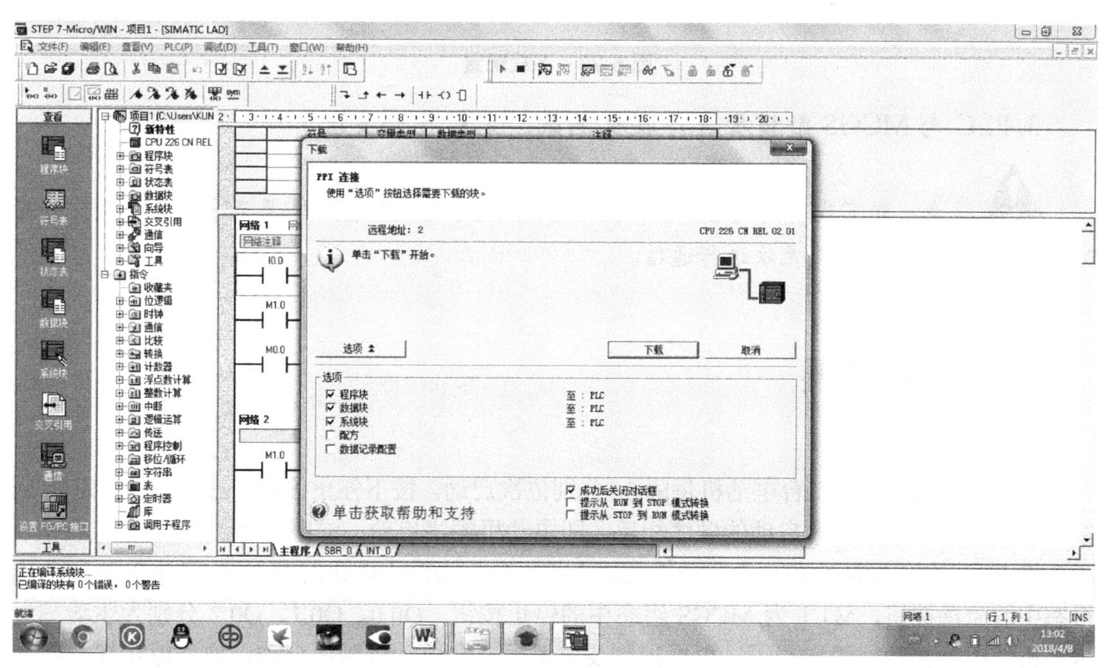

图 6-22 PLC 程序下载

2. MCGS 组态程序下载

单击工具栏中下载工程并进入运行环境图标，进入到“下载配置”对话框，根据 MCGS 触摸屏的实际通信连接选择连接方式，如图 6-23 所示。如果是以太网连接，请注意查找 MCGS 的 IP 地址，修改本地计算机的 IP 地址，否则无法进行通信。

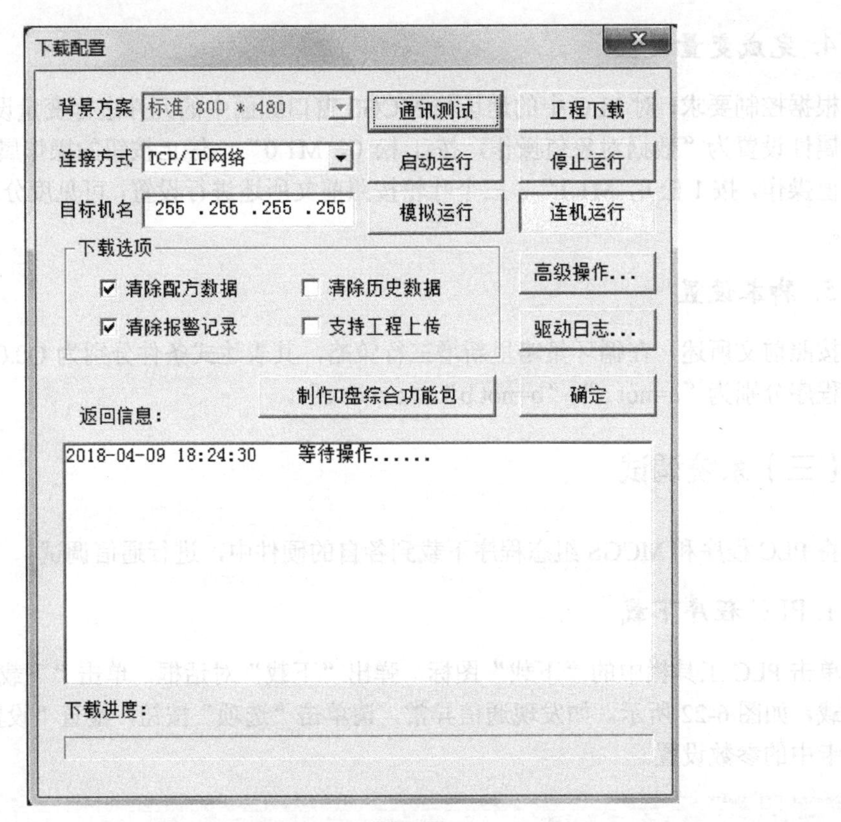

图 6-23 下载配置

3. PLC 与 MCGS **触摸屏进行联机调试，完成控制要求**

注意：在下载和调试过程中，PLC 和 MCGS 的编程窗口不要两个同时打开，若同时打开会造成端口占用，无法进行通信。

六、项目拓展

按下启动按钮后，三台电动机每隔 3s 分别依次启动，按下停止按钮，三台电动机每隔 3s 依次停止，停止的顺序和启动的顺序相反，即电动机顺序启动、逆序停止。

设 PLC 的输入端子 I0.0 为启动按钮输入端，I0.1 为停止按钮的输入端，M1.0 为 MCGS 组态中的启动按钮，M1.1 为 MCGS 组态中的停止按钮，Q0.0、Q0.1、Q0.2 分别为驱动三台电动机的电源接触器输出端子。根据控制要求编写三台电动机顺序启动、逆序停止梯形图程序，如图 6-24 所示。

本任务控制要求的组态设置跟前面项目中的完全一样。组态设置完毕后，将 PLC 程序和 MCGS 组态程序下载到各自的硬件中，进行通信调试。

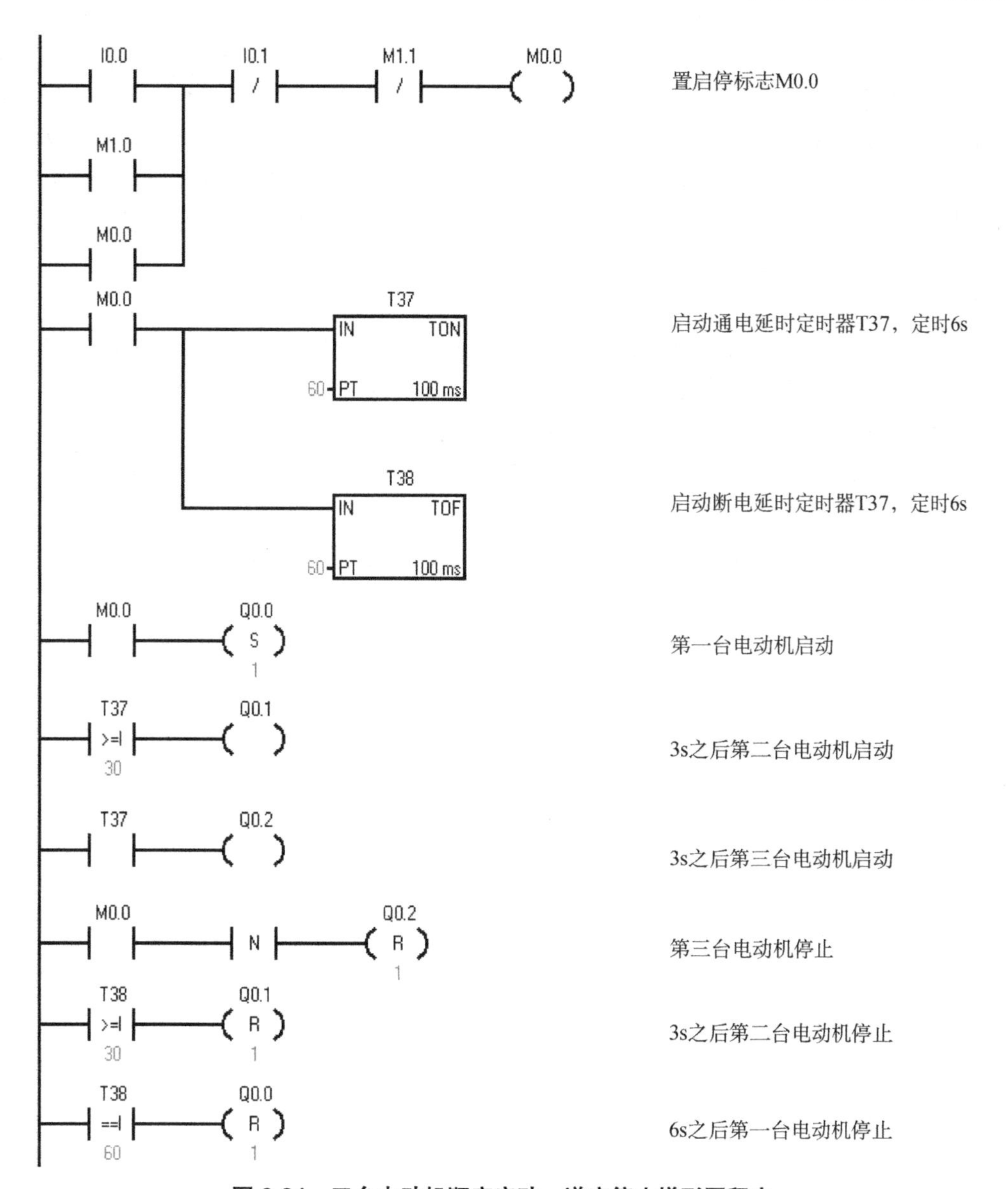

图 6-24　三台电动机顺序启动、逆序停止梯形图程序

思考与练习六

1. 顺序功能图的组成要素有哪些？
2. 顺序功能图有哪几种结构？
3. 设计周期为 5s、占空比为 20%的方波输出信号程序。
4. 使用顺序控制指令，编写出实现红黄蓝 3 种颜色信号灯循环显示程序（要求循环时间间隔为 1s），并在 MCGS 组态上设计控制系统。
5. 完成交通灯程序设置，并设计组态控制系统。

控制要求：交通灯的工作方式分为自动运行方式、急车强通方式和夜间工作方式3种。

（1）自动运行方式时，由系统启停开关控制，启停开关闭合时，首先是南北红灯、东西绿灯亮。东西绿灯亮20s后闪烁3s自动熄灭，同时启动东西黄灯亮。东西黄灯维持2s熄灭，并使东西红灯及南北绿灯亮。与东西绿灯工作方式一样，南北绿灯亮20s闪烁3s熄灭，同时启动南北黄灯，南北黄灯亮2s后，再次转向南北红灯、东西绿灯亮，系统进入下一工作周期，不断周而复始的工作。启停开关断开时，各向指挥灯全部熄灭。

（2）急车强通工作方式在系统启动后使用。急车强通方式时，可分别通过南北、东西强通开关切换南北运行或东西运行。无急车时，系统按自动方式工作。有急车来时，将该方向急车强通开关接通，不管原来信号灯的状态如何，一律强制让急车来车方向的绿灯亮，使急车放行，急车一过，将急车开关断开，信号灯的状态立即转为急车放行方向上的绿灯闪3次，随后按正常时序工作。急车强通信号只能响应一路方向的急车，若两个方向先后来急车，则响应先来一方，随后再响应另一方。

（3）夜间工作方式也在系统启动后使用。工作时，仅为各方向黄灯按0.5s亮、0.5s灭的工作频率闪亮。

项目七　触摸屏、PLC 与变频器的模拟量开环调速

一、项目目标

1. 了解 PLC 的功能指令；
2. 熟悉 PLC 的数据处理方法和能够完成的功能；
3. 掌握模拟量扩展模块的使用方法。

二、项目提出

根据自动控制原理，由变频器、交流电动机和触摸屏以及 PLC 模拟量模块组成开环调速系统。给定电动机的速度可以通过触摸屏的输入显示框来设定，将调节电压送到 PLC 模拟量模块输出端，输出变量由 PLC 模拟量模块电压输出端送到变频器电压调节端，从而带动电机运行。

三、相关知识

（一）S7-200 PLC 传送指令

1. 单一数据传送指令

当使能 EN 端输入有效时，将输入 IN 端所指定的数据传送到输出 OUT 端，在传送过程中不改变数据的大小，用传送指令可以实现赋值操作。单一数据传送指令包括字节传送指令（MOVB）、字传送指令（MOVW）、双字传送指令（MOVD）和实数传送指令（MOVR），其指令的格式及功能见表 7-1。

表 7-1　单一数据传送指令的格式及功能

指令名称	LAD	STL	功能
字节传送指令	MOV_B EN ENO IN OUT	MOVB IN，OUT	传送长度为一个字节的数据
字传送指令	MOV_W EN ENO IN OUT	MOVW IN，OUT	传送长度为一个字的数据
双字传送指令	MOV_DW EN ENO IN OUT	MOVD IN，OUT	传送长度为一个双字的数据
实数传送指令	MOV_R EN ENO IN OUT	MOVR IN，OUT	传送实数数据

【例 7.1】设有 8 盏指示灯，控制要求是：当 I0.0 接通时，全部灯亮；当 I0.1 接通时，奇数灯亮；当 I0.2 接通时，偶数灯亮；当 I0.3 接通时，所有指示灯全部灯灭。用数据传送指令编写梯形图程序，如图 7-1 所示。

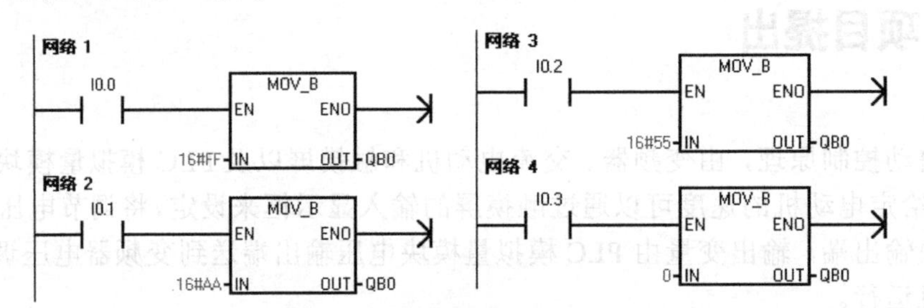

图 7-1　单一数据传送指令的应用

2. 数据块传送指令

数据块传送指令可以完成批量数据的操作，包括字节块传送指令（BMB）、字块传送指令（BMW）和双字块传送指令（BMD），传送指定数量的数据到一个新的存储区，数据的起始地址为 IN，数据长度为 N，新数据块的起始地址为 OUT，N 的取值范围为 1～255。数据块传送指令的格式及功能见表 7-2。

表 7-2　数据块传送指令的格式及功能

指令名称	LAD	STL	功能
字节块传送指令	BLKMOV_B EN ENO IN OUT N	BMB IN，OUT，N	传送 N 个字节数据

续表

指令名称	LAD	STL	功能
字块传送指令	BLKMOV_W EN ENO IN OUT N	BMW IN，OUT，N	传送 N 个字数据
双字块传送指令	BLKMOV_D EN ENO IN OUT N	BMD IN，OUT，N	传送 N 个双字数据

【例 7.2】把 VB20～VB24 单元中 5 个字节的内容传送到 VB200～VB204 单元中，启动信号为 I0.1。梯形图程序如图 7-2 所示。

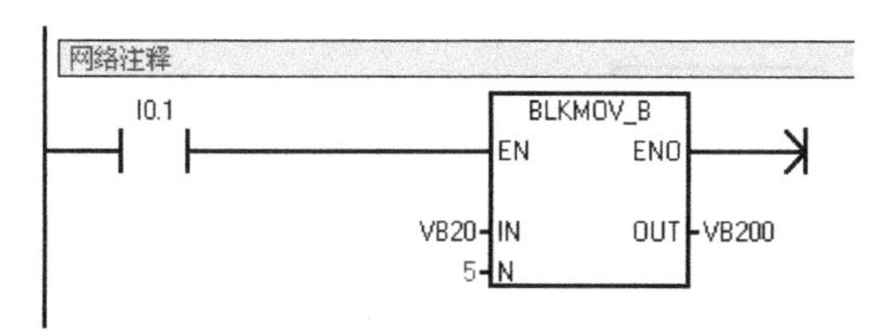

图 7-2　数据块传送指令的应用

整数、双整数、实数之间的转换

（二）S7-200 PLC 数据类型转换指令

PLC 中的主要数据类型包括字节、整数、双整数和实数，主要的码制有 BCD 码、十进制数据、ASCII 码和字符串等。不同性质的指令对操作数的类型要求不同，因此在使用指令之前，需要将操作数转化成相应的类型，数据转换指令就是用来完成这样的任务。在本项目中，要把计数器的当前值经 7 段显示译码指令译码后送到输出端显示，因为计数器当前值的数据类型为整型，7 段显示译码指令输入端的数据类型为字节型，所以必须把计数器的值转换为字节型数据后才能被译码。数据类型转换指令的格式及功能见表 7-3。

表 7-3　数据类型转换指令的格式及功能

指令名称	LAD	STL	功能
BCD 码转换为整数指令	BCD_I EN ENO IN OUT	BCDI IN，OUT	将 IN 端的 BCD 码转换成整数，并将结果送到 OUT 端输出
整数转换为 BCD 码指令	I_BCD EN ENO IN OUT	IBCD IN，OUT	将 IN 端的整数转换成 BCD 码，并将结果送到 OUT 端输出
字节转换为整数指令	B_I EN ENO IN OUT	BTI IN，OUT	将 IN 端的字节值转换为一个字整数，并将结果送到 OUT 端输出

续表

指令名称	LAD	STL	功能
整数转换为字节指令	I_B EN ENO IN OUT	ITB IN，OUT	将IN端的字整数转换为一个字节，并将结果送到OUT端输出
整数转换为双字整数指令	I_DI EN ENO IN OUT	ITD IN，OUT	将IN端的整数转换为一个双字整数，并将结果送到OUT端输出
双字整数转换为整数指令	DI_I EN ENO IN OUT	DTI IN，OUT	将IN端的双字整数转换为一个整数，并将结果送到OUT端输出
双字整数转换为实数指令	DI_R EN ENO IN OUT	DTR IN，OUT	将IN端32位整数转换为32位实数，并将结果送到OUT端输出
实数转换为双字整数指令	ROUND EN ENO IN OUT	ROUND IN，OUT	将IN端32位实数转换为一个双字整数，实数的小数部分四舍五入，并将结果送到OUT端输出
实数转换为双字整数指令	TRUNC EN ENO IN OUT	TRUNC IN，OUT	将IN端32位实数转换为一个双字整数，仅实数的整数部分被转换，小数部分被舍掉，并将结果送到OUT端输出

说明：

①BCD码与整数转换时，要注意数据的范围，因为BCD码的允许范围为0～9999，如果转换后的数据超出允许范围，溢出标志SM0.1将被置为1。

②字节型与字型数据转换时，输入的数据范围为0～255，若超出这个范围，则会造成溢出。

③双字整数转换成整数时，双字整数的数据不能超过16位，否则会产生溢出。

④双字整数与实数转换时，数据的长度没有变化，但是转换规则与前面几种不同。双字整数转换成实数时，数据位数没有变化；实数转换成双字整数时，实数的小数部分分为四舍五入或全部舍去两种情况。

（三）数据运算指令

随着计算机技术的发展，新型PLC具备了越来越强大的数据运算功能，来满足复杂控制对控制器计算能力的要求。数据运算指令包括算术运算指令和逻辑运算指令两大类。

算术运算指令包括加、减、乘、除运算指令及常用函数指令，其数据类型有整型（INT）、双整型（DINT）和实数（REAL）。

1）加法运算指令

当允许输入端EN有效时，加法运算指令执行加法操作，把两个输入端（IN1、IN2）指定的数据相加，将运算结果送到输出端（OUT）指定的存储器单元中。

加法运算指令是对有符号数进行加法运算，可分为整数（ADD_I）、双整数（ADD_DI）、实数（ADD_R）加法运算指令，指令的梯形图和指令表格式如图7-3所示。其操作数的数据类型依次为有符号整数（INT）、有符号双整数（DINT）、实数（REAL）。

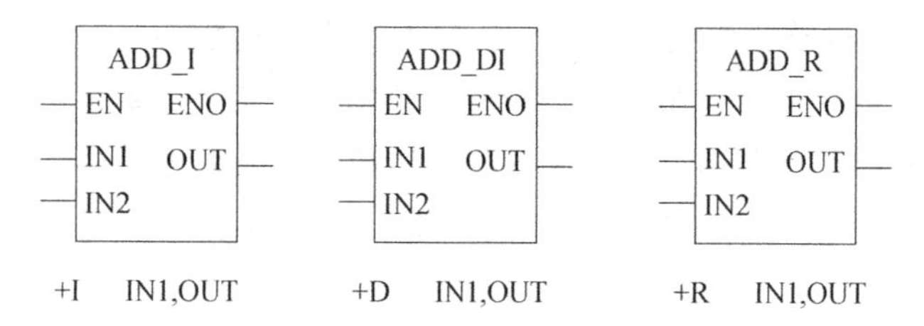

图 7-3　加法运算指令的梯形图和指令表格式

执行加法运算时，使用梯形图编程和指令表编程对存储单元的要求是不相同的。使用梯形图编程时，执行 IN1+IN2=OUT，IN2 和 OUT 指定的存储单元可以相同也可以不相同；使用指令表编程时，执行 IN1+OUT=OUT，IN2 和 OUT 要使用相同的存储单元。

2）减法运算指令

当允许输入端 EN 有效时，减法运算指令执行减法操作，把两个输入端（IN1、IN2）指定的数据相减，将运算结果送到输出端（OUT）指定的存储单元中。

减法运算指令是对有符号数进行减法运算，可分为整数（ADD_I）、双整数（ADD_DI）、实数（ADD_R）减法运算指令，指令的梯形图和指令表格式如图 7-4 所示。其操作数的数据类型依次为有符号整数（INT）、有符号双整数（DINT）、实数（REAL）。

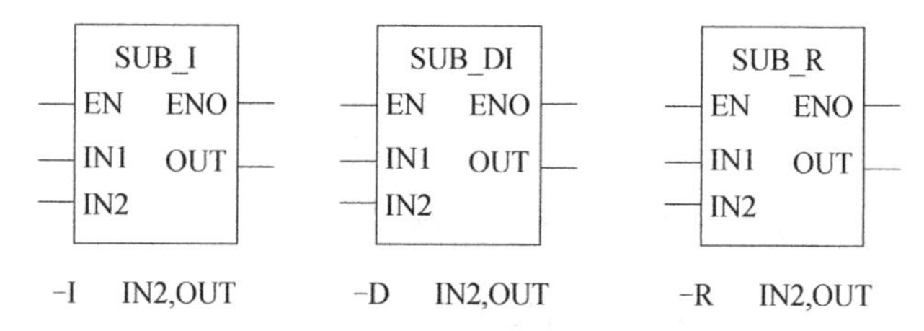

图 7-4　减法运算指令的梯形图和指令表格式

执行减法运算时，使用梯形图编程和指令表编程对存储单元的要求是不相同的。使用梯形图编程时，执行 IN1-IN2=OUT，IN1 和 OUT 指定的存储单元可以相同也可以不相同；使用指令表编程时，执行 OUT-IN2=OUT，IN1 和 OUT 要使用相同的存储单元。

3）乘法运算指令

当允许输入端 EN 有效时，乘法运算指令把两个输入端（IN1，IN2）指定的数相乘，将运算结果送到输出端（OUT）指定的存储单元中。

乘法运算指令是对有符号数进行乘法运算，可分为整数、双整数、实数乘法运算指令和整数完全乘法运算指令，指令的梯形图和指令表格式如图 7-5 所示。

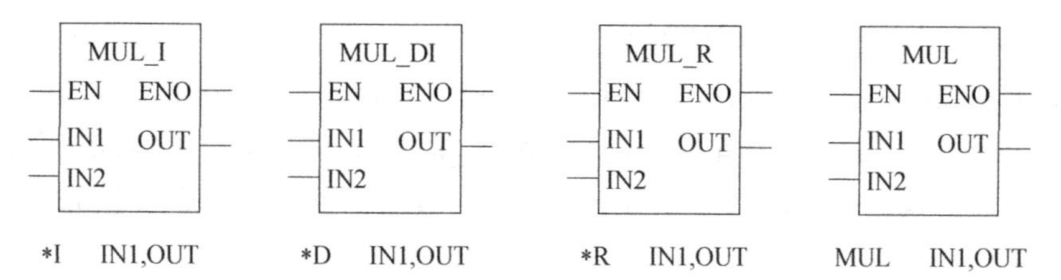

图 7-5　乘法运算指令的梯形图和指令表格式

整数乘法运算指令是将两个单字长符号整数相乘，产生一个16位整数；双整数乘法运算指令是将两个双字长符号整数相乘，产生一个32位整数；实数乘法运算指令是将两个双字长实数相乘，产生一个32位实数；整数完全乘法运算指令是将两个单字长符号整数相乘，产生一个32位整数。执行乘法运算时，使用梯形图编程和指令表编程对存储单元的要求是不相同的。使用梯形图编程时，执行 IN1*IN2 =OUT，IN2 和 OUT 指定的存储单元可以相同也可以不相同；使用指令表编程时，执行 IN1*OUT=OUT，IN2 和 OUT 要使用相同的存储单元（整数完全乘法运算指令的 IN2 与 OUT 的低16位使用相同的地址单元）。

加法、减法、乘法运算指令对特殊存储器位的影响：SM1.0（零）、SM1.1（溢出）、SM1.2（负）。

4）除法运算指令

当允许输入端 EN 有效时，除法运算指令把两个输入端（IN1，IN2）指定的数相除，将运算结果送到输出端（OUT）指定的存储单元中。

除法运算指令是对有符号数进行除法运算，可分为整数、双整数、实数除法运算指令和整数完全除法运算指令，指令的梯形图和指令表格式如图7-6所示。

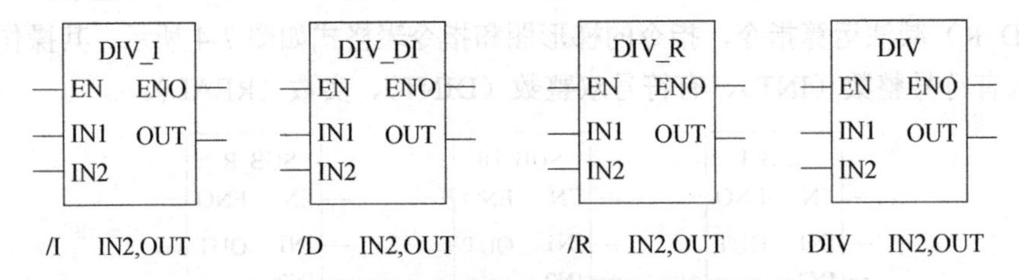

图7-6 除法运算指令的梯形图和指令表格式

整数除法运算指令是将两个单字长符号整数相除，产生一个16位商，不保留余数；双整数除法运算指令是将两个双字长符号整数相除，产生一个32位商，不保留余数；实数除法运算指令是将两个双字长实数相除，产生一个32位位商，不保留余数；整数完全除法运算指令是将两个单字长符号整数相除，产生一个32位的结果，其中高16位是余数，低16位是商。

执行除法运算时，使用梯形图编程和指令表编程对存储单元的要求是不相同的。使用梯形图编程时，执行 IN1/IN2 =OUT，IN1 和 OUT 指定的存储单元可以相同也可以不相同；使用指令表编程时，执行 OUT/IN2=OUT，IN1 和 OUT 要使用相同的存储单元（整数完全除法指令运算指令的 IN1 与 OUT 的低16位使用相同的地址单元）。

除法运算指令对特殊存储器位的影响：SM1.0（零）、SM1.1（溢出）、SM1.2（负）、SM1.3（除数为0）。算术运算指令编程举例如图7-7所示。

图7-7所示程序中，实数除法运算指令中 IN1（VD400）与 OUT（VD500）不是同一地址单元。在指令表编程时，首先要使用 MOV_R 指令将 IN1（VD400）传送到 OUT（VD500），然后再执行除法运算。事实上，加法、减法、乘法等运算指令如果遇到上述情况，也应做类似的处理。

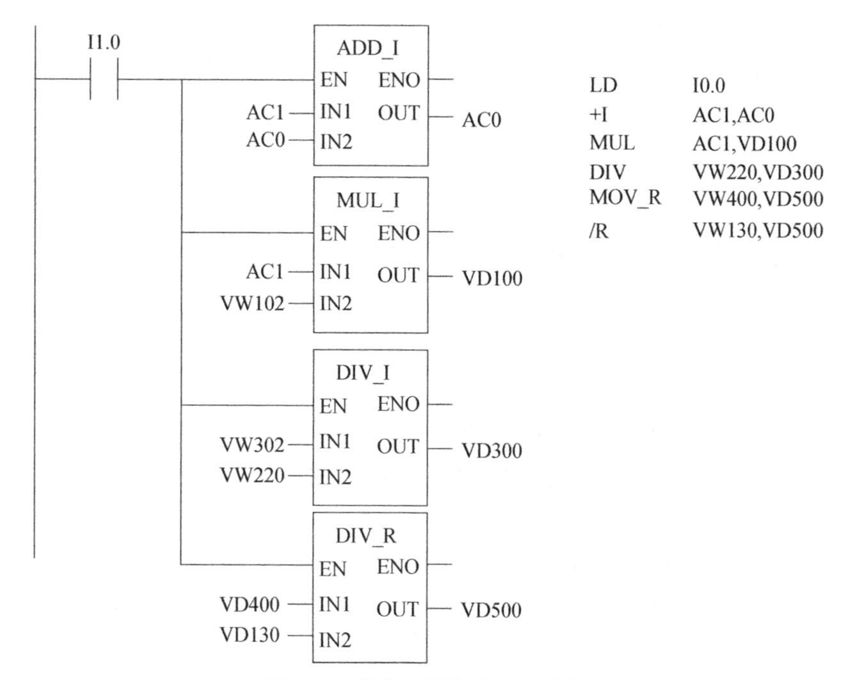

图 7-7　算术运算指令编程举例

5）加 1 和减 1 指令

加 1 和减 1 指令用于自增、自减操作，当允许输入端 EN 有效时，把输入端（IN）指定的数加 1 或减 1，将运算结果送到输出端（OUT）指定的存储单元中。

加 1 和减 1 指令操作数的类型可以是字节（无符号数）、字或双字（有符号数），所以指令可以分为字节、字、双字加 1 或减 1 指令，指令的梯形图和指令表格式如图 7-8 所示。

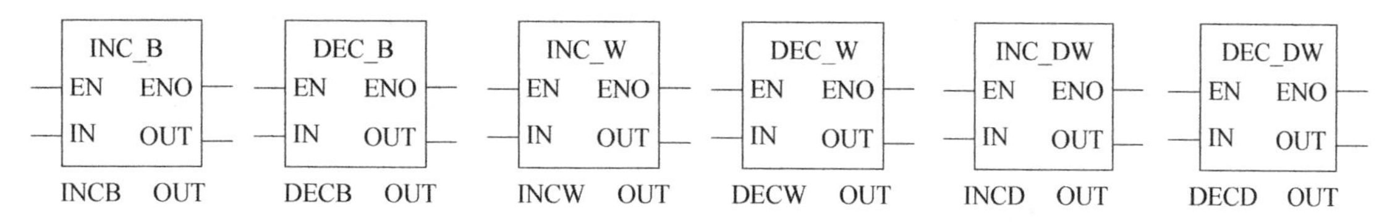

图 7-8　加 1 和减 1 指令的梯形图和指令表格式

执行加 1（减 1）指令时，使用梯形图编程和指令表编程对存储单元的要求是不相同的。使用梯形图编程时，执行 IN+1=OUT（IN−1=OUT），IN 和 OUT 指定的存储单元可以相同也可以不相同；使用指令表编程时，执行 out+1=OUT（out−1=OUT），IN 和 OUT 要使用相同的存储单元。

字节加 1 和减 1 指令对特殊存储器位的影响：SM1.0（零）、SM1.1（溢出）；字、双字加 1 和减 1 指令对特殊存储器位的影响：SM1.0（零）、SM1.1（溢出）、SM1.2（负）。

6）数学功能指令

数学功能指令包括平方根、自然对数、自然指数、三角函数等常用的函数指令，除平方根函数指令外，其他数学函数指令需要由 CPU2241.0 以上版本支持。数学功能指令的操作数均为实数（REAL）。数学功能指令的梯形图和指令表格式如图 7-9 所示。

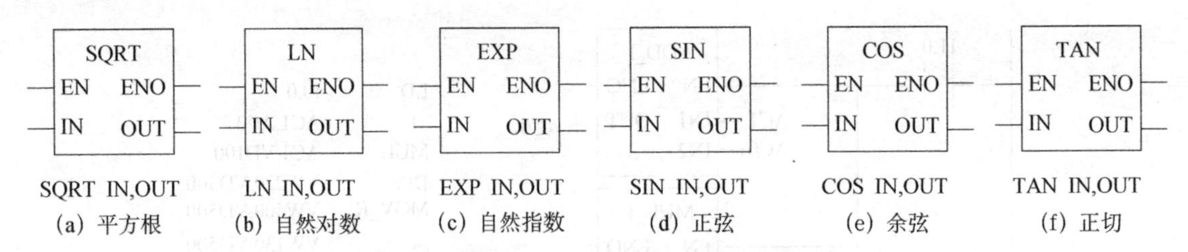

(a) 平方根　(b) 自然对数　(c) 自然指数　(d) 正弦　(e) 余弦　(f) 正切

图 7-9　数学功能指令的梯形图和指令表格式

（1）平方根（Square Root）函数指令

平方根函数指令（SQRT），把输入端（IN）的 32 位实数开方，得到 32 位实数结果，并把结果存放到 OUT 指定的存储单元中。

（2）自然对数（Natural Logarthm）函数指令

自然对数函数指令（LN），把输入端（IN）的 32 位实数取自然对数，得到 32 位实数结果，并把结果存放到 OUT 指定的存储单元中。

（3）自然指数（Natural Exponential）函数指令

自然指数函数指令（EXP），把输入端（IN）的 32 位实数取以 e 为底的指数，得到 32 位实数结果，并把结果存放到 OUT 指定的存储单元中。

（4）正弦、余弦、正切函数指令

正弦、余弦、正切函数指令，对输入端（IN）指定的 32 位实数的弧度值取正弦、余弦、正切，得到 32 位实数结果，并把结果存放到 OUT 指定的存储单元中。

数学功能指令对特殊存储器位的影响：SM1.0（零）、SM1.1（溢出）、SM1.2（负）。

（四）逻辑运算指令

逻辑运算是对无符号数进行逻辑处理，按运算性质的不同，包括逻辑“与”指令、逻辑“或”指令、逻辑“非”指令、逻辑“异或”指令。其操作数均可以是字节、字和双字，且均为无符号数。

1. 逻辑“与”指令

逻辑“与”指令是指当允许输入端 EN 有效时，对两个输入端（IN1，IN2）的数据按位“与”，产生一个逻辑运算结果，并把结果存入 OUT 指定的存储单元中。逻辑“与”指令按操作数的数据类型可分为字节（B）“与”、字（W）“与”、双字（DW）“与”指令，指令的梯形图和指令表格式如图 7-10 所示。

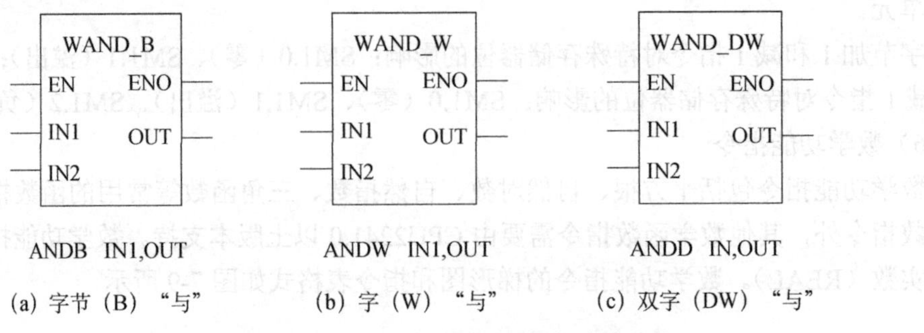

(a) 字节（B）“与”　(b) 字（W）“与”　(c) 双字（DW）“与”

图 7-10　逻辑“与”指令的梯形图和指令表格式

2. 逻辑“或”指令

逻辑“或”指令是指当允许输入端 EN 有效时，对两个输入端（IN1，IN2）的数据按位“或”，产生一个逻辑运算结果，并把结果存入 OUT 指定的存储单元中。逻辑“或”指令按操作数的数据类型可分为字节（B）“或”、字（W）“或”、双字（DW）“或”指令，指令的梯形图和指令表格式如图 7-11 所示。

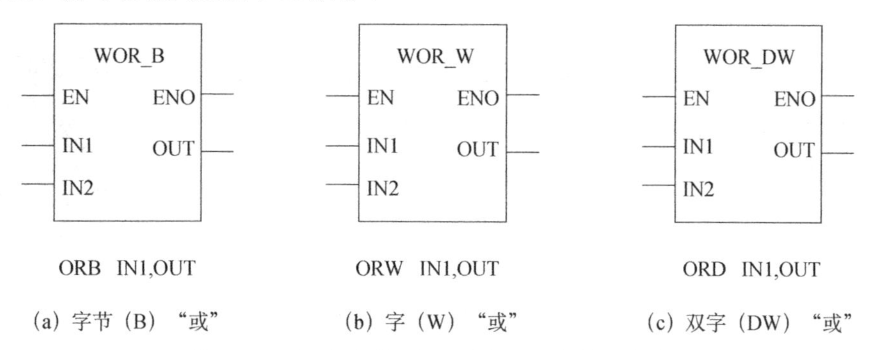

(a) 字节（B）“或”　(b) 字（W）“或”　(c) 双字（DW）“或”

图 7-11　逻辑“或”指令的梯形图和指令表格式

3. 逻辑“异或”指令

逻辑“异或”指令是指当允许输入端 EN 有效时，对两个输入端（IN1，IN2）的数据按位“异或”，产生一个逻辑运算结果，并把结果存入 OUT 指定的存储单元中。逻辑“异或”指令按操作数的数据类型可分为字节（B）“异或”、字（W）“异或”、双字（DW）“异或”指令，指令的梯形图和指令表格式如图 7-12 所示。

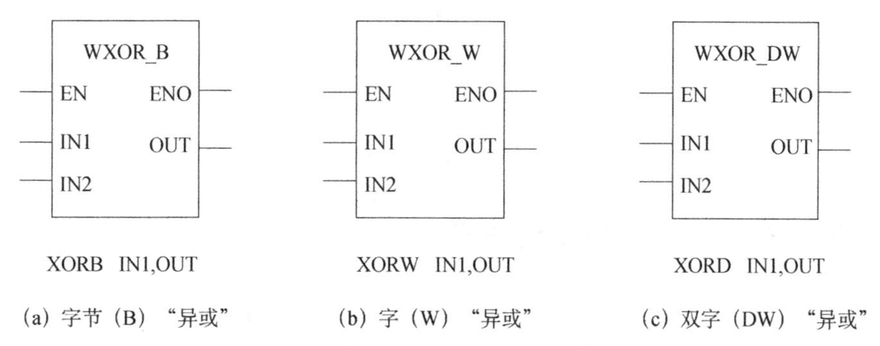

(a) 字节（B）“异或”　(b) 字（W）“异或”　(c) 双字（DW）“异或”

图 7-12　逻辑“异或”指令的梯形图和指令表格式

4. 逻辑“取反”指令

逻辑“取反”指令是指当允许输入端 EN 有效时，对输入端（IN）的数据按位“取反”，产生一个逻辑运算结果，并把结果存入 OUT 指定的存储单元中。逻辑“取反”指令按操作数的数据类型可分为字节（B）“取反”、字（W）“取反”、双字（DW）“取反”指令，指令的梯形图和指令表格式如图 7-13 所示。

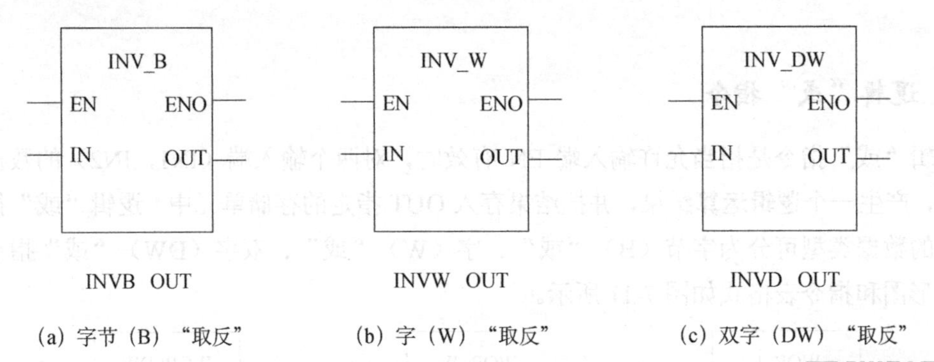

(a) 字节（B）“取反”　(b) 字（W）“取反”　(c) 双字（DW）“取反”

图 7-13　逻辑“异或”指令的梯形图和指令表格式

逻辑运算指令应用举例

逻辑运算指令对特殊存储器位的影响：SM1.0（零）。

逻辑运算指令编程举例如图 7-14 所示。

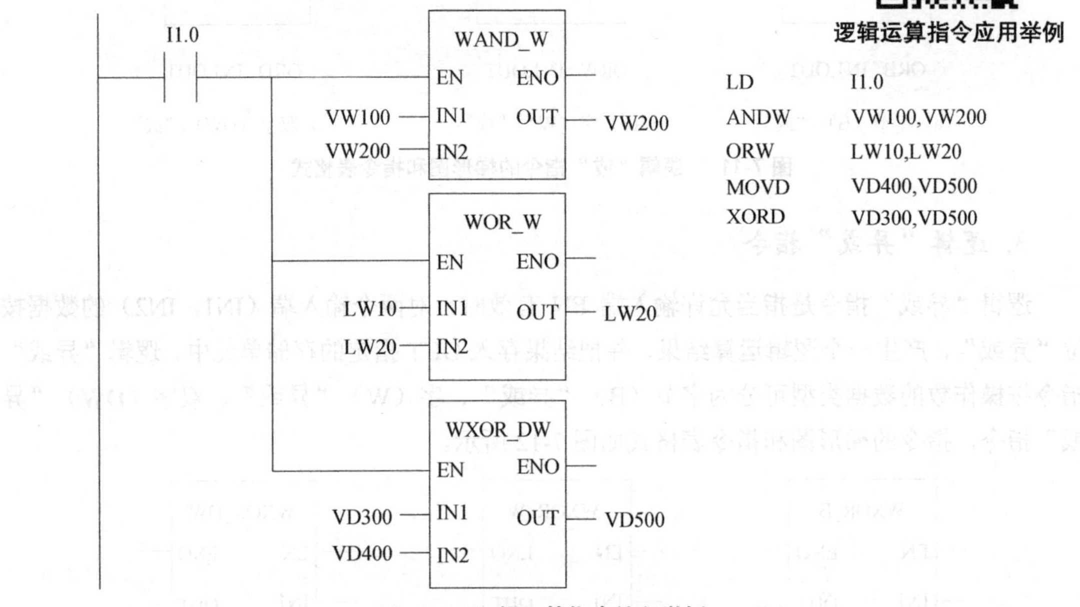

图 7-14　逻辑运算指令编程举例

（五）S7-200 PLC 模拟量模块简介

在工业控制中，某些输入量（如压力、温度、流量、转速等）是模拟量，某些执行机构（如电动调节阀、变频器等）要求 PLC 输出模拟信号。本项目通过设计过程控制系统，掌握模拟量输入/输出模块接线图及模块设置、模拟量输入/输出模块的寻址、模拟量与数字量的转换。

（1）EM235 模拟量输入/输出模块的接线

EM235 是最常用的模拟量输入/输出模块，它用来实现 4 路模拟量输入和 1 路模拟量输出功能。图 7-15 所示为 EM235 模拟量输入/输出模块的接线，对于电压信号，按正、负极直接接入 X+和 X−端；对于电流信号，将 RX 和 X+短接后接入电流输入信号的“+”端；未连接传感器的通道要将 X+和 X−短接。说明：X+、X−、RX 分别对应 EM235 模拟输入/输出模块中的 A、B、C、D，由工程人员根据需要自行选择。

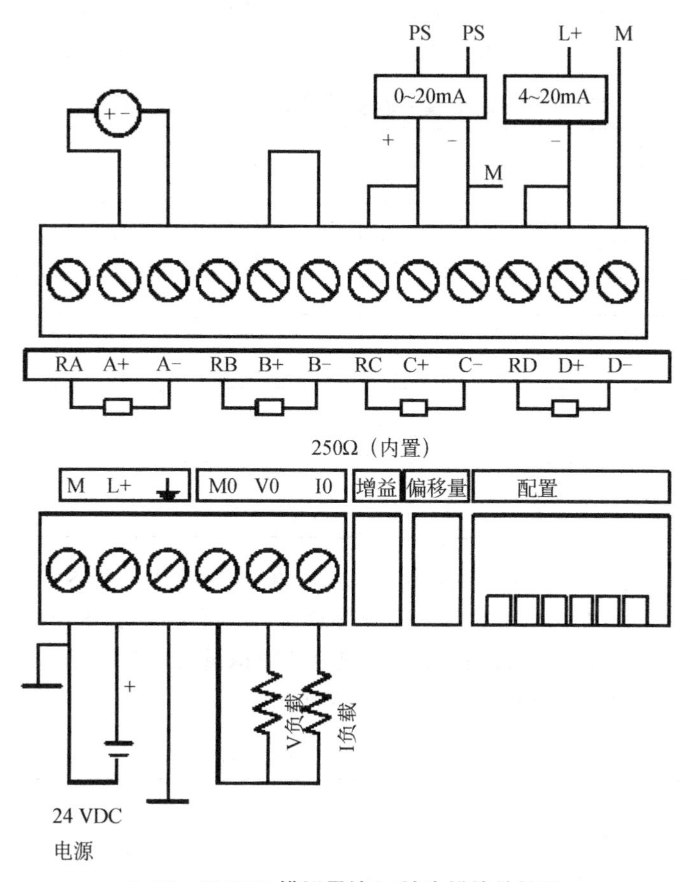

7-15　EM235 模拟量输入/输出模块的接线

对于某一模块，只能将输入端同时设置为一种量程和格式，即相同的输入量程和分辨率（后面将详细介绍）。EM235 模拟量输入/输出模块的常用技术参数见表 7-4。

表 7-4　EM235 模拟量输入/输出模块的常用技术参数表

模拟量输入特性	
模拟量输入点数	4
输入范围	电压（单极性）0～10V、0～5V、0～1V、0～500mV、0～100mV、0～50mV
	电压（双极性）±10V、±5V、±2.5V、±1V、±500mV、±250mV、±100mV、±50mV、±25mV
	电流 0～20mA
数据字格式	双极性：全量程范围-32000～+32000 单极性：全量程范围 0～32000
分辨率	12 位 A/D 转换器
模拟量输出特性	
模拟量输出点数	1
信号范围	电压输出±10V、电流输出 0～20mA
数据字格式	电压-32000～+32000、电流 0～32000
分辨率电流	电压 12 位、电流 11 位

（2）EM235 模拟量输入/输出模块的 DIP 设置

模拟量输入模块有多种量程，可以通过模块上的 DIP 开关来设置所使用的量程，CPU 只在电源接通时读取开关设置。表 7-5 所列为 EM235 模拟量输入/输出模块 DIP 开关设置。

表 7-5　EM235 模拟量输入/输出模块 DIP 开关设置

DIP 开关						单/双极性选择	增益选择	衰减选择
SW1	SW2	SW3	SW4	SW5	SW6			
					ON	单极性		
					OFF	双极性		
			OFF	OFF			×1	
			OFF	ON			×10	
			ON	OFF			×100	
			ON	ON			无效	
ON	OFF	OFF						0.8
OFF	ON	OFF						0.4
OFF	OFF	ON						0.2

由表 7-5 可知，DIP 开关 SW6 决定模拟量输入的单/双极性，当 SW6 为 ON 时，模拟量输入为单极性输入；当 SW6 为 OFF 时，模拟量输入为双极性输入。SW4 和 SW5 决定输入模拟量的增益选择，而 SW1、SW2、SW3 共同决定了模拟量的衰减选择。对表 7-5 中 6 个 DIP 开关的功能进行排列组合，所有的输入设置见表 7-6。

表 7-6　EM235 输入设置

单极性						满量程输入	分辨率
SW1	SW2	SW3	SW4	SW5	SW6		
ON	OFF	OFF	ON	OFF	ON	0～50mV	12.5μV
OFF	ON	OFF	ON	OFF	ON	0～100mV	25μV
ON	OFF	OFF	OFF	ON	ON	0～500mV	125μV
OFF	ON	OFF	OFF	ON	ON	0～1V	250μV
ON	OFF	OFF	OFF	OFF	ON	0～5V	1.25mV
ON	OFF	OFF	OFF	OFF	ON	0～20mA	5μA
OFF	ON	OFF	OFF	OFF	ON	0～10V	2.5mV
双极性						满量程输入	分辨率
SW1	SW2	SW3	SW4	SW5	SW6		
ON	OFF	OFF	ON	OFF	OFF	±25mV	12.5μV
OFF	ON	OFF	ON	OFF	OFF	±50mV	25μV
OFF	OFF	ON	ON	OFF	OFF	±100mV	50μV
ON	OFF	OFF	OFF	ON	OFF	±250mV	125μV
OFF	ON	OFF	OFF	ON	OFF	±500mV	250μV
OFF	OFF	ON	OFF	ON	OFF	±1V	500μV
ON	OFF	OFF	OFF	OFF	OFF	±2.5V	1.25mV
OFF	ON	OFF	OFF	OFF	OFF	±5V	2.5mV
OFF	OFF	ON	OFF	OFF	OFF	±10V	5mV

6个DIP开关决定了所有的输入设置，也就是说开关的设置应用于整个模块。开关设置只有在重新上电后才能生效。

（3）EM235模块输入校准

模拟量输入模块使用前应进行输入校准。其实出厂前已经进行了输入校准，如果OFFSET和GAIN电位器被重新调整，需要重新进行输入校准，其步骤如下：

①切断模块电源，选择需要的输入范围。

②接通CPU和模块电源，使模块稳定15min。

③用一个变送器、一个电压源或一个电流源，将零值信号加到一个输入端。

④读取适当的输入通道在CPU中的测量值。

⑤调节OFFSET（偏置）电位计，直到读数为零或为所需要的数据值。

⑥将一个满刻度值信号接到输入端子中的一个，读出送到CPU的值。

⑦调节GAIN（增益）电位计，直到读数为32000或所为所需要的数据值。

⑧必要时，重复偏置和增益校准过程。

（4）模拟量输入数据字格式

模拟量输入数据字格式如图7-16所示。

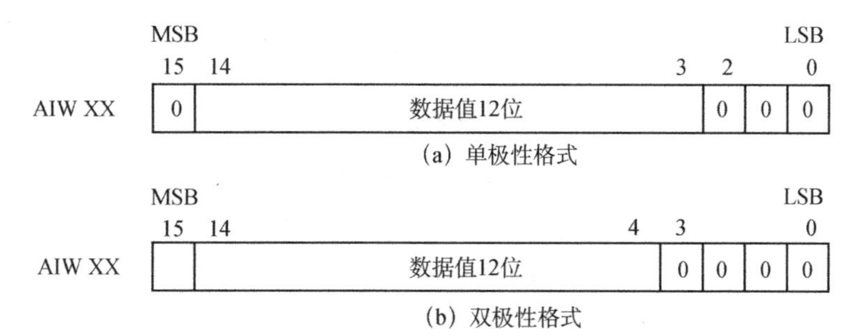

图7-16 模拟量输入数据字格式

由图7-16可知，模拟量输入到数字量转换器（A/D）的12位读数是左对齐的。最高有效位是符号位，0表示正值。在单极性格式中，3个连续的0使得模拟量输入到数字量转换器每变化1个单位，数据字以8个单位变化。在双极性格式中，4个连续的0使得模拟量输入到数字量转换器每变化1个单位，数据字以16为单位变化。

在读取模拟量时，利用数据传送指令MOVW可以从指定的模拟量输入通道将其读取到内存中，然后根据极性，利用移位指令或整数除法指令将其格式化，以便于处理数据值部分。

（5）模拟量输出数据字格式

模拟量输出数据字格式如图7-17所示。

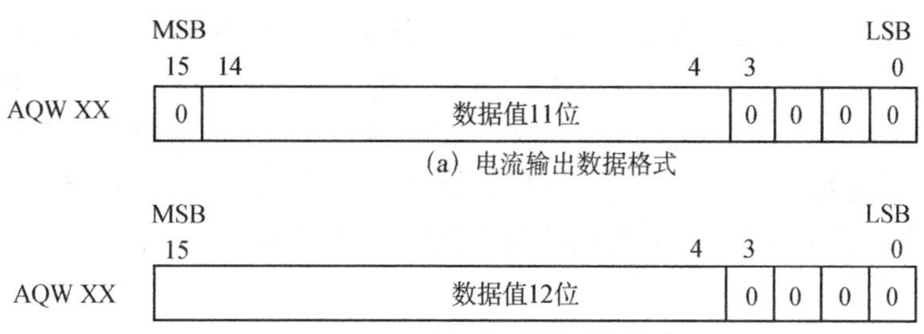

图7-17 模拟量输出数据字格式

数字量输入到模拟量转换器（D/A）的 12 位读数在其输出格式中是左对齐的，最高有效位是符号位，0 表示正值。

在输出模拟量时，首先根据电流输出方式或电压输出方式，利用移位指令或整数乘法运算指令对数据值部分进行处理，然后利用数据传送指令 MOVW，将其从指定的模拟量通过输出通道输出。

（6）模拟量处理

设模拟量的标准电信号是 A0～Am（如 4～20mA），A/D 转换后的数值为 D0～Dm（如 6400～32000）；设模拟量的标准电信号是 A，A/D 转换后的相应数值为 D。如图 7-18 所示，由于模拟量与数字量之间是线性关系，函数关系 A＝f(D)可以表示为：

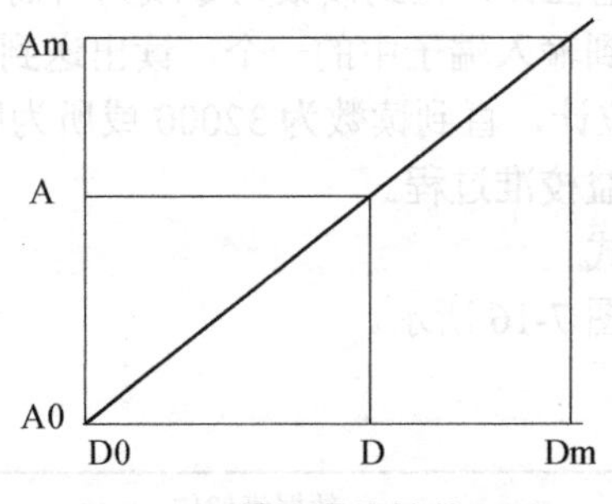

图 7-18　模拟量线性关系图

$$A=(D-D0)\times(Am-A0)/(Dm-D0)+A0$$

根据该表达式，可以方便地根据 D 值计算出 A 值，还可以得出函数关系 $D=f^{-1}(A)$为

$$D=(A-A0)\times(Dm-D0)/(Am-A0)+D0$$

具体举一个实例，以 S7-200 系列 PLC 和标准电信号为 4～20mA 为例，经 A/D 转换后，得到的数值是 6400～32000，即 A0＝4，Am＝20，D0＝6400，Dm＝32000，代入公式，得出

$$A=(D-6400)\times(20-4)/(32000-6400)+4$$

假设该模拟量与 AIW0 对应，则当 AIW0 的值为 12800 时，相应的模拟电信号是 6400×16/25600+4＝8mA。

【例 7.3】某温度传感器，−10～60℃与 4～20mA 相对应，以 T 表示温度值，AIW0 为 PLC 模拟量采样值，则根据上式直接代入得出

$$T=70\times(AIW0-6400)/25600-10$$

（7）模拟量输入模块 EM231

对模拟量输入模块 EM231，可选择的输入信号类型有电压型、电流型、电阻型、热电阻型、热电偶型。模拟量输入模块 EM231 外部接线图如图 7-19 所示，有 4 路输入，每 3 个接线端子一路，电压输入时接 2 个端子（A+、A−），电流输入时接 3 个端子（RC、C+、C−），RC 与 C+端子短接，未用的输入通道应短接，需要 24V 直流工作电源，连接模块的 M 和 L+。DIP 开关的 3 种状态组合用来设置输入信号的量程，如图 7-20 所示。增益电位器 GAIN 用于调整增益，使输入信号为满量程时对应的数字量信号为 32000。

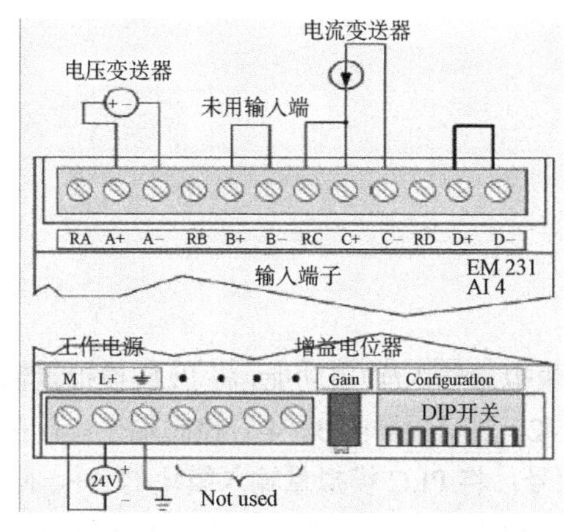

图 7-19 模拟量输入模块 EM231 外部接线图

EM231 模块上DIP开关的设置

单极性模拟量			满量程输入	分辨率
SW1	SW2	SW3		
ON	OFF	ON	0~10V	2.5mV
	ON	OFF	0~5V	1.25mV
			0~20mA	5μA
双极性模拟量			满量程输入	分辨率
SW1	SW2	SW3		
OFF	OFF	ON	±5V	2.5mV
	ON	OFF	±2.5V	1.25mV

图 7-20 EM231 模拟量输入模块 DIP 开关状态组合图

注意：每个模拟量输入模块上的所有输入信号必须一致，即必须都是电流信号或相同等级的电压信号。

【例 7.4】从模拟量输入通道 AIW2 读取 0～10V 的模拟量，并将其存入 VW100 中。在 EM231 模块的 DIP 开关中，SW1、SW2、SW3 分别设置为 ON、OFF、ON，设定的量程为单极性 0～10V，输入数据范围为 0～32000，其数据字格式参见前文所述。利用实验板上的电位器可以输入 0～10V 电压，可以用“状态图”方式观察 VW100 中数据的变化。实现上述要求的程序如图 7-21 所示。

【例 7.5】从模拟量输出通道 AQW0 输出 10V 电压，控制恒温箱加热板。采用 EM232 模块，其输出电压范围为−10～10V，数据范围为−32000～32000，相应的数据值为−2000～2000。实现上述要求的程序如图 7-22 所示。

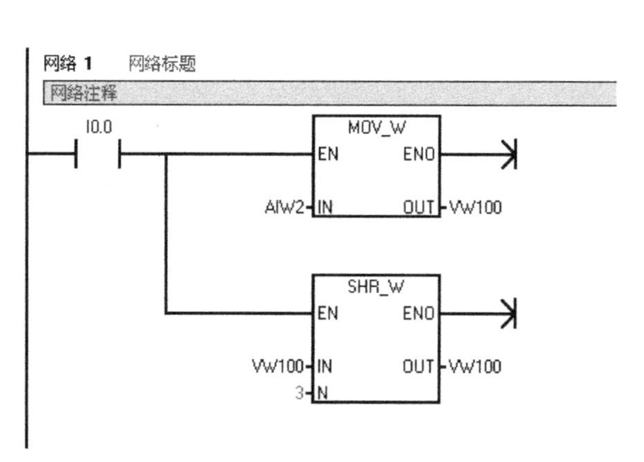

图 7-21 EM231 模拟量输入模块应用程序

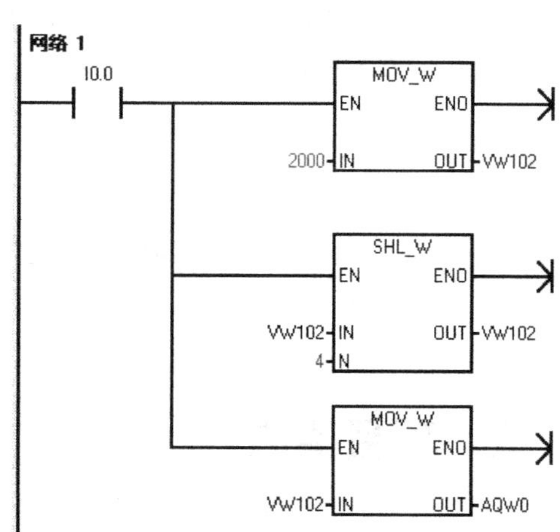

图 7-22 EM232 模拟量输出模块应用程序

四、项目分析

（一）工作原理

西门子 S7-200 系列 CPU224XP 型 PLC 集成了模拟量输入/输出功能，将 PLC 模拟量输出模块的 V、M（电压输出）两端分别与 MicroMaster420 型变频器的 3、4 号控制端子（模拟输入源）相连，即可使 PLC 向变频器输出模拟电压信号；将 PLC 模拟量输入模块的 A+、M 两端分别与变频器的 12 和 13 号控制端子（模拟输出）相连，即可使 PLC 取得变频器运行时输出的模拟电流信号，该信号的大小与变频器的输出频率相对应。将 PLC 的 Q0.4、Q0.5、2L 端分别与变频器的 5、6、8 号控制端子相连，当 PLC 的输出端 Q0.4 动作时，即可对变频器发出启动/停止命令；当 PLC 的输出端 Q0.5 动作时，即对变频器发出反转控制命令。由于使用了触摸屏，因此无须在 PLC 输入端上接入按钮、开关等主令元件。

（二）设计思路

本系统采用触摸屏控制，由触摸屏输入电动机的初始运行频率，初始运行频率必须介于 0～50Hz 之间，若初始频率不符合要求则在触摸屏上显示报警信息并且系统不能启动。

在触摸屏上设置系统启动开关、反转切换开关、加速按钮和减速按扭。启动开关闭合时，变频器以初始频率运行，加速按钮每动作一次则运行频率增加 5Hz，减速按钮每动作一次则运行频率减少 10Hz。系统加速时运行频率不得超过 50Hz，系统减速时运行频率不得低于 5Hz。反转切换开关时，电动机反向旋转。启动开关断开后，在系统运行过程中电动机停转，在触摸屏上能实时显示变频器的当前运行频率。

（三）产品选型

西门子 S7-200 系列 CPU224XP 型 PLC、西门子 MicroMastcr420 型变频器、MCGS7062K 型触摸屏。

五、项目实施

（一）参数设置

①恢复变频器工厂默认值。设定 P0010=30 和 P0970=1，按下 P 键，开始复位，复位过程大约需要几秒钟，这样就保证了变频器的参数恢复到工厂默认值。

②设置模拟量操作主要参数（电动机参数可根据实际情况设定），见表 7-7。

表 7-7　模拟信号操作主要参数

参数号	出厂值	设定值	说明
P0003	1	1	设置用户访问级为标准级
P0004	0	7	命令和数字 I/O
P0700	2	2	命令源选择由端子排输入
P0003	1	2	设置用户访问级为扩展级
P0004	0	7	命令和数字 I/O
P0701	1	1	ON 接通正转，OFF 停止
P0702	1	2	ON 接通反转，OFF 停止
P0003	1	1	设置用户访问级为标准级
P0004	0	10	设定值通道和斜坡函数发生器
P1000	2	2	频率设定值选择为模拟量输入
P1080	0	0	电动机运行的最低频率（Hz）
P1082	50	50	电动机运行的最高频率（Hz）

（二）触摸屏人机界面的设计

①按照上述控制要求，设计触摸屏人机界面，该人机界面中主要元件的设置如下：
设定频率　VD0，数值显示元件，单精度浮点数格式，小数点一位；
启动开关　M10.0，切换开关；
停止开关　M10.1，切换开关；
反转开关　M10.2，切换开关，设置为取反按钮；
加速按钮　M10.3，复归型开关；
减速按钮　M10.4，复归型开关。
②触摸屏画面设置如图 7-23 所示。

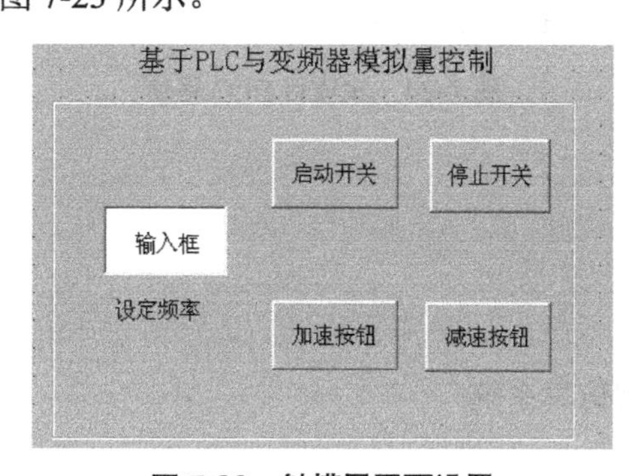

图 7-23　触摸屏画面设置

（三）控制程序的设计方法

1. 运行频率的输入

由触摸屏向 PLC 的 VD0 单元输入初始运行频率，最大数值为 50，而由于触摸屏数值输入元件有一位小数点，因此 VD0 的真实数值将为 50.0。西门子 CPU224XP 型 PLC 的模拟量输出规范中满量程数值位为 32000，所以需要将 VD0 中的数值扩大 64 倍后才能对应模拟量的输出大小。

2. 系统的启动与反转

在触摸屏上启动开关对应的地址为 M10.0，则开关接通时使 Q0.4 动作，变频器输出正向运行频率。触摸屏上反转开关对应的地址为 M10.2，该开关动作时能使 Q0.5 动作，变频器输出频率变为反向。

3. PLC 的程序设置及系统调试

本项目 PLC 程序如图 7-24 所示。

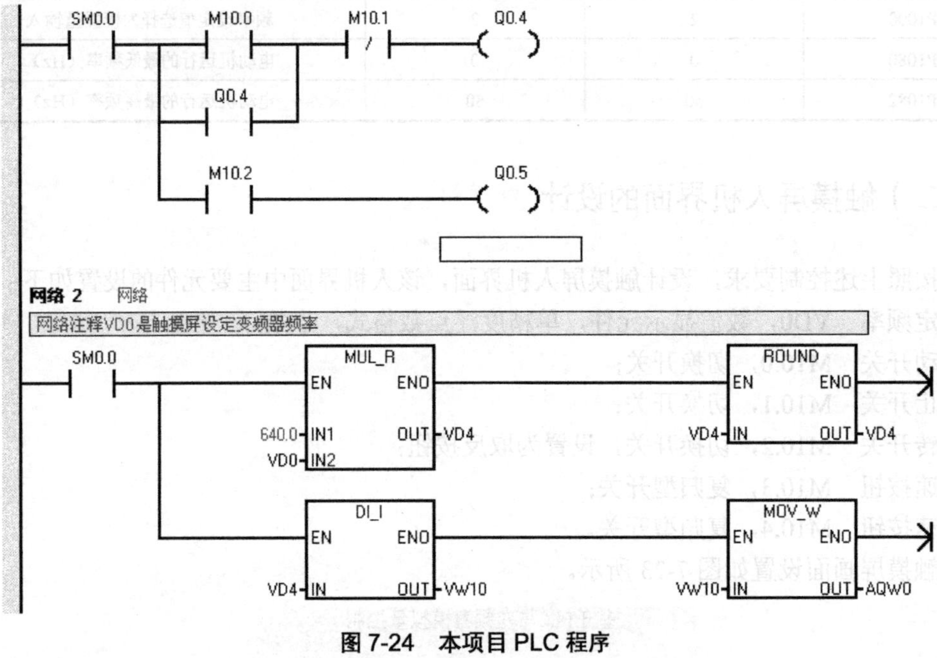

图 7-24 本项目 PLC 程序

六、项目拓展

创建自动往返小车控制仿真系统。

（一）项目目的

在 PLC 实训台上用限位开关实现小车自动往返比较困难，但很多项目都涉及限位开关、行程开关，可以借助 MCGS 中的滑动输入器，在组态中定义“左限位”和“右限位”，实现虚拟小车自动往返，从而丰富实训项目，提升学习者编程能力和组态的制作能力。

（二）项目分析

要实现小车自动往返，需要设置启动开关、左限位、右限位，电机正转时小车右行，电机反转时小车左行。小车初始位置在左限位处，启动开关闭合后，右行 Q0.0 为 1，小车离开左限位，保持右行，直到到达右限位开关，停止右行；左行 Q0.1 为 1，小车离开右限位，保持左行，到达左限位，循环往复。

（三）项目实施

1. I/O 分配

自动往返小车控制系统 I/O 分配表见表 7-8。

表 7-8　自动往返小车控制系统 I/O 分配表

名称	PLC 地址	读/写类型	名称	PLC 地址	读/写类型
启动开关	M0.0	读写	右行	Q0.0	读写
左限位	M0.1	读写	左行	Q0.1	读写
右限位	M0.2	读写			

2. 控制系统程序

关于控制系统的梯形图程序，请学习者思考后自行设计。

3. 触摸屏组态画面制作步骤

（1）设置实时数据库中的变量

实时数据库中的变量设置如图 7-25 所示，组态变量与 PLC 变量关联如图 7-26 所示。

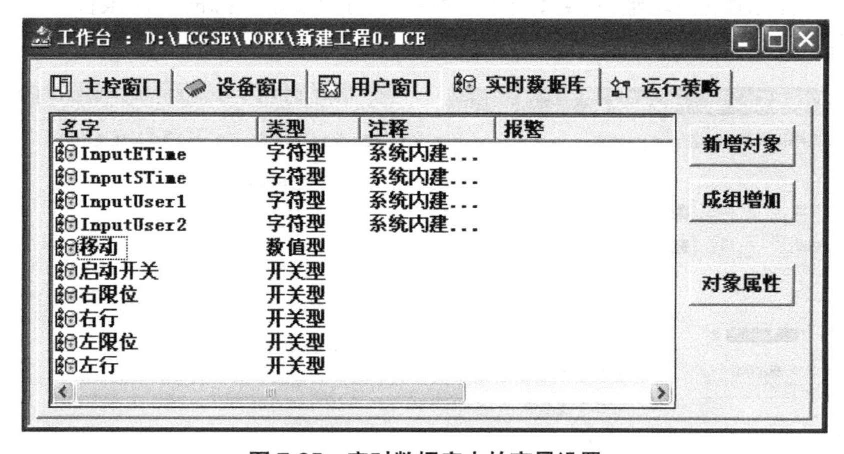

图 7-25　实时数据库中的变量设置

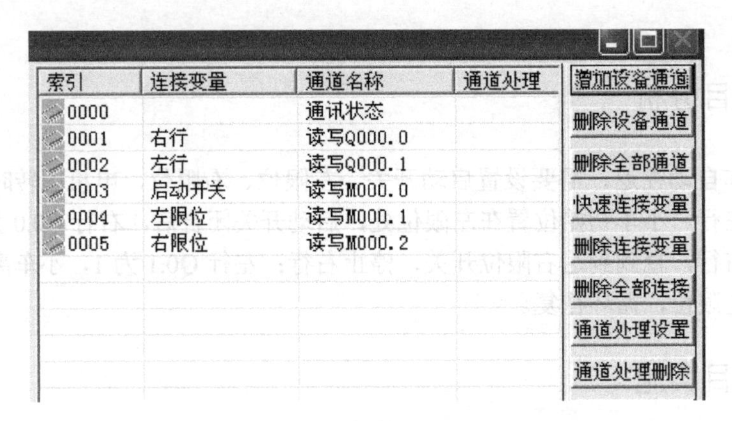

图 7-26　组态变量与 PLC 变量关联

（2）用户窗口的制作

按图 7-27 所示设置用户窗口画面。

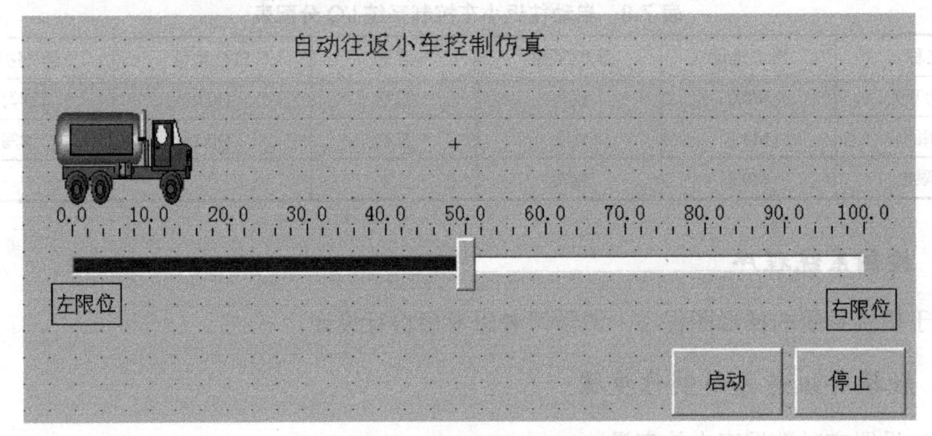

图 7-27　设置用户窗口画面

红色矩形框表示的滑动输入器只是个参照物，用于设定虚拟的“左限位”“右限位”，按图 7-28 所示设置其属性。

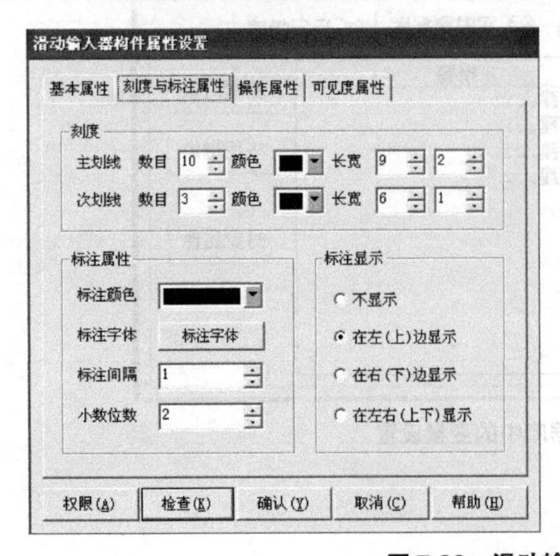

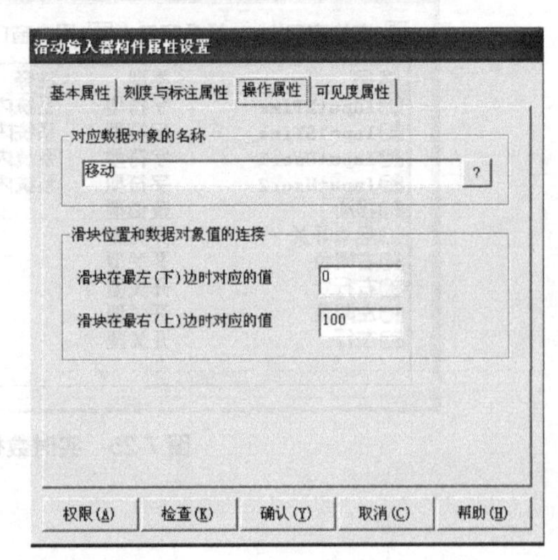

图 7-28　滑动输入器的属性设置

启动开关采用的是开关，左、右限位用一个指示灯显示当前的状态，限位开关指示灯属性设置如图 7-29 所示。

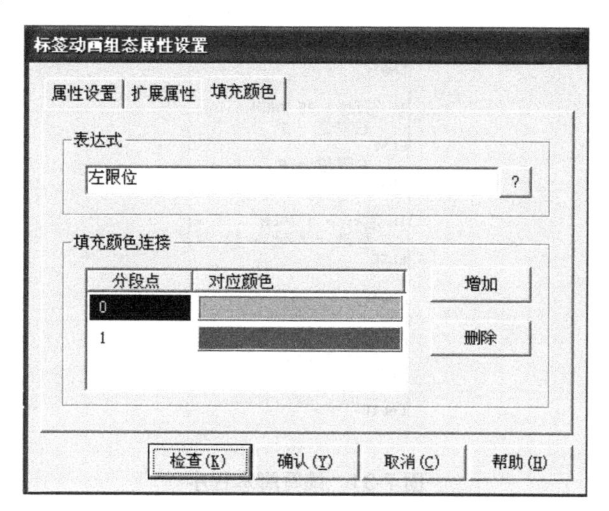

图 7-29　限位开关指示灯属性设置

小车用一个矩形框代替，属性设置为“水平移动”，表达式设置为“移动”，如图 7-30 所示。

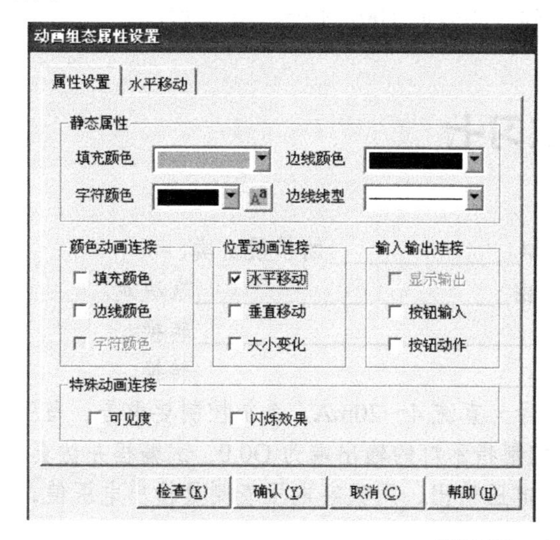

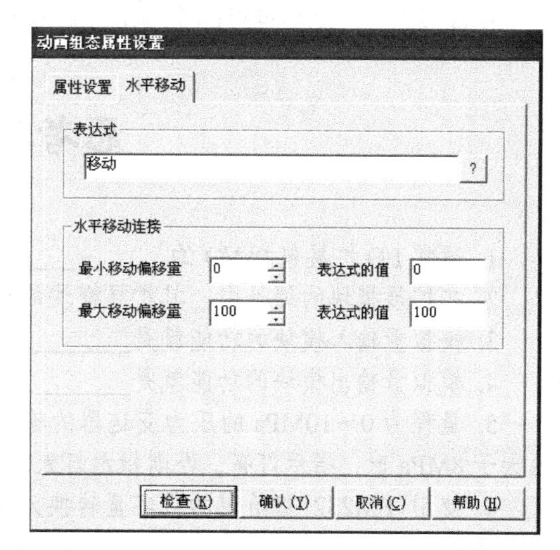

图 7-30　小车的属性设置

（3）运行策略

在“工作台”窗口中双击“循环策略”，打开“循环策略”窗口，右击策略工具箱，在弹出的快捷菜单中选择“新增策略行”命令，双击策略工具箱中的“脚本程序”，打开脚本程序编辑窗口。

为了 PLC 与组态进行互动，必须用程序定义组态变量“左限位”“右限位”，还要设置组态变量“左行”“右行”如何动作，如图 7-31 所示。

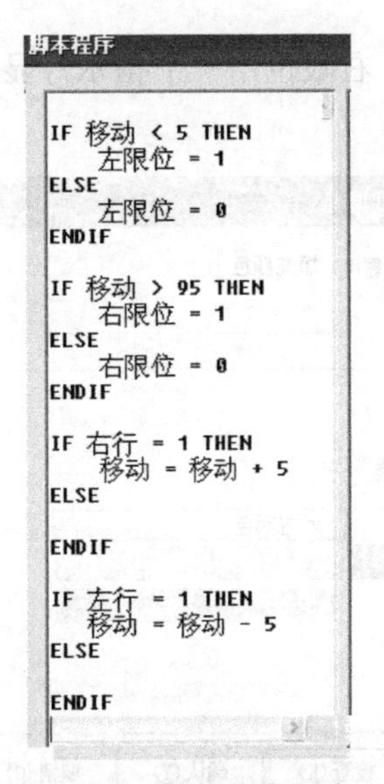

图 7-31　编写脚本程序

执行组态软件的“工具”→“下载配置”菜单命令，出现“下载配置”对话框，选中“模拟运行”复选框，单击“工程下载”和“启动运行”按钮。不必使用MCGS触摸屏，而用计算机组态画面监控PLC中程序的运行，小车就能做水平往返移动。

项目实施中，矩形框可能不与滑动输入器一起达到数值100，存在一定的误差。

思考与练习七

1. 通常I/O扩展包括I/O的__________和__________的扩展2类。

2. 在扩展模块的编址中，其扩展模块的地址由______________来决定。

3. 模拟量输入模块的功能就是____________________转换。

4. 模拟量输出模块的功能就是____________________转换。

5. 量程为0～10MPa的压力变送器的输出信号为直流4～20mA。系统控制要求是，当压力大于8MPa时，指示灯亮，否则指示灯灭。设控制指示灯的输出端为Q0.0，试编程并仿真。

6. 使用EM232将给定的数字量转换为模拟电压输出，用数字电压表测量输出电压值，并且记录分析。

（1）将数字量2000、4000、8000、16000、32000转换为对应的模拟电压值。

（2）将数字量−2000、−4000、−8000、−16000、−32000转换为对应的模拟电压值。

（3）分析数字量与模拟量的对应关系。

项目八　自来水水塔液位控制

一、项目目标

本项目教学课件

1. 理解 PID 调节指令的格式及功能；
2. 会使用 PID 指令向导配置相关参数；
3. 理解 PID 子程序指令输入/输出参数的意义；
4. 能够使用模拟量输入/输出模块组成 PLC 过程控制系统，并能根据工艺要求设置模块参数、调用 PID 子程序指令编写控制程序。

二、项目提出

水塔供水系统简介

自来水水塔液位控制实训平台如图 8-1 所示，由储水箱、蓄水箱、水管管件、检测系统、执行器系统、PLC 控制模块与触摸屏、电源模块等组成。

储水箱：位于下水位，用于为蓄水箱供水、上水位溢流回收。

蓄水箱：位于上水位，配有水位标识，用于液位测量和控制水位。

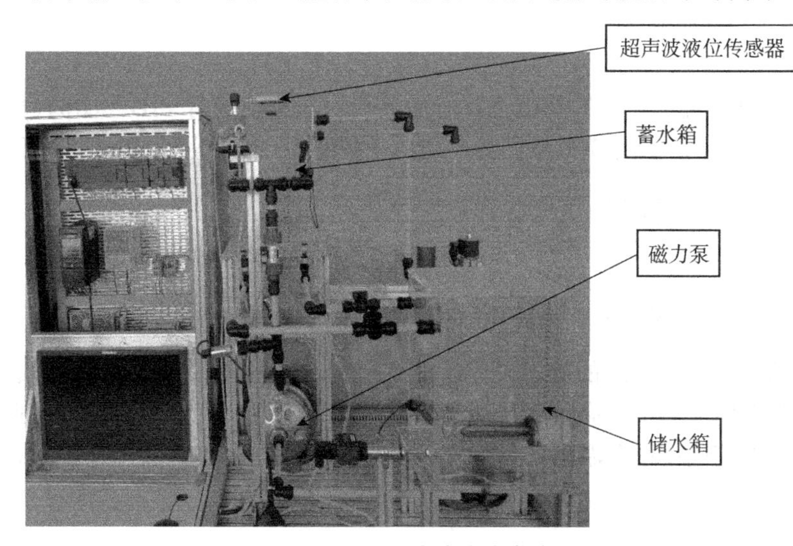

图 8-1　自来水水塔液位控制实训平台

三、相关知识

（一）液位传感器的工作原理与使用方法

1. 液位传感器的工作原理

超声波脉冲由传感器（换能器）发出，超声波经液体表面反射后被同一传感器接收或被超声波接收器接收，通过压电晶体或磁致伸缩器件转换成电信号（4～20Am），并依据超声波的发射和接收之间的时间来计算传感器到被测液体表面的距离。由于采用非接触的测量方式，被测介质几乎不受限制，可广泛用于各种液体和固体物料高度的测量。液位传感器实物如图8-2所示。

图8-2　液位传感器实物

2. 液位传感器的使用方法

通用的两线制非接触超声波液位传感器，通过白线和红线（正极）现场标定20mA，白线和黑线（负极）现场标定4mA。

（二）PID控制功能与PID指令向导

1. PID控制功能

过程控制系统在对模拟量进行采样的基础上，一般还要对采样值进行PID（比例+积分+微分）运算，并根据运算结果形成对模拟量的控制。PID控制系统结构图如图8-3所示。

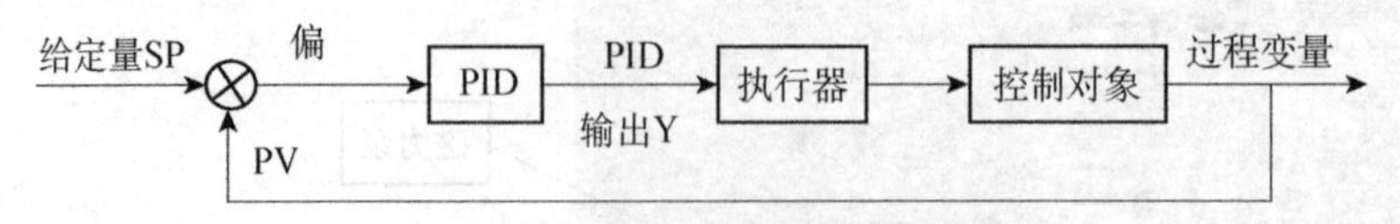

图8-3　PID控制系统结构图

PID运算中的积分项可以消除系统的静态误差，提高精度，加强对系统参数变化的适应能力；而微分项可以克服惯性滞后，提高抗干扰能力和系统的稳定性，改善系统动态响应速度。因此，对于速度、位置等快过程及温度、化工合成等慢过程，PID控制都具有良好的实际效果。

2. PID 算法

1）连续系统的 PID 算法

在系统稳态运行时，PID 控制器的作用就是通过调节其输出使偏差为零。偏差由给定量（SP，给定值、希望值）与过程变量（PV，过程值、实际值）之差来确定。连续系统 PID 调节的微分方程式由比例项、积分项和微分项三部分组成，具体如下：

$$Y(t)=K_{C}e(t)+K_{C}\frac{1}{T_{I}}\int_{0}^{t}e(t)\mathrm{d}t+M_{\text{initial}}+K_{C}T_{D}\frac{\mathrm{d}e(t)}{\mathrm{d}t} \tag{8-1}$$

式中，$Y(t)$——回路控制算法的输出（为时间的函数）；

K_C——回路增益；

T_I——积分时间常数；

T_D——微分时间常数；

$e(t)$——偏差（给定量与过程变量之差）；

M_{initial}——回路控制算法输出的初始值。

2）积分、微分时间常数的物理意义

（1）积分时间常数 T_I

在式（8-1）中，设偏差 $e(t)$为常量 C，则比例项为 $Y_P=K_Ce(t)=K_CC$，所以积分项为

$$Y_I=\frac{K_C}{T_I}\int_{0}^{t}e(t)\mathrm{d}t=\frac{K_CCt}{T_I}=\frac{Y_Pt}{T_I}$$

由上式可知，积分时间常数 T_I就是积分项的输出量每增加与比例项输出量相等的值所需要的时间。

（2）微分时间常数 T_D

在式（8-1）中，令 $e(t)=Ct$ 为一随时间变化的量，则比例项为 $Y_P=K_Ce(t)=C_{KCt}$，所以微分项为 $Y_D=K_CT_D\frac{\mathrm{d}e(t)}{\mathrm{d}t}=T_DK_C\frac{Ct}{\mathrm{d}t}$。若 T_D＝dt，则 Y_D＝Y_P。

由上式可知，微分时间常数 T_D就是对于相同的输出调节量，微分项超前于比例项的响应时间。

T_I、T_D的物理意义如图 8-4 所示。

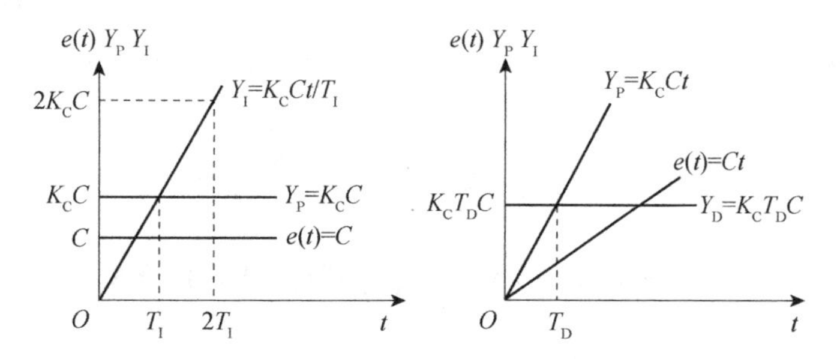

图 8-4　T_I、T_D的物理意义

（3）离散系统的 PID 算法

为了在 PLC 中实现 PID 调节控制功能，必须对式（8-1）所描述的连续函数进行离散化处理，即对偏差进行周期性地采样并计算输出值。若选采样周期为 T，初始时刻为零，对连续量 $e(t)$采样后的波形如图 8-5 所示。由图可求得积分项 $\frac{K_C}{T_I}\int_{0}^{t}e(t)\mathrm{d}t$ 用离散化形式表示为

$$\frac{K_{\mathrm{C}}}{T_{\mathrm{I}}}\sum_{i=1}^{n}e_{i}T=\frac{K_{\mathrm{C}}T}{T_{\mathrm{I}}}\sum_{i=1}^{n}e_{i} \tag{8-2}$$

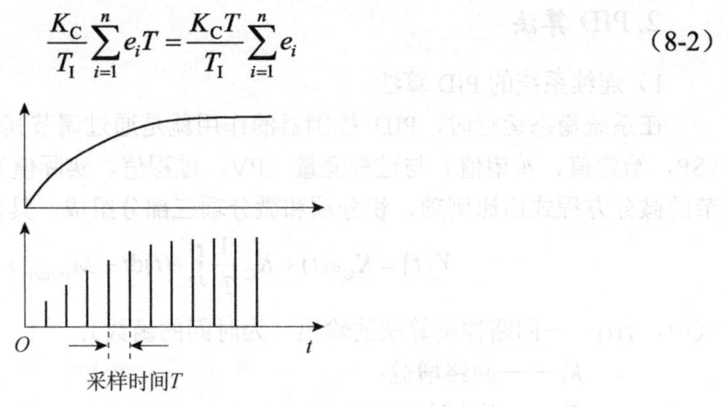

图 8-5　对连续量采样后的波形

微分项 $K_{\mathrm{C}}T_{\mathrm{D}}\frac{\mathrm{d}e(t)}{\mathrm{d}t}$ 用离散化形式表示为

$$K_{\mathrm{C}}T_{\mathrm{D}}\frac{e_{n}-e_{n-1}}{T}=\frac{K_{\mathrm{C}}T_{\mathrm{D}}}{T}(e_{n}-e_{n-1}) \tag{8-3}$$

由此可得离散化后的 PID 算法表达式为

$$Y_{n}=K_{\mathrm{C}}e_{n}+\frac{K_{\mathrm{C}}T}{T_{\mathrm{I}}}\sum_{i=1}^{n}(e_{i})+Y_{\mathrm{initial}}+\frac{K_{\mathrm{C}}T_{\mathrm{D}}}{T}(e_{n}-e_{n-1}) \tag{8-4}$$

式中，Y_n——在采样时刻 n 计算出的回路控制输出值；

e_n——采样时刻 n 的偏差值；

e_{n-1}——上次偏差（即在采样时刻 $n-1$ 的偏差）；

e_i——第 i 次采样的偏差值；

T——采样时间；

Y_{initial}——积分初始值。

由式（8-4）可看出，积分项包括自第一次采样到当前采样时刻的所有偏差；微分项由本次和上次采样值所决定；而比例项仅由本次采样值所决定。在 PLC 中要存储所有采样的偏差值是不实际的，也是不必要的。由于 PLC 从第一次采样开始，每有一个采样偏差值必须计算一次输出值，所以只须保存上一次的偏差值和上一次的积分项即可。利用 PLC 处理的重复性，可将式（8-4）简化为

$$\begin{aligned}Y_{n}&=K_{\mathrm{C}}e_{n}+\frac{K_{\mathrm{C}}T}{T_{\mathrm{I}}}e_{n}+\mathrm{YX}+\frac{K_{\mathrm{C}}T_{\mathrm{D}}}{T}(e_{n}-e_{n-1})\\&=K_{\mathrm{C}}(\mathrm{SP}_{n}-\mathrm{PV}_{n})+K_{\mathrm{C}}\frac{T}{T_{\mathrm{I}}}(\mathrm{SP}_{n}-\mathrm{PV}_{n})+\mathrm{YX}\\&\quad+K_{\mathrm{C}}\frac{T_{\mathrm{D}}}{T}[(\mathrm{SP}_{n}-\mathrm{PV}_{n})-(\mathrm{SP}_{n-1}-\mathrm{PV}_{n-1})]\\&=K_{\mathrm{C}}(\mathrm{SP}_{n}-\mathrm{PV}_{n})+K_{\mathrm{C}}\frac{T}{T_{\mathrm{I}}}(\mathrm{SP}_{n}-\mathrm{PV}_{n})+\mathrm{YX}\\&\quad+K_{\mathrm{C}}\frac{T_{\mathrm{D}}}{T}(\mathrm{PV}_{n-1}-\mathrm{PV}_{n})\end{aligned} \tag{8-5}$$

式中，Y_n——在采样时刻 n 计算出的回路控制输出值；

K_C——回路增益；

SP_n——在采样时刻 n 的给定值；

PV_n——在采样时刻 n 的过程变量值；

PV_{n-1}——在采样时刻 n-1 的过程变量值；

T——采样时间；

T_I——积分时间常数；

T_D——微分时间常数；

YX——在采样时刻 n-1 的积分项（也称为积分和）。积分和 YX 是所有采样时刻的积分项的总和。每计算一次积分项，积分和 YX 就更新一次。积分和的初始值通常调定为 $Y_{initial}$。

3. PID 指令向导编程步聚

在 Micro/Win 的菜单中选择“Tools”→“Instruction Wizard”命令，然后在弹出的“指令向导”对话框中选择“PID”，如图 8-6 所示。

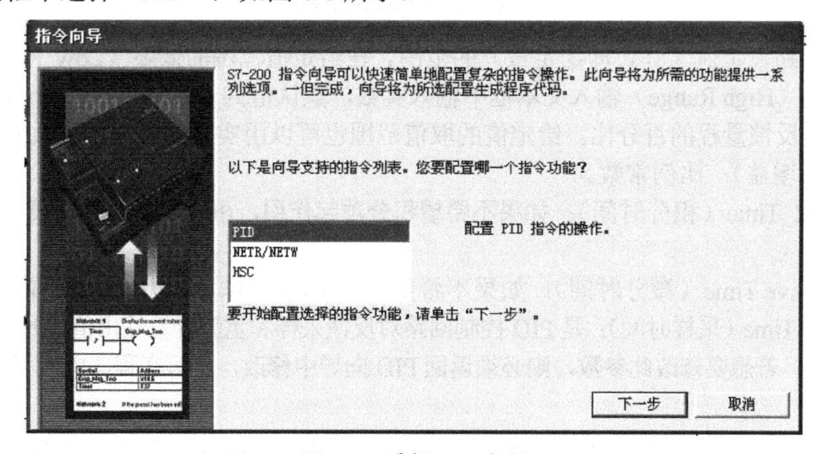

图 8-6　选择 PID 向导

第一步：定义需要配置的 PID 回路号，如图 8-7 所示。

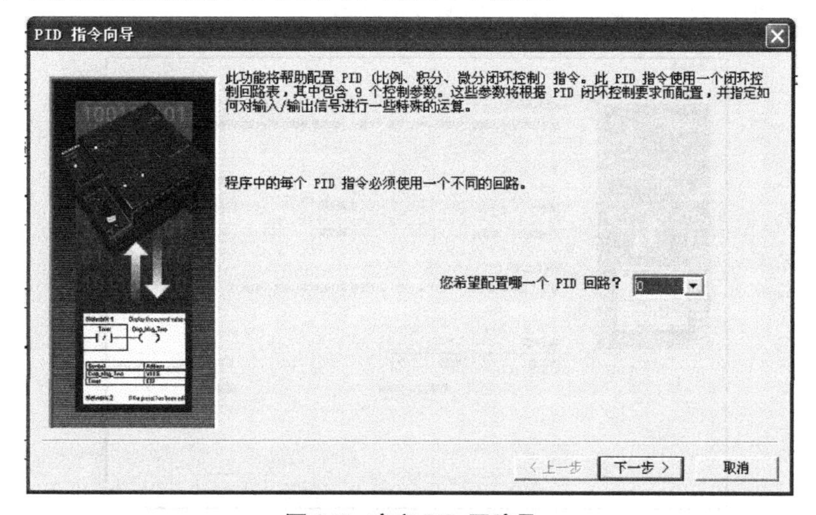

图 8-7　定义 PID 回路号

第二步：设置 PID 回路参数，如图 8-8 所示。

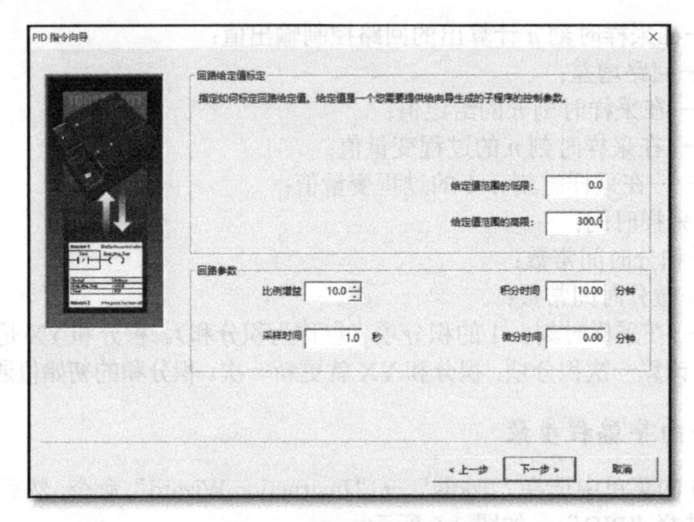

图 8-8　设置 PID 回路参数

①定义回路设定值（SP，即给定量）的范围。在给定值范围的低限（Low Range）和给定值范围的高限（High Range）输入文本框中输入实数，默认值为 0.0 和 100.0，表示给定值的取值范围占过程反馈量程的百分比。给定值的取值范围也可以用实际的工程单位数值表示。

②Gain（增益）：比例常数。

③Integral Time（积分时间）：如果不希望积分项起作用，可以把积分时间设为无穷大——9999.99。

④Derivative Time（微分时间）：如果不希望微分项起作用，可以把微分时间设为 0。

⑤Sample Time（采样时间）：是 PID 控制回路对反馈采样和重新计算输出值的时间间隔。在向导编程完成后，若想要修改此参数，则必须返回 PID 向导中修改，不可在程序中或状态表中修改。

注意：关于具体的 PID 参数值，每一个项目都不一样，需要现场调试来定，没有所谓经验参数。

第三步：设置回路输入/输出参数，如图 8-9 所示。

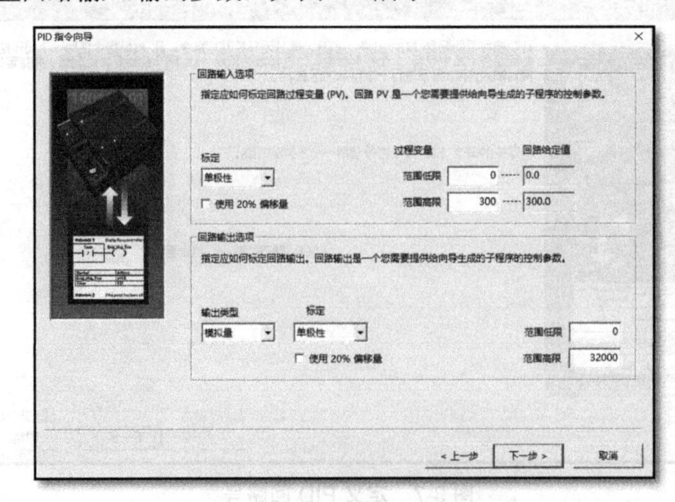

图 8-9　设置回路输入/输出参数

在图 8-9 所示对话框中，首先设定过程变量的范围。

①指定输入类型。

Unipolar：单极性，即输入信号为正，如 0～10V 或 0～20mA 等。

Bipolar：双极性，输入信号在从负到正的范围内变化，如输入信号为±10V、±5V 等时选用。

20% Offset：使用 20%偏移量。如果输入信号为 4～20mA，则选择“单极性”标定，4mA 是 0～20mA 信号的 20%，所以选择 20%偏移，即 4mA 对应 6400，20mA 对应 32000。

②反馈输入取值范围。

在输入类型设置为 Unipolar 时，默认值为 0～32000，对应输入量程范围为 0～10V 或 0～20mA 等，输入信号为正。

在输入类型设置为 Bipolar 时，默认值的取值范围为-32000～+32000，对应的输入范围根据量程不同可以是±10V、±5V 等。

在输入类型设置为 20% Offset 时，取值范围为 6400～32000，不可改变，此反馈输入也可以是工程单位数值。

③Output Type（输出类型）。

输出类型可以选择模拟量输出或数字量输出。模拟量输出用来控制一些需要模拟量给定的设备，如比例阀、变频器等；数字量输出实际上是控制输出点的通、断状态按照一定的占空比变化的，可以控制固态继电器（加热棒等）。

④选择模拟量则需设定回路输出变量值的范围，可以选择：

Unipolar　单极性输出，可为 0～10V 或 0～20mA 等。

Bipolar　双极性输出，可为±10V 或±5V 等。

20% Offset　如果选中“使用 20%偏移量”，则输出为 4～20mA。

⑤取值范围。

输出类型为 Unipolar 时，默认值为 0～32000。

输出类型为 Bipolar 时，取值范围为-32000～32000。

输出类型为 20% Offset 时，取值范围为 6400～32000，不可改变。

如果选择了开关量输出，需要设定此占空比的周期。

第四步：设置回路报警选项，如图 8-10 所示。

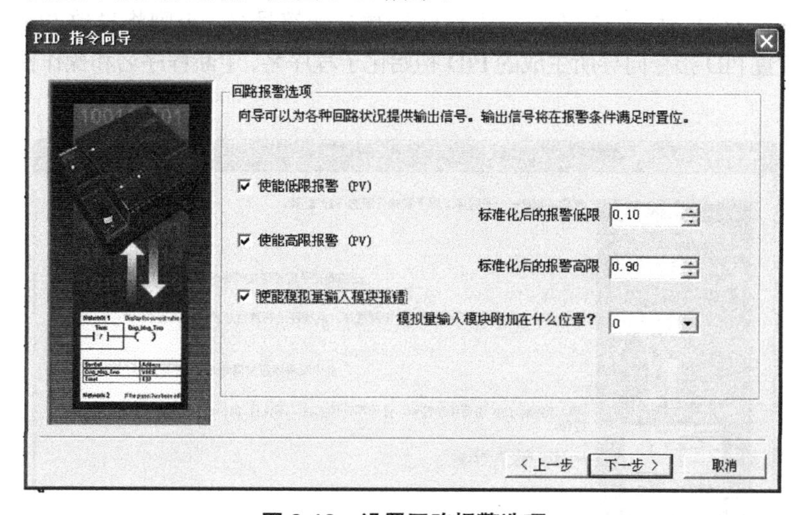

图 8-10　设置回路报警选项

PID 指令向导提供了三种输出信号来反映过程变量（PV）的低值报警、高值报警及过程值模拟量模块错误状态。当报警条件满足时，输出置位为 1。这些功能在选中了相应的复选框之后起作用。

①使能低值报警并设定过程变量（PV）报警的低值，此值为过程变量的百分数，默认值为0.10，即报警的低值为过程变量的10%。此值最低可设为0.01，即满量程的1%。

②使能高值报警并设定过程变量（PV）报警的高值，此值为过程变量的百分数，默认值为0.90，即报警的高值为过程变量的90%。此值最高可设为1.00，即满量程的100%。

③使能过程值（PV）模拟量模块错误报错并设定模块于 CPU 连接时所处的模块位置。“0”就是第一个扩展模块的位置。

第五步：分配运算数据存储区，如图8-11所示。

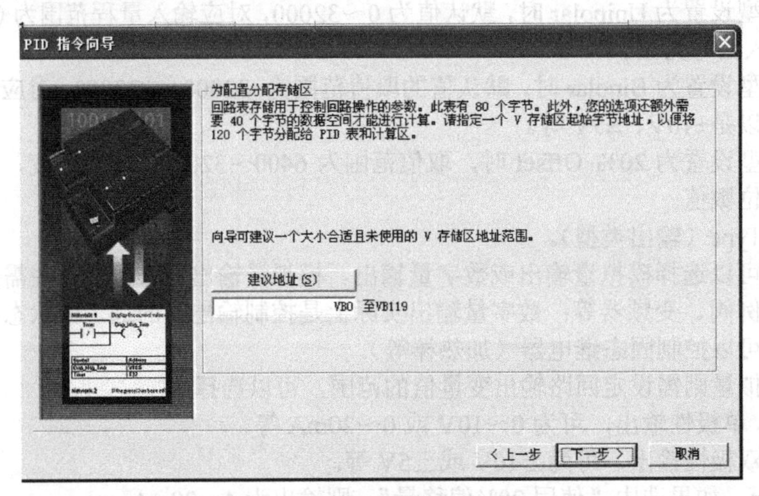

图8-11　分配运算数据存储区

PID指令（功能块）使用了一个120个字节的V区参数表来进行控制回路的运算工作；除此之外，PID指令向导生成的输入/输出量的标准化程序也需要存储在运算数据存储区。需要为它们定义一个起始地址，要保证该地址起始的若干字节在程序的其他地方没有被重复使用。如果单击“建议地址”按钮，则PID指令向导将自动设定当前程序中没有用过的V区地址。

自动分配的地址只是在执行 PID 指令向导时编译检测到的空闲地址。PID 指令向导将自动为该参数表分配符号名，用户不应再为这些参数分配符号名，否则将导致PID指令不执行。

第六步：设置PID指令向导所生成的PID初始化子程序名、中断程序名和操作模式（手/自动），如图8-12所示。

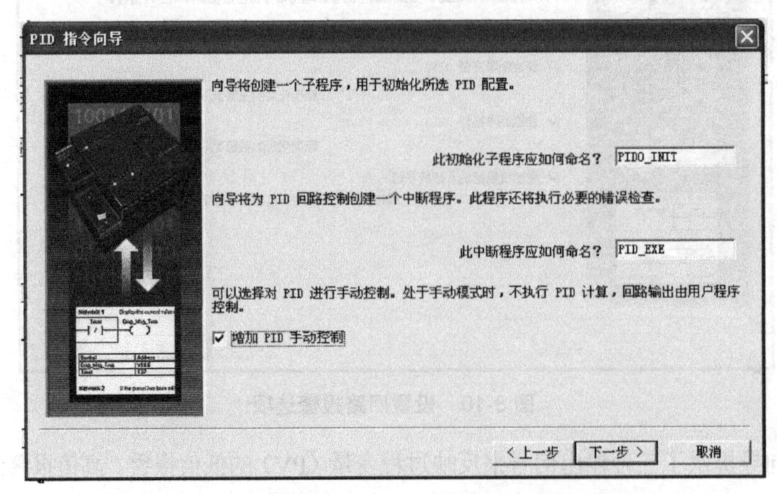

图8-12　设置初始化子程序名、中断程序名和操作模式

PID 指令向导已经为初始化子程序和中断子程序定义了默认名称，用户也可以修改名称。

①指定 PID 初始化子程序的名称。

②指定 PID 中断子程序的名称。

注意：

*如果用户的项目中已经存在一个 PID 配置，则中断程序名为只读，不可更改。因为一个项目中所有 PID 共用一个中断程序，它的名称不会被任何新的 PID 所更改。

*在 PID 指令向导中使用了 SMB34 定时中断，在用户使用了 PID 指令向导后，注意在其他编程时不要再使用此中断，也不要向 SMB34 中写入新的数值，否则 PID 中断子程序将停止工作。

③此处可以选中“增加 PID 手动控制”复选框。在 PID 手动控制模式下，回路输出由手动控制，此时需要输入参数 0.0～1.0，代表输出的 0%～100%。

第七步：生成 PID 子程序、中断程序及符号表等设置，如图 8-13 所示。

一旦单击“完成”按钮，将在用户的项目中生成上述 PID 子程序、中断程序及符号表等。

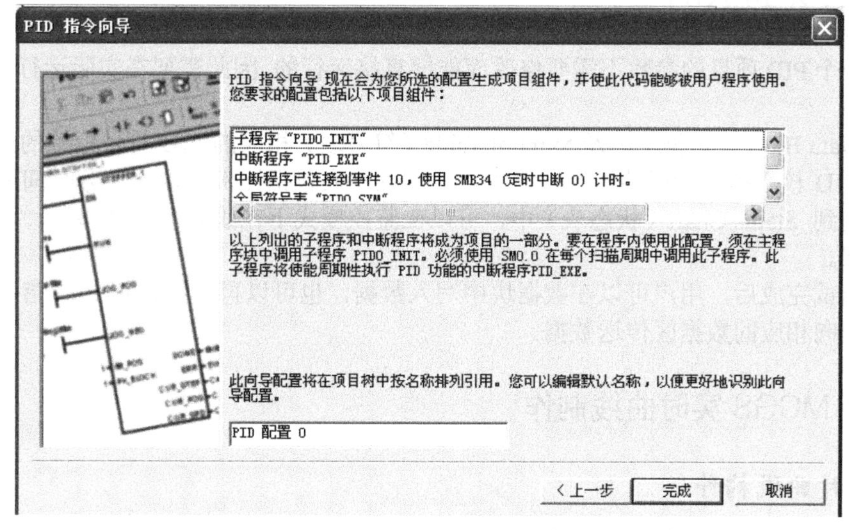

图 8-13　生成 PID 子程序、中断程序和符号表等设置

第八步：配置完 PID 指令向导，需要在程序中调用 PID 指令向导生成的 PID 子程序（如图 8-14 所示）。PID 子程序如图 8-15 所示。

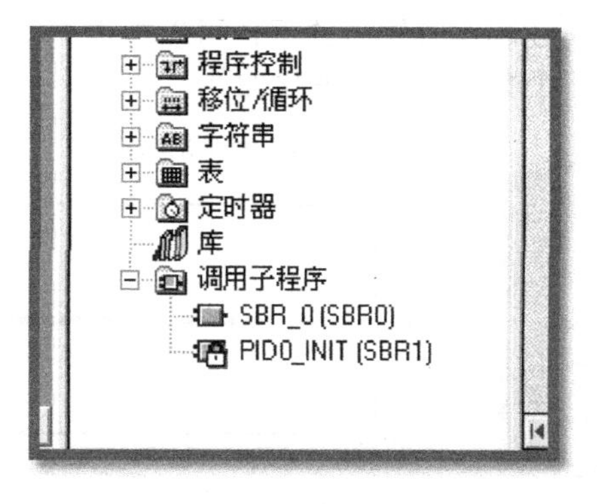

图 8-14　PID 子程序

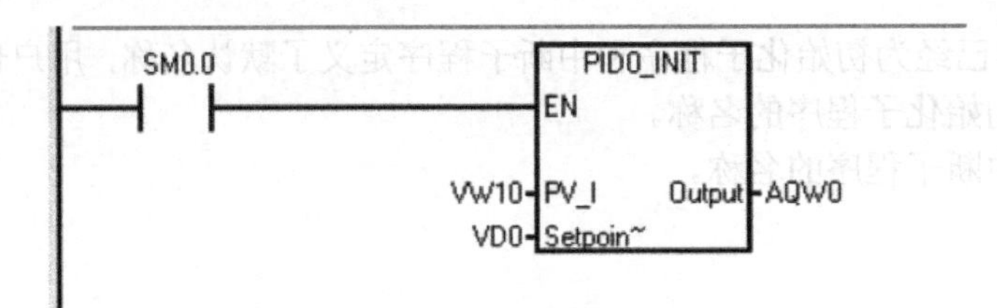

图 8-15　PID 子程序

在用户程序中调用 PID 子程序时，可在指令树的 Program Block（程序块）中双击由 PID 指令向导生成的 PID 子程序，在局部变量表中可以看到有关形式参数的解释和取值范围。

①必须用 SM0.0 来使能 PID，以保证它的正常运行。

②此处输入过程值（反馈）的模拟量输入地址。

③此处输入设定值变量地址（VDxx），或者直接输入设定值常数，根据 PID 指令向导中的设定（0.0～300.0）输入 0.0～300.0。例：若输入 100，即为过程值的 33%，假设过程值 PV_I 是量程为 0～300 刻度的液位值，Stepoin 的设定值 100 代表 100ml（即 300 刻度的 33%）。

调用 PID 子程序时，不用考虑中断程序。子程序会自动初始化相关的定时中断处理事项，然后中断程序会自动执行。

第九步：实际运行并调试 PID 参数。

没有一个 PID 项目的参数不需要修改而能够直接运行的，因此需要在实际运行时调试 PID 参数。

查看 Data Block（数据块）及 Symbol Table（符号表）相应的 PID 符号标签的内容，可以找到包括 PID 核心指令所用的控制回路表，控制回路表包括比例系数、积分时间等。将此表的地址复制到 Status Chart（状态表）中，可以在监控模式下在线修改 PID 参数，而不必停机再次做组态。

参数调试完成后，用户可以在数据块中写入数据，也可以再一次设置 PID 指令向导，或者通过编程向相应的数据区传送数据。

（三）MCGS 实时曲线制作

1. 实时曲线构件

实时曲线构件是用曲线显示一个或多个数据对象数值的动画图形，像笔绘记录仪一样实时记录数据对象值的变化情况。图 8-16 所示为蓄水箱实时曲线。实时曲线构件可以用绝对时间为横坐标，此时，构件显示的是数据对象值与时间的函数关系。实时曲线构件也可以使用相对时钟为横坐标，此时，须指定一个表达式来表示相对时钟，构件显示的是数据对象值相对于此表达式值的函数关系。在相对时钟方式下，可以指定一个数据对象为横坐标，从而实现记录一个数据对象相对另一个数据对象的变化曲线。

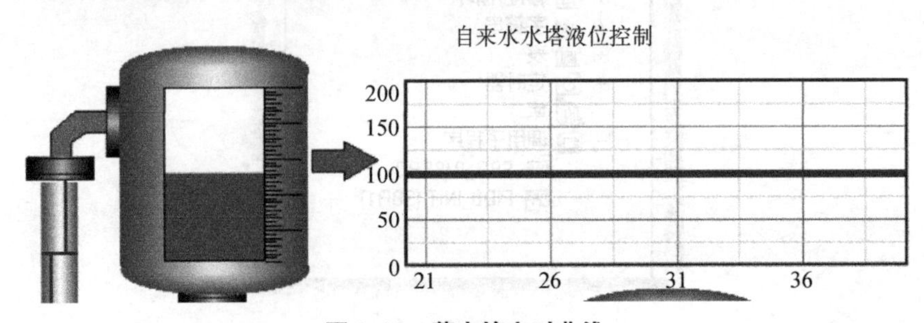

图 8-16　蓄水箱实时曲线

2. 组态时的属性设置

组态时双击实时曲线构件，弹出“实时曲线构件属性设置”对话框。该对话框包括基本属性、标注属性、画笔属性和可见度属性四个选项卡。

（1）“基本属性”选项卡（图 8-17）

①背景网格：设置背景网格的数目、颜色、线型。

②背景颜色：设置曲线的背景颜色。

③边线颜色：设置曲线窗口的边线颜色。

④边线线型：设置曲线窗口的边线线型。

⑤曲线类型：“绝对时钟趋势曲线”用绝对时钟作为横坐标，显示数据对象值随时间的变化曲线；“相对时钟趋势曲线”用指定的表达式作为横坐标，显示一个数据对象相对于另一个数据对象的变化曲线。

⑥不显示背景网格：选中此复选框，在构件的曲线窗口中不显示坐标网格。

⑦透明曲线：选中此复选框，将曲线设置为透明曲线。

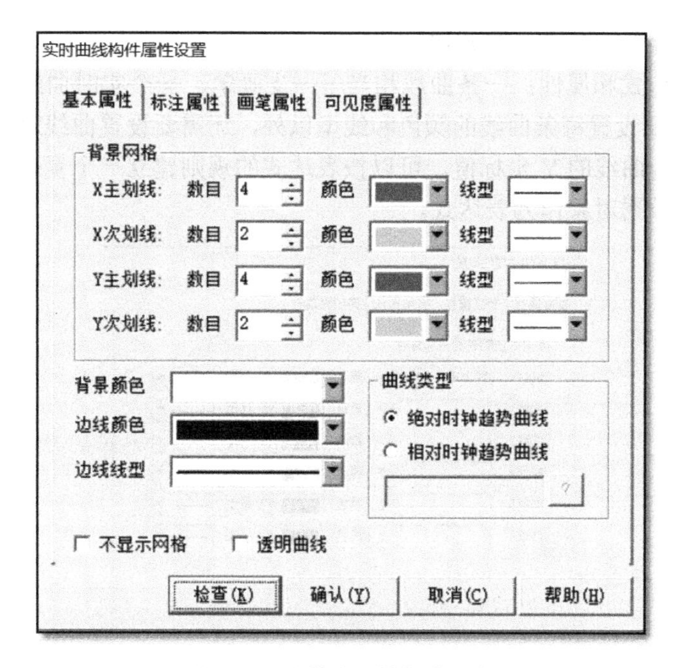

图 8-17　“基本属性”选项卡

（2）“标注属性”选项卡（图 8-18）

①X 轴标注：设置 X 轴的标注颜色、标注间隔、标注字体和 X 轴的长度。当曲线的类型为“绝对时钟趋势曲线”时，需要指定时间格式、时间单位。X 轴的长度是以指定的时间单位为单位的；当曲线的类型为“相对时钟趋势曲线”时，需要指定 X 轴标注的小数位数和 X 轴的最小值。选中“不显示 X 轴坐标标注”复选框，将不显示 X 轴的标注文字。

②Y 轴标注：设置 Y 轴的标注颜色、标注间隔、小数位数和 Y 轴坐标的最大、最小值以及标注字体；选中“不显示 Y 轴坐标标注”复选框，将不显示 Y 轴的标注文字。

③锁定 X 轴的起始坐标：只有当选取绝对时钟趋势曲线，并且将时间单位选取为小时时，此复选框才可以被选中。当选中该复选框后，X 轴的起始时间将定位在所填写的时间。

图 8-18 “标注属性”选项卡

（3）“画笔属性”选项卡（图 8-19）

画笔对应的表达式和属性：一条曲线相当于一支画笔，一个实时曲线构件最多可同时显示 6 条曲线。除需要设置每条曲线的颜色和线型以外，还需要设置曲线对应的表达式，该表达式的实时值将作为曲线的 Y 坐标值。可以按表达式的规则建立一个复杂的表达式，也可以只简单地指定一个数据对象作为表达式。

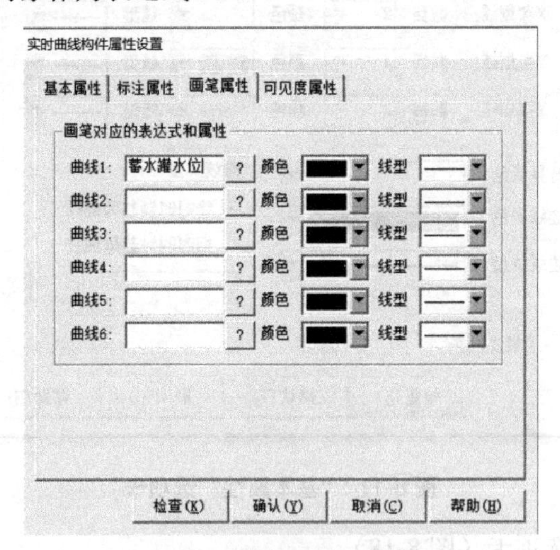

图 8-19 “画笔属性”选项卡

四、项目分析

（一）工作原理

储水箱：位于下水位处，用于为蓄水箱供水、上水位溢流回收。

蓄水箱：位于上水位处，配有水位标识，用于测量液位和控制水位。

储水箱和蓄水箱之间用管路连接，通过磁力泵可以把水从储水箱抽到蓄水箱中。

（二）设计思路

充分运用 S7-200 系列 PLC 的 PID 调节功能，储水箱在打开溢流阀时即模拟生活中的用水消耗，蓄水箱水位标识低于设定水位标识时磁力泵启动，向储水箱供水，通过变频器控制水泵供电频率达到维持设定蓄水箱供水标识的要求。

（三）产品选型

产品选型见表 8-1。

表 8-1 产品选型

名称	品牌	型号
PLC	S7-200	CPU226/AC/DC/RLY
触摸屏	MCGS	TCP7062KS
变频器	MM420	220V/0.75KW
超声波液位传感器	FLOWLINE EchoSonic	LU11
磁力泵	上海自吸磁力泵	ZCQ25-20-115

（四）参数设置

变频器 MM420 的参数设置见表 8-2。

表 8-2 变频器 MM420 的参数设置

参数代码	功能	设定数据
P0010	工厂设置	30
P0970	参数复位	1
P0010	快速调试	1
P0100	功率单位为 kW	0
P0304	电动机额定电压	220V
P0305	电动机额定电流	1A
P0307	电动机额定功率	750W
P0310	电动机额定频率	50Hz
P3900	结束快速调试	1
P0003	扩展访问级	2
P1000	频率设定	2（模拟量输入）
P1120	斜坡上升时间	1s
P1121	斜坡下降时间	1s
P0700	选择命令源	2（端子排输入）
P0701	正/反停机指令	1

（五）系统接线

PLC 输入接口接线、输出接口接线分别如图 8-20 和图 8-21 所示，PLC 输入/输出接口端子分配表见表 8-3。

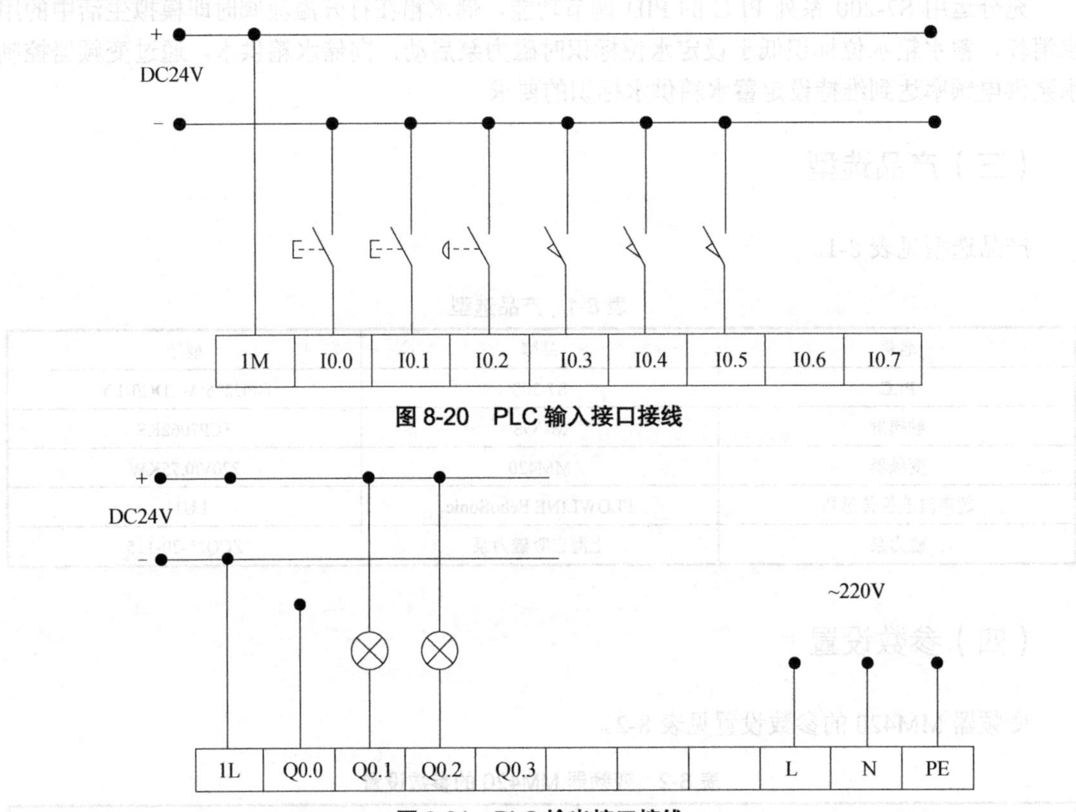

图 8-20　PLC 输入接口接线

图 8-21　PLC 输出接口接线

表 8-3　PLC 输入/输出接口端子分配表

PLC 输入地址	说明	PLC 输出地址	说明
I0.0	启动按钮	Q0.0	变频器启动端
I0.1	停止按钮	Q0.1	运行指示
I0.2	急停	Q0.2	停止指示
I0.3	蓄水箱下限水位		
I0.4	蓄水箱上限水位		
I0.5	储水箱下限水位		

PLC 模拟量输入接口与蓄水箱超声波液位传感器的接线如图 8-22 所示。

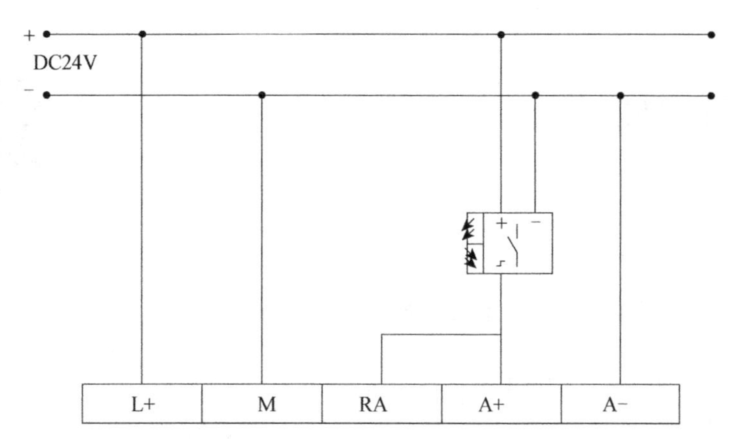

图 8-22　PLC 模拟量输入接口与蓄水箱超声波液位传感器的接线

PLC 模拟量输出接口变频器模拟控制接线如图 8-23 所示。

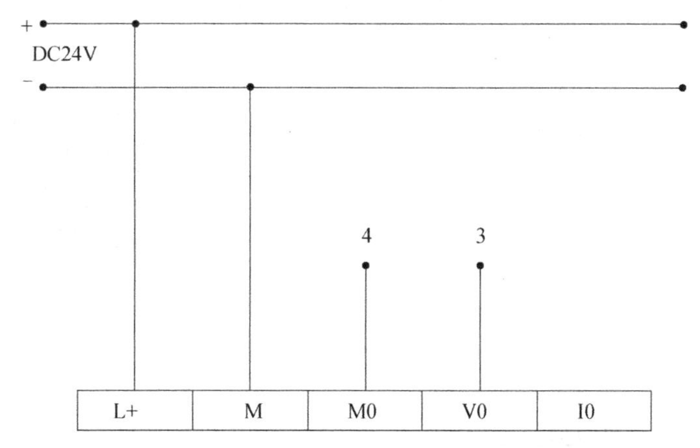

图 8-23　PLC 模拟量输出接口变频器模拟量控制接线

磁力泵与变频器的接线如图 8-24 所示。

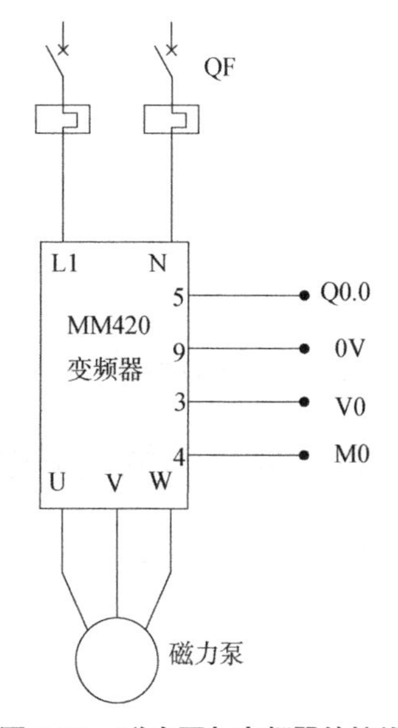

图 8-24　磁力泵与变频器的接线

S7-200PLC 实现水塔供水液位控制 PID 子程序编制

五、项目实施

（一）编写 PLC 程序

启动/停止程序如图 8-25 所示，PID 控制程序如图 8-26 所示。

I0.0 I0.1 I0.2 Q0.0

Q0.0

此段程序为启动/停止程序，通过变频器控制磁力泵的启动/停止。

图 8-25　启动/停止程序

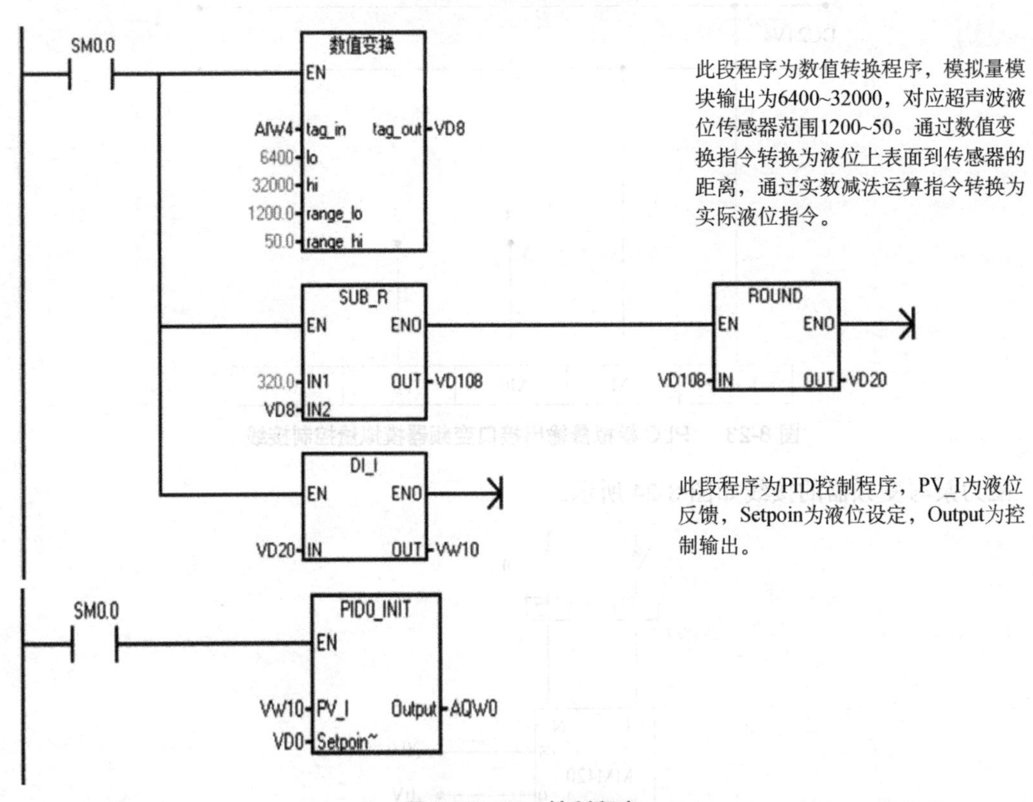

图 8-26　PID 控制程序

（二）系统触摸屏控制画面的制作与触摸屏程序的编写

S7-200PLC 实现水塔供水液位控制 MCGS 画面制作

自来水水塔液位控制触摸屏控制画面如图 8-27 所示。

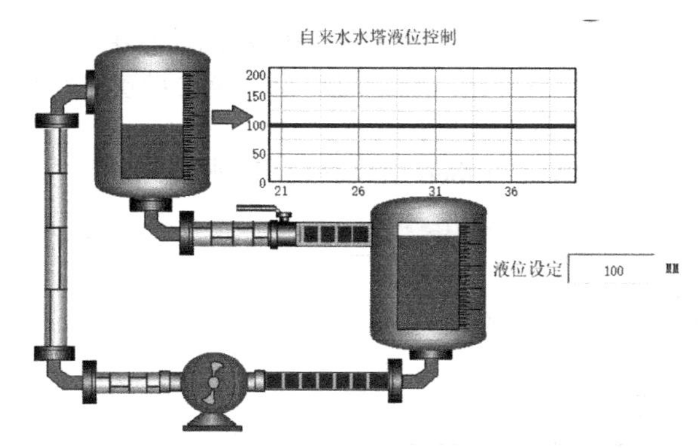

图 8-27 自来水水塔液位控制触摸屏控制画面

蓄水箱控制画面制作如图 8-28 所示。

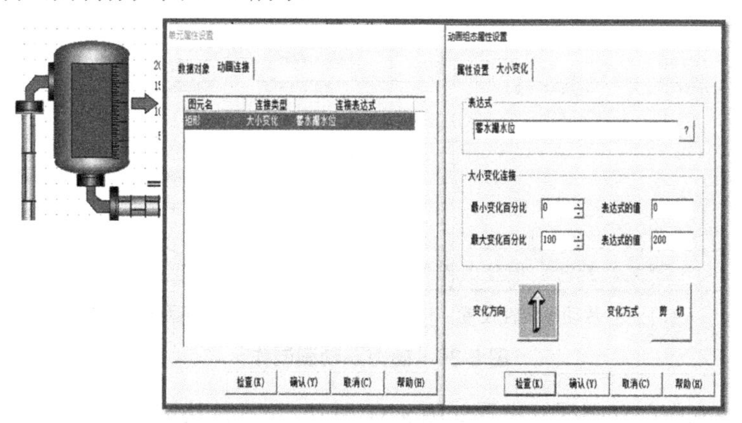

图 8-28 蓄水箱控制画面制作

蓄水箱控制画面制作如图 8-29 所示。

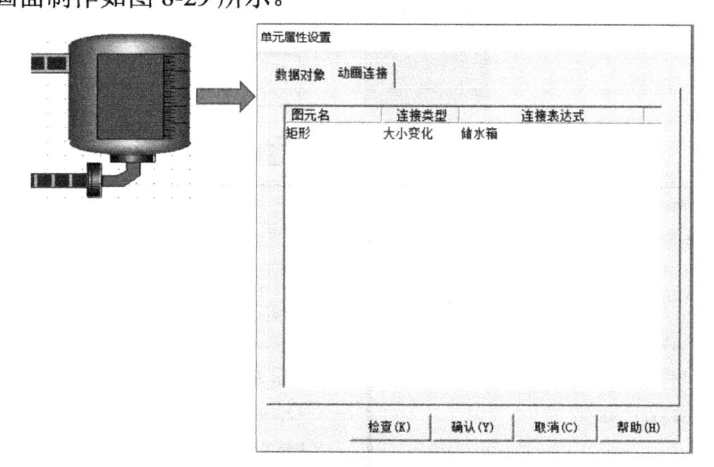

图 8-29 蓄水箱控制画面制作

在图 8-29 中，对于矩形（蓄水箱）的变化，在“用户窗口属性设置”对话框中设置 100ms 循环表达式并编写如下脚本程序来模拟蓄水箱液位变化。表达式如下：

```
蓄水箱=储水池+5
if 蓄水池>=180 then 储水池=50
```

磁力泵动画制作如图 8-30 所示。在两个磁力泵叶片的动画组态属性设置中，当表达式非零时，分别对应图符可见与图符不可见。在“用户窗口属性设置”对话框中 100ms 循环脚本编写如下脚本程序模拟磁力泵叶片的旋转：

if 水泵=1 then 水泵叶片=1−水泵叶片

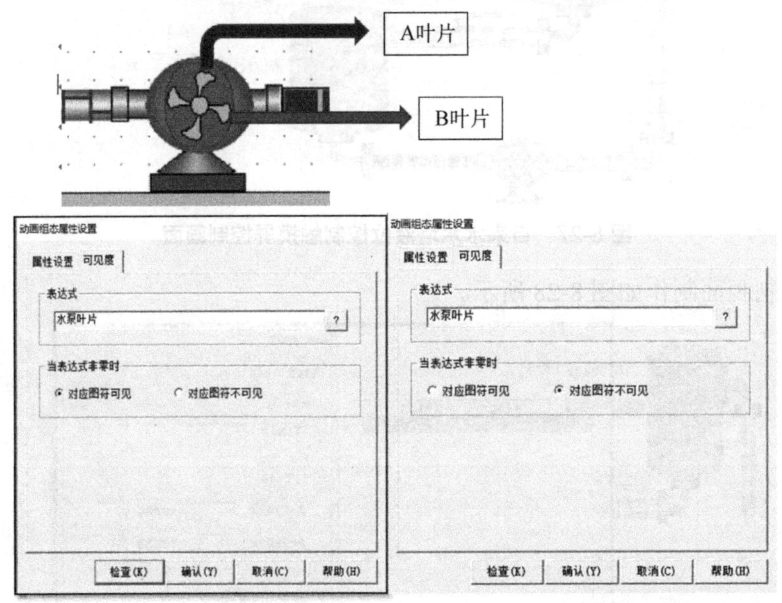

(a) A叶片动画属性设置　　(b) B叶片动画属性设置

图 8-30　磁力泵动画制作

下水流块与下水阀门动画属性设置如图 8-31 所示。下水流块流动由变量“下水阀门”取反控制，当“下水阀门”为“1”时，流块开始流动；当“下水阀门”为“0”时，流块停止流动。

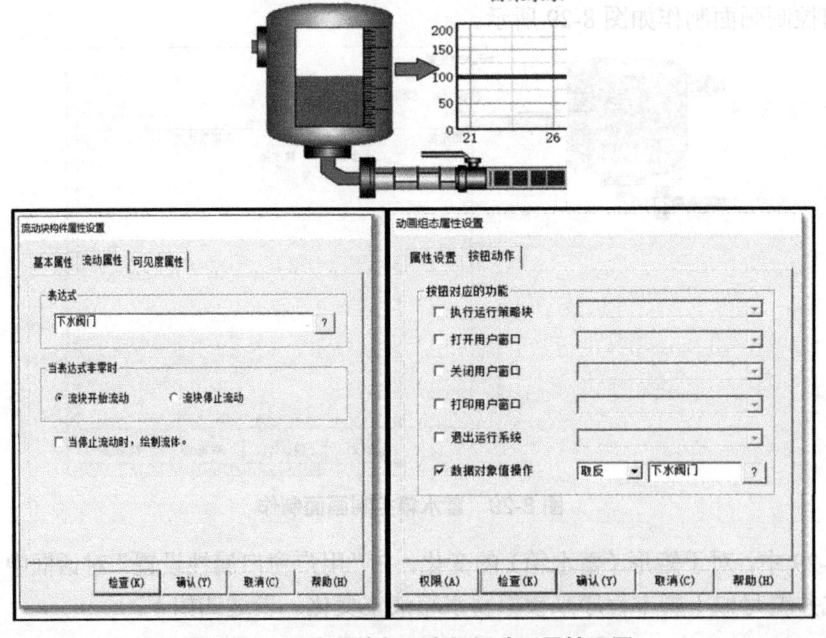

图 8-31　下水流块与下水阀门动画属性设置

上水流块动画制作如图 8-32 所示。上水流动块流动由变量“水泵”控制，当“水泵”为“1”时，流块开始流动；当“水泵”为“0”时，流块停止流动。

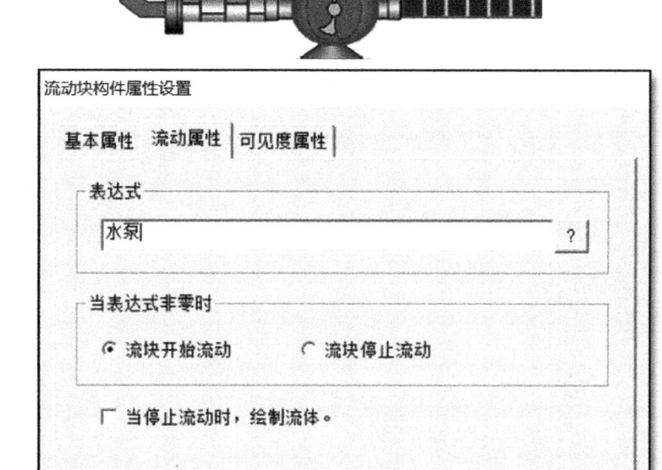

图 8-32　上水流块动画制作

图 8-33 所示为用输入框构件设置蓄水箱液位量，变量的数据类型为浮点型。

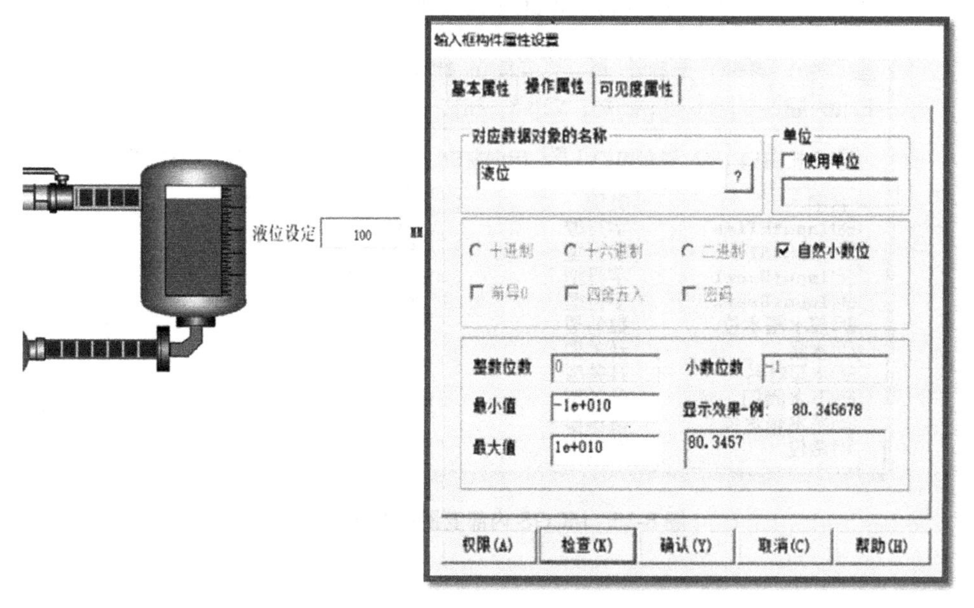

图 8-33　用输入框构件设置蓄水箱液位量

如图 8-34 所示，在“设备编辑”窗口中设置 MCGS 内部变量与 PLC 存储器变量的链接。

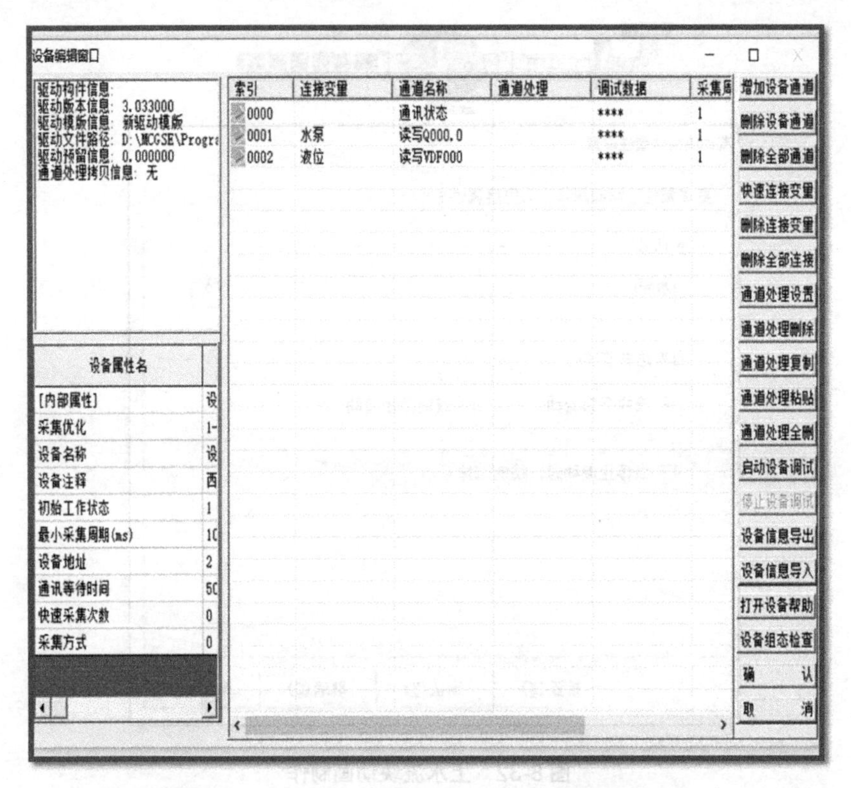

图 8-34 MCGS 内部变量与 PLC 存储器变量的链接

在“实时数据库”窗口中可以看到 MCGS 内部变量的数据类型，如图 8-35 所示。

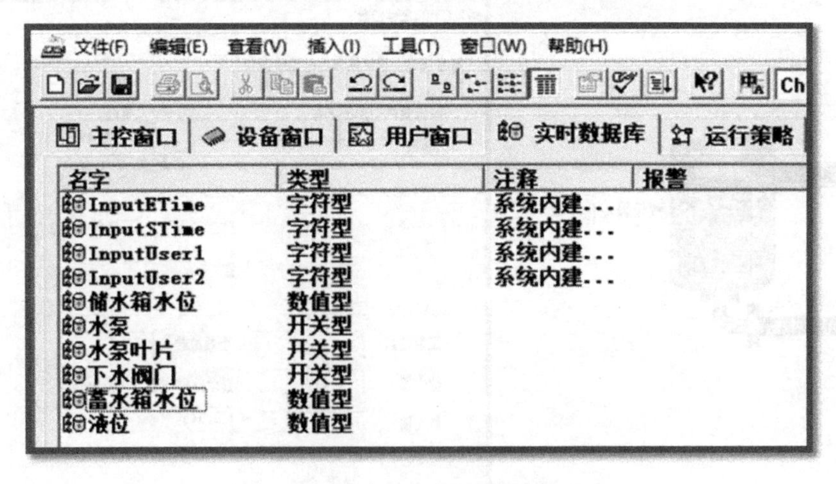

图 8-35 MCGS 内部变量的数据类型

（三）系统调试

PID 控制的难点不是编程，而在系统调试时的参数整定。参数整定的关键是正确地理解各参数的物理意义。在图 8-36 所示 PLC 符号表中可以找到比例项、微分项、积分项在 PLC 存储器中的位置。

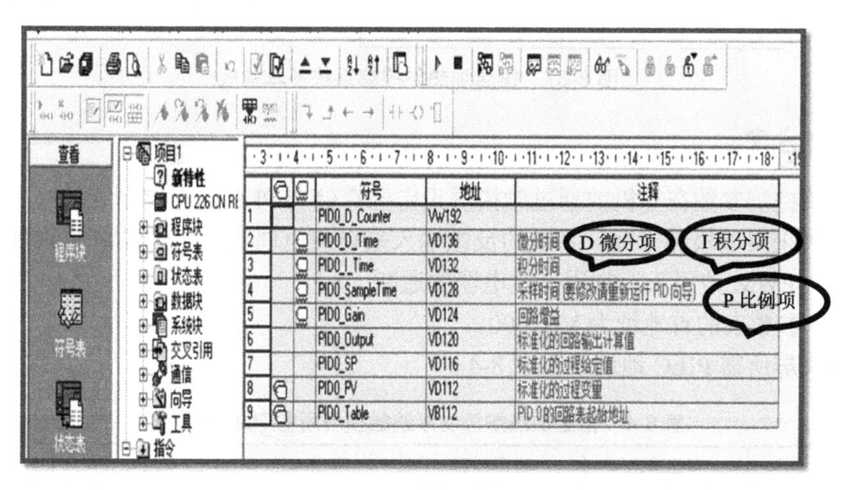

图 8-36　PLC 符号表

当蓄水箱液位距离设定高度较远时，水泵就开大点，距离设定高度较近时，水泵就开小点，随着液位逐步接近设定高度而逐渐关掉水泵。此时的大小代表了水泵抽水水头的粗细（即出水量大小对液位误差的敏感程度，假设水泵开度与误差正比关系），越粗调节的越快，也就是所谓的“增大比例系数（P）一般会加快系统响应”。但是，过大的比例系数会使系统有比较大的超调，并产生振荡，使系统稳定性变坏。增大积分时间 *I* 有利于减小超调，减小振荡，使系统的稳定性增加，但是系统静差消除时间变长。在闭环控制系统中往往进行 PI 控制就够了，但是为了提高系统抗扰动能力，降低系统抗噪声能力，需要在系统中增加微分环节（D）。微分常数也不能过大，否则会使响应过程提前制动，延长调节时间。

六、项目拓展

（一）恒温加热炉控制

恒温加热炉的温度在 50～500℃范围内可调，现采用 PLC 的 PID 调节功能实现温度控制。控制系统基本构成如图 8-37 所示，它由 PLC 主控系统、固态继电器、加热炉、温度传感器 4 个部分组成。系统采用 EM231 热电偶模块将检测到的温度实际值送入 PLC 的 AIW0 单元中，作为温度反馈信号；通过 PLC 的晶体管输出端控制固态继电器通断，从而控制加热炉电热丝的通电与否，实现加热炉的恒温控制要求。

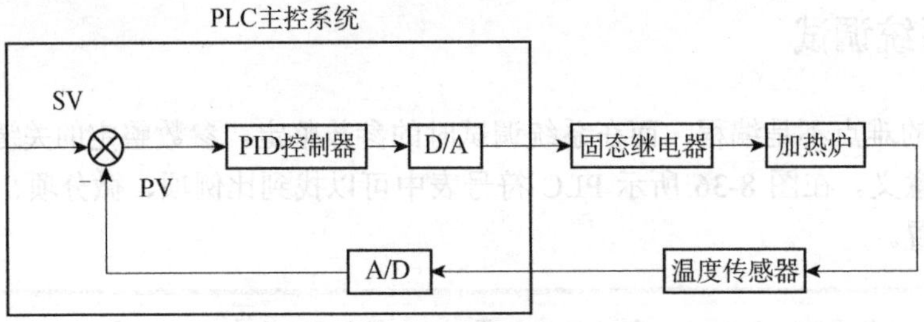

图 8-37　恒温加热炉控制系统基本构成

1. 控制方案

（1）系统控制参数在开机前通过触摸屏设定并存储在 PLC 的存储单元。

（2）系统采用单极性方案，系统的反馈输入来自热电偶对加热炉温度的测量值，系统的 PID 输出产生 PWM 波用于控制固态继电器的通断。

（3）PID 参数表的首地址为 VB1000。

（4）触摸屏所需 PILC 地址表见表 8-4。

表 8-4　恒温加热炉控制系统触摸屏所需 PLC 地址表

设定参数	存储单元	设定参数	存储单元	设定参数	存储单元
设定值	VD10	采样时间	VD1016	微分时间	VD1024
增益	VD1012	积分时间	VD1020		

（5）PID 向导配置。

①打开 PID 指令向导，选择 PID。

②配置 PID 回路 0。

③输入给定值范围为 50.0～500.0，输入比例增益为 0.5，输入采样时间为 5s，输入积分时为 10.0min，输入微分时间常数为 1.0min。

④过程变量选择“单极性”，范围为 0～32000，输出变量选择“数字量”，占空比周期为 10s。

⑤输入 V 存储器起始地止为 VB1000。

⑥默认子程序名、中断程序名，完成 P1D 配置。

（二）编制控制程序

调用 PID 指令向导生成的 PID 子程序 PIDO_INIT，PV_I 输入由模拟量输入模块转换而来的模拟量输入存储器地址 AIW0，Setpoint~输入给定量的存储器地址，Output 输入 PLC 的晶体管输出地址 Q0.0，程序如图 8-38 所示。

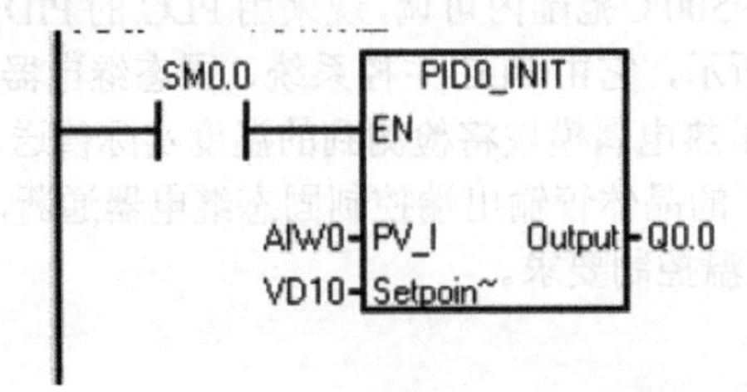

图 8-38　恒温加热炉 PID 控制程序

思考与练习八

1. PID 控制指令中回路表的含义是什么？有何作用？

2. 某水箱水位控制系统如图 8-39 所示。因水箱出水速度时高时低，所以采用变速水泵向水箱供水，以实现对水位的控制。设给定量为满水位的 70%，过程变量（为单极性信号）由水位计检测后经 A / D 变换送入 PLC，用于控制电机转速的控制量信号由 PLC 执行 PID 指令后以单极性信号经 D/A 变换后送出。拟采用 PI 控制，其增益、采样时间和积分时间分别为 0.20、0.2s、25min。要求开机后先由手动控制水泵，一直到水位上升为 70%时，通过输入点 I0.0 的置位切入自动状态。

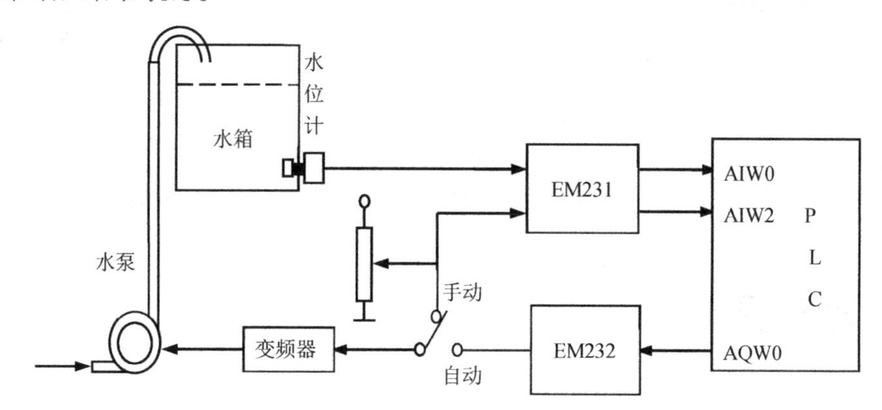

图 8-39 水箱水位控制系统示意图

项目九　机械手抓取运动控制

本项目教学课件

一、项目目标

1. 理解中断、中断事件、中断优先级、中断程序的建立方法；
2. 理解高速计数的含义，掌握高速计数器的指令格式和功能；
3. 理解 MAP 库指令的作用，能够使用 MAP 库发生器生成需要的脉冲。

二、项目提出

在水平移动方向和垂直移动方向上定义左上、左下、右上、右下四个限位开关，定义上升、下降、左行、右行四个动作，实现机械手控制仿真的单周期操作、单步操作、循环操作，锻炼编程能力。

高速计数器指令讲解

三、相关知识

（一）高速计数器的指令及应用

1. 高速计数器的指令

普通计数器受 CPU 扫描速度的影响，是按照顺序扫描的方式进行工作的。在每个扫描周期中，计数器对计数脉冲只能进行一次累加；当脉冲信号的频率比 PLC 的扫描频率高时，如果仍采用普通计数器进行累加，必然会丢失很多输入脉冲信号。在 PLC 中，对比 PCC 扫描频率高的输入信号的计数可使用高速计数器来实现。

在 S7-200 系列 CPU22X 中，高速计数器的数量及其地址编号见表 9-1。

表 9-1　高速计数器的数量及其地址编号

CPU 类型	CPU221	CPU222	CPU224	CPU226
高速计数器的数量	4		6	
高速计数器的地址编号	HC0，HC3~HC5		HC0~HC5	

高速计数器的指令包括高速计数指令 HDEF 和执行高速计数指令 HSC，见表 9-2。

表 9-2　高速计数指令 HDEF 和执行高速计数指令 HSC

HDEF	HSC
HDEF EN　ENO ????-HSC ????-MODE	HSC EN　ENO ????-N

（1）高速计数指令 HDEF

HDEF 指令的功能是为某个要使用的高速计数器选定一种工作模式。每个高速计数器在使用前，都要用 HDEF 指令来定义工作模式，并且只能使用一次。HDEF 有两个输入端：HSC 为要使用的高速计数器地址编号，数据类型为字节型，数据范围为 0～5，分别对应 HC0～HC5；MODE 用于设置高速计数器的工作模式，数据类型为字节型，数据范围为 0～11，分别对应 12 种工作模式。当准许输入使能 EN 端有效时，为指定的高速计数器定义工作模式。

（2）执行高速计数指令 HSC

HSC 指令的功能是根据与高速计数器相关的特殊继电器确定控制方式和工作状态，使高速计数器的设置生效，按照指定的工作模式执行计数操作。HSC 有一个数据输入端 N，N 为高速计数器的地址编号，数据类型为字型，数据范围为 0～5，分别对应高速计数器 HC0～HC5。当准许输入使能 EN 端有效时，启动 N 号高速计数器工作。

2. 高速计数器的输入端

高速计数器的输入端不像普通输入端那样由用户定义，而是由系统指定的输入端输入信号，每个高速计数器对它所支持的脉冲输入、方向控制、复位和启动都有专用的输入端，通过比较或中断完成设定的操作。高速计数器的专用输入端见表 9-3。

表 9-3　高速计数器的专用输入端

高速计数器编号	输入端	高速计数器编号	输入端
HC0	I0.0，I0.1，I0.2	HC3	I0.1
HC1	I0.6，I0.7，I1.0，I1.1	HC4	I0.3，I0.4，I0.5
HC2	I1.2，I1.3，，I1.4，I1.5	HC5	I0.4

3. 高速计数器的状态字节

在特殊寄存器区SMB，系统为每个高速计数器都提供了一个状态字节，为了监视高速计数器的工作状态，执行由高速计数器引用的中断事件，其格式见表9-4。

表9-4 高速计数器的状态字节

HC0	HC1	HC2	HC3	HC4	HC5	描述
SM36.0	SM46.0	SM56.0	SM36.0	SM146.0	SM156.0	不用
SM36.1	SM46.1	SM56.1	SM36.1	SM146.1	SM156.1	
SM36.2	SM46.2	SM56.2	SM36.2	SM146.2	SM156.2	
SM36.3	SM46.3	SM56.3	SM36.3	SM146.3	SM156.3	
SM36.4	SM46.4	SM56.4	SM36.4	SM146.4	SM156.4	
SM36.5	SM46.5	SM56.5	SM36.5	SM146.5	SM156.5	当前计数的状态位，0=减计数，1=加计数
SM36.6	SM46.6	SM56.6	SM36.6	SM146.6	SM156.6	当前值等于设定值的状态位，0=不等于，1=等于
SM36.7	SM46.7	SM56.7	SM36.7	SM146.7	SM156.7	当前值大于设定值的状态位，0=小于等于，1=大于

只有执行高速计数器的中断程序时，状态字节的状态位才有效。

4. 高速计数器的工作模式

高速计数器有12种不同的工作模式（0～11）。可以通过编程的方法，使用高速计数器指令HDEF来选定工作模式。

①高速计数器HC0是一个通用的加/减计数器，共有8种工作模式，可通过编程来选择不同的工作模式。HC0的工作模式见表9-5。

表9-5 HC0的工作模式

<table>
<tr><th>模式</th><th colspan="2">描述</th><th>控制位</th><th>I0.0</th><th>I0.1</th><th>I0.2</th></tr>
<tr><td>0</td><td colspan="2" rowspan="2">内部方向控制的单向加/减计数器</td><td>SM37.3=0，减</td><td rowspan="2">脉冲</td><td rowspan="2"></td><td></td></tr>
<tr><td>1</td><td>SM37.3=1，加</td><td>复位</td></tr>
<tr><td>3</td><td colspan="2" rowspan="2">外部方向控制的单向加/减计数器</td><td>I0.1=0，减</td><td rowspan="2">脉冲</td><td rowspan="2">方向</td><td></td></tr>
<tr><td>4</td><td>I0.1=1，加</td><td>复位</td></tr>
<tr><td>6</td><td colspan="2" rowspan="2">加/减计数脉冲输入控制的双向计数器</td><td rowspan="2">外部输入控制</td><td rowspan="2">加计数脉冲</td><td rowspan="2">减计数脉冲</td><td></td></tr>
<tr><td>7</td><td>复位</td></tr>
<tr><td>9</td><td rowspan="2">A/B相正交计数器</td><td>A超前B，加计数</td><td rowspan="2">外部输入控制</td><td rowspan="2">A相脉冲</td><td rowspan="2">B相脉冲</td><td></td></tr>
<tr><td>10</td><td>B超前A，减计数</td><td>复位</td></tr>
</table>

②高速计数器HC1共有12种工作模式，见表9-6。

表 9-6 HC1 的工作模式

模式	描述	控制位	I0.6	I0.7	I1.0	I1.1
0					复位	
1	内部方向控制的单向加/减计数器	SM47.3=0，减 SM47.3=1，加	脉冲			
2						启动
3						
4	外部方向控制的单向加/减计数器	I0.7=0，减 I0.7=1，加	脉冲	方向	复位	
5						启动
6						
7	加/减计数脉冲输入控制的双向计数器	外部输入控制	加计数脉冲	减计数脉冲	复位	
8						启动
9						
10	A/B 相正交计数器 A 超前 B，加计数 B 超前 A，减计数	外部输入控制	A 相脉冲	B 相 Mc	复位	
11						启动

③高速计数器 HC2 共有 12 种工作模式。见表 9-7。

表 9-7 HC2 的工作模式

模式	描述	控制位	I1.2	I1.3	I1.4	I1.5
0						
1	内部方向控制的单向加/减计数器	SM57.3=0，减 SM57.3=1，加	脉冲		复位	
2						启动
3						
4	外部方向控制的单向加/减计数器	I1.3=0，减 I1.3=1，加	脉冲	方向	复位	
5						启动
6						
7	加/减计数脉冲输入控制的双向计数器	外部输入控制	加计数脉冲	减计数脉冲	复位	
8						启动
9						
10	A/B 相正交计数器 A 超前 B，加计数 B 超前 A，减计数	外部输入控制	A 相脉冲	B 相 Mc	复位	
11						启动

④高速计数器 HC3 只有一种工作模式，见表 9-8。

表 9-8 HC3 的工作模式

模式	描述	控制位	I0.1
0	内部方向控制的单向加/减计数器	SM137.0=0，减；SM137.3=1，加	脉冲

⑤高速计数器 HC4 有 8 工作模式，见表 9-9。

表 9-9 HC4 的工作模式

模式	描述		控制位	I0.3	I0.4	I0.5
0	内部方向控制的单向加/减计数器		SM147.3=0，减	脉冲		
1			SM147.3=1，加			复位
3	外部方向控制的单向加/减计数器		I0.1=0，减	脉冲	方向	
4			I0.1=1，加			复位
6	加/减计数脉冲输入控制的双向计数器		外部输入控制	加计数脉冲	减计数脉冲	
7						复位
9	A/B 相正交计数器	A 超前 B，加计数	外部输入控制	A 相脉冲	B 相脉冲	
10		B 超前 A，减计数				复位

⑥高速计数器 HC5 只有一种工作模式，见表 9-10。

表 9-10 HC5 的工作模式

模式	描述	控制位	I0.4
0	内部方向控制的单向加/减计数器	SM157.3=0，减；SM157.3=1，加	脉冲

5. 高速计数器的控制字节

在特殊寄存器区 SMB，系统为每个高速计数器都安排了一个控制字节，可通过对控制字节指定位的设置，确定高速计数器的工作模式。S7-200 系列 PLC 在执行 HSC 指令前，首先要检查与每个高速计数器相关的控制字节，在控制字节中设置了启动输入信号和复位输入信号的有效电平、正交计数器的计数倍率和计数方向（采用内部控制的有效电平）、是否允许改变计数方向、是否允许更新设定值、是否允许更新当前值，以及是否允许执行高速计数指令。高速计数器的控制字节见表 9-11。

表 9-11 高数计数器的控制字节

HC0	HC1	HC2	HC3	HC4	HC5	描述
SM37.0	SM47.0	SM57.0	—	SM147.0	—	复位输入控制电平有效值：0=高电平有效，1=低电平有效
—	SM47.1	SM57.1	—	—	—	启动输入控制电平有效值：0=高电平有效，1=低电平有效
SM37.2	SM47.2	SM57.2	—	SM147.2	—	倍率选择：0=4 倍率，1=1 倍率
SM37.3	SM47.3	SM57.3	SM137.3	SM147.3	SM157.3	计数方向控制：0 为减，1 为加
SM37.4	SM47.4	SM57.4	SM137.4	SM147.4	SM157.4	改变计数方向控制：0=不改变，1=准许改变
SM37.5	SM47.5	SM57.5	SM137.5	SM147.5	SM157.5	改变设定值控制：0=不改变，1=准许改变
SM37.6	SM47.6	SM57.6	SM137.6	SM147.6	SM157.6	改变当前值控制：0=不改变，1=准许改变
SM37.7	SM47.7	SM57.7	SM137.7	SM147.7	SM157.7	高速计数控制：0=禁止计数，1=准许计数

说明：

①在高速计数器的 12 种工作模式中，对于模式 0、模式 3、模式 6 和模式 9，既无启动输入，又无复位输入；对于模式 1、模式 4、模式 7 和模式 10，只有复位输入，没有启动输入；对于模式 2、模式 5、模式 8 和模式 11，既有启动输入，又有复位输入。

②当启动输入有效时，允许计数器计数；当启动输入无效时，计数器的当前值保持不变；当复位输入有效时，将计数器的当前值寄存器清零；当启动输入无效而复位输入有效时，则忽略复位的影响，计数器的当前值保持不变；当复位输入保持有效，启动输入变为有效时，则将计数器的当前值寄存器清零。

③在 S7-200 系列 PLC 中，系统默认的复位输入和启动输入均为高电平有效，正交计数器为 4 倍频，如果想改变系统的默认设置，需要设置如表 9-11 中的特殊继电器的第 0、1、2 位。各个高速计数器的计数方向的控制、设定值和当前值的控制、执行高速计数的控制，是由表 9-11 中各个相关控制字节的第 3 位至第 7 位决定的。

6. 高速计数器的当前值寄存器和设定值寄存器

每个高速计数器都有 1 个 32 位的过程值寄存器，同时每个高速计数器还有 1 个 32 位的当前值寄存器和 1 个 32 位的设定值寄存器，当前值和设定值都是有符号的整数。为了向高速计数器存入新的当前值和设定值，必须先将当前值和设定值以双字的数据类型存入表 9-12 所列的特殊寄存器中，然后执行 HSC 指令，才能将新的值传送给高速计数器。

表 9-12　高速计数器的当前值和设定值

HC0	HC1	HC2	HC3	HC4	HC5	说明
SMD38	SMD48	SMD58	SMD138	SMD148	SMD158	新当前值
SMD42	SMD52	SMD62	SMD142	SMD152	SMD162	新设定值

（二）MAP 库的应用

MAP 库的案例讲解

1. MAP 库的基本描述

S7-200 系列 PLC 本体 PTO 提供了库 MAP SERV Q0.0 和 MAP SERV Q0.1（这两个库可同时应用于同一项目），分别用于 Q0.0 和 Q0.1 的脉冲串输出，如图 9-1 所示。

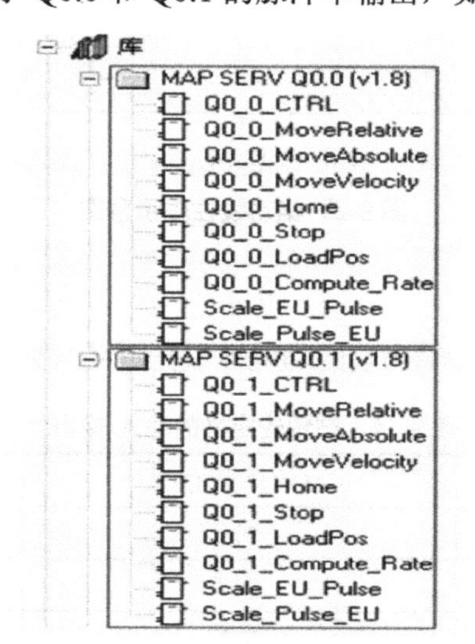

图 9-1　MAP SERV Q0.0 和 MAP SERV Q0.1 库

MAP 库各模块的功能见表 9-13。

表 9-13　MAP 库各模块的功能

模块	功能
Q0_x_CTRL	参数定义和控制
Q0_x_MoveRelative	执行一次相对位移运动
Q0_x_MoveAbsolute	执行一次绝对位移运动

续表

模块	功能
Q0_x_MoveVelocity	按预设的速度运动
Q0_x_Home	寻找参考点位置
Q0_x_Stop	停止运动
Q0_x_LoadPos	重新装载当前位置
Scale_EU_Pulse	将距离值转化为脉冲数
Scale_Pulse_EU	将脉冲数转化为距离值

2. MAP 库的总体描述

为了更好地应用 MAP 库，需要在运动轨迹上添加三个限位开关，如图 9-2 所示。一个参考点接近开关（Home），用于定义绝对位置 C_Pos 的零点；两个边界限位开关，一个是正向限位开关（Fwd_Limit），另一个是反向限位开关（Rev_Limit）。绝对位置 C_Pos 的计数值格式为 DINT，所以其计数范围为−2147483648～+2147483647。如果一个限位开关被运动物件触碰，则该运动物件会减速停止，因此，限位开关的安装位置与轨道尽头间应当留出足够的裕量 ΔS_{min}，以避免物体滑出轨道尽头。

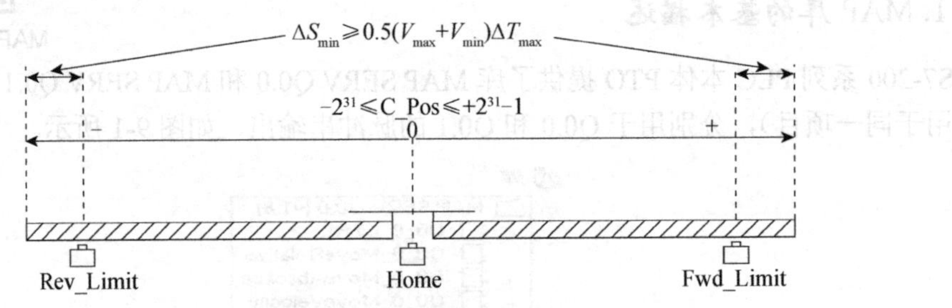

图 9-2 驱动线性轴示意图

3. 输入/输出端定义

应用 MAP 库时，一些输入/输出端的功能被预先定义，见表 9-14。

表 9-14 被预先定义的输入/输出端

名称	MAP SERV Q0.0	MAP SERV Q0.1
脉冲输出	Q0.0	Q0.1
方向输出	Q0.2	Q0.3
参考点输入	I0.0	I0.1
所用的高速计数器	HC0	HC3
高速计数器预置值	SMD 42	SMD 142
手动速度	SMD 172	SMD 182

4. MAP 库的背景数据块

为了可以使用 MAP 库，必须为该库分配 68 B（每个库）的全局变量，如图 9-3 所示。

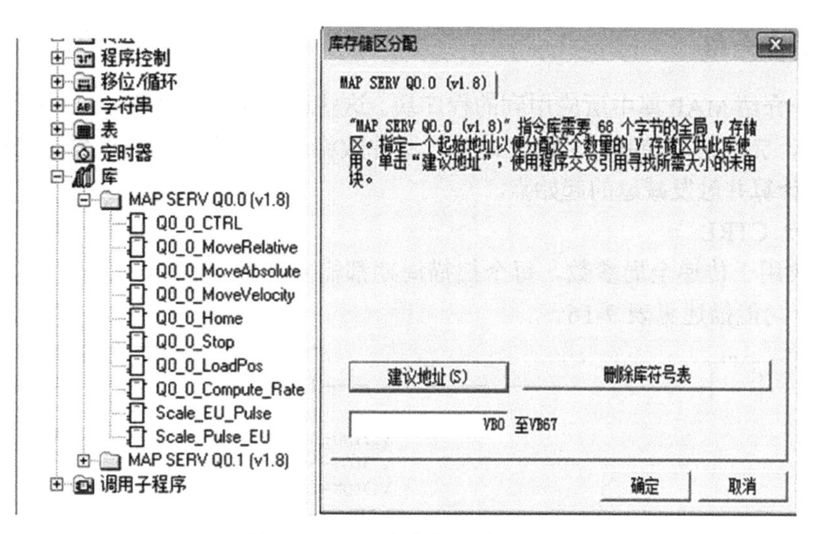

图 9-3　MAP 库存储区地址分配

表 9-15 是使用 MAP 库时所用到的最重要的一些变量（以相对地址表示）。

表 9-15　重要变量

符号名	相对地址	注释
Disable_Auto_Stop	+V0.0	默认值=0，意味着当运动物件已经到达设定地点时，即使尚未减速到 Velocity_SS，依然停止运动；默认值=1 时则减速至 Velocity_SS 时才停止
Dir_Active_Low	+V0.1	方向定义，默认值=0、方向输出为 1 时表示正向
Final_Dir	+V0.2	寻找参考点过程中的最后方向
Tune_Factor	+VD1	调整因子（默认值=0）
Ramp_Time	+VD5	Ramp time=accel_dec_time（加减速时间）
Max_Speed_DI	+VD9	最大输出频率=Velocity_Max
SS_Speed_DI	+VD13	最小输出频率=Velocity_SS
Homing_State	+VD18	寻找参考点过程的状态
Homing_Slow_Spd	+VD19	寻找参考点时的低速（默认值=Velocity_SS）
Homing_Fast_Spd	+VD23	寻找参考点时的高速（默认值=Velocity_Max/2）
Fwd_Limit	+V27.1	正向限位开关
Rev_Limit	+V27.2	反向限位开关
Homing_Active	+V27.3	寻找参考点激活
C_Dir	+V27.4	当前方向
Homing_Limit_Chk	+V27.5	限位开关标志
Dec_Stop_Flag	+V27.6	开始减速
PTO0_LDPOS_Error	+VB28	使用 Q0_x_LoadPos 时的故障信息（16#00=无故障，16#FF=故障）
Target_Location	+VD29	目标位置
Deceleration_factor	+VD33	减速因子=（Velocity_SS−Velocity_Max）/accel_dec_time（格式：REAL）
SS_Speed_real	+VD37	最小速度=Velocity_SS（格式：REAL）
Est_Stopping_Dist	+VD41	计算出的减速距离（格式：DINT）

5. 功能块介绍

下面逐一介绍 MAP 库中所应用到的程序块。这些程序块全部基于 S7-200 系列 PLC 的内置 PTO 输出，完成运动控制的功能。此外，脉冲数将通过指定的高速计数器 HSC 计数，通过 HSC 中断计算并触发减速的起始点。

（1）Q0_x_CTRL

该程序块用于传递全局参数，每个扫描周期都需要调用。Q0_x_CTRL 初始化程序块如图 9-4 所示，功能描述见表 9-16。

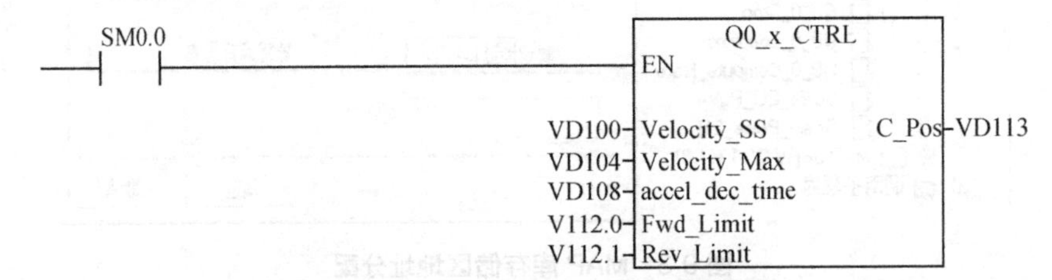

图 9-4　Q0_x_CTRL 初始化程序块

表 9-16　Q0_x_CTRL 初始化程序块的功能描述表

参数	类型	格式	单位	意义
Velocity_SS	IN	DINT	Pulse/sec.	最小脉冲/停止频率
Velocity_Max	IN	DINT	Pulse/sec.	最大脉冲频率
accel_dec_time	IN	REAL	sec.	最大加减速时间
Fwd_Limit	IN	BOOL	—	正向限位开关
Rev_Limit	IN	BOOL	—	反向限位开关
C_Pos	OUT	DINT	Pulse	当前绝对位置

Velocity_SS 是最小脉冲频率，是加速过程的起点和减速过程的终点。

Velocity_Max 是最大脉冲频率，受限于电动机最大频率和 PLC 的最大输出频率。

在程序中若输入超出（Velocity_SS，Velocity_Max）范围的脉冲频率，将会被 Velocity_SS 或 Velocity_Max 所取代。

accel_dec_time 是由 Velocity_SS 加速到 Velocity_Max 所用的时间（或由 Velocity_Max 减速到 Velocity_SS 所用的时间，两者相等），规定范围为 0.02～32.0s，但最好不要小于 0.5s。

注意：超出 accel_dec_time 规定范围的值可以被写入功能块中，但是会导致定位过程出错。

（2）Scale_EU_Pulse

该程序块用于将一个位置量转化为一个脉冲量，因此它可用于将一段位移转化为脉冲数，或将一个速度转化为脉冲频率。该程序块如图 9-5 所示，其功能描述见表 9-17。

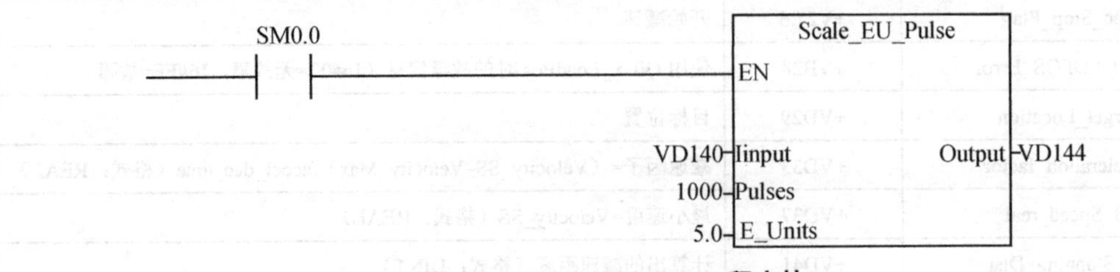

图 9-5　Scale_EU_Pulse 程序块

表 9-17 Scale_EU_Pulse 程序块的功能描述表

参数	类型	格式	单位	意义
Input	IN	REAL	mm or mm/s	欲转换的位移或速度
Pulses	IN	DINT	Pulse /revol.	电动机转一圈所需要的脉冲数
E_Units	IN	REAL	mm /revol.	电动机转一圈所产生的位移
Output	OUT	DINT	Pulse or pulse/s	转换后的脉冲数或脉冲频率

下面是该程序块的计算公式：

$$\text{Output} = \frac{\text{Pulses}}{\text{E\_Units}}\text{Input}$$

（3）Scale_Pulse_EU

该程序块用于将一个脉冲量转化为一个位移量，因此它可用于将一段脉冲数转化为位移，或将一个脉冲频率转化为速度。该程序块如图 9-6 所示，其功能描述见表 9-18。

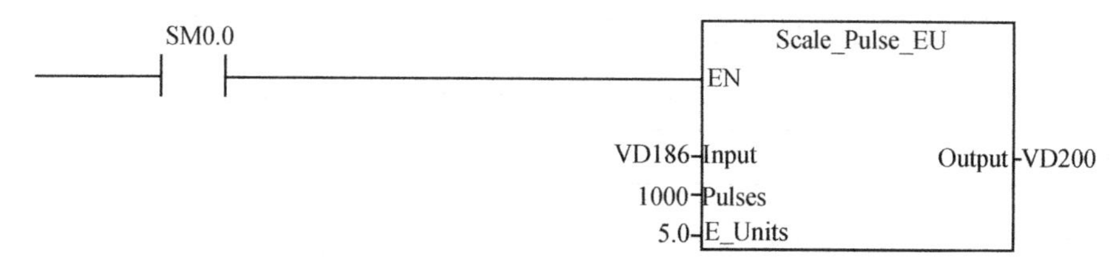

图 9-6 Scale_Pulse_EU 程序块

表 9-18 Scale_Pulse_EU 程序块的功能描述表

参数	类型	格式	单位	意义
Input	IN	REAL	Pulse or pulse/s	欲转换的脉冲数或脉冲频率
Pulses	IN	DINT	Pulse /revol.	电动机转一圈所需要的脉冲数
E_Units	IN	REAL	mm /revol.	电动机转一圈所产生的位移
Output	OUT	DINT	mm or mm/s	转换后的位移或速度

下面是 Scale_Pulse_EU 程序块的计算公式：

$$\text{Output}=\frac{\text{E\_Units}}{\text{Pulses}}\text{Input}$$

（4）Q0_x_Home

Q0_x_Home 程序块用于寻找参考点位置，该程序块如图 9-7 所示，其功能描述见表 9-19。

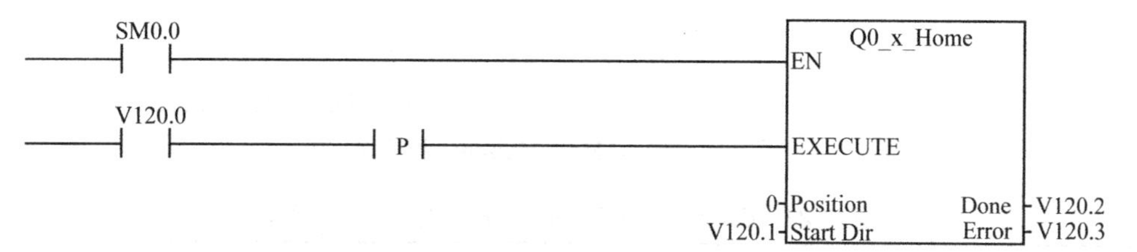

图 9-7 Q0_x_Home 程序块

表 9-19 Q0_x_Home 程序块的功能描述表

参数	类型	格式	单位	意义
EXECUTE	IN	BOOL	—	寻找参考点的执行位
Position	IN	DINT	Pulse	参考点的绝对位移

续表

参数	类型	格式	单位	意义
Start_Dir	IN	BOOL	—	寻找参考点的起始方向（0=反向，1=正向）
Done	OUT	BOOL	—	完成位（1=完成）
Error	OUT	BOOL	—	故障位（1=故障）

该程序块用于寻找参考点，在寻找过程的起始点时，电动机首先在 Start_Dir 方向、以 Homing_Fast_Spd 速度开始寻找；在碰到 limit switch（Fwd_Limit 或 Rev_Limit）后，减速至停止，然后开始向相反方向寻找；当碰到参考点开关（input I0.0；withQ0_1_Home：I0.1）的上升沿时，开始减速至 Homing_Slow_Spd。如果此时的方向与 Final_Dir 相同，则在参考点开关下降沿时停止运动，并且将计数器 HC0 的计数值设为 Position 中所定义的值。

如果当前方向与 Final_Dir 不同，则必然要改变运动方向，这样就可以保证参考点始终在参考点开关的同一侧（具体是哪一侧取决于 Final_Dir）。

寻找参考点的状态可以通过全局变量 Homing_State 来监测，参见表 9-20。

表 9-20 全局变量 Homing_State 的参数值及意义

Homing_State 的参数值	意义
0	参考点已找到
2	开始寻找
4	在相反方向，以速度 Homing_Fast_Spd 继续寻找（在碰到限位开关或参考点开关之后）
6	发现参考点，开始减速
7	以方向 Final_Dir、速度 Homing_Slow_Spd 继续寻找（在参考点已经在 Homing_Fast_Spd 的速度下被发现之后）
10	故障（在两个限位开关之间并未发现参考点）

（5）Q0_x_MoveRelative

Q0_x_MoveRelative 程序块用于使轴按照指定的方向、以指定的速度运动指定的相对位移。该程序块如图 9-8 所示，其功能描述见表 9-21。

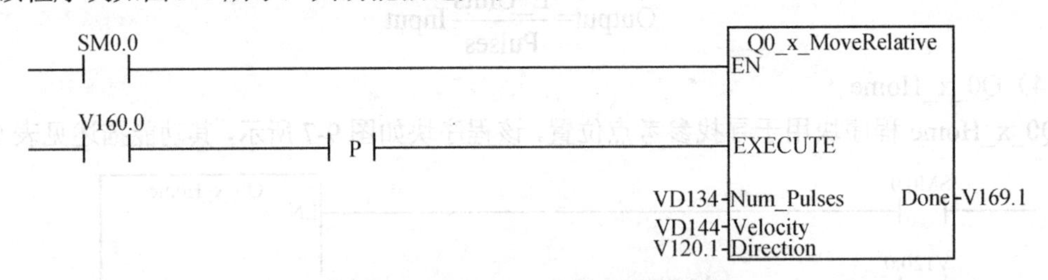

图 9-8 Q0_x_MoveRelative 程序块

表 9-21 Q0_x_MoveRelative 程序块的功能描述表

参数	类型	格式	单位	意义
EXECUTE	IN	BOOL	—	相对位移运动的执行位
Num_Pulses	IN	DINT	Pulse	相对位移（必须>1）
Velocity	IN	DINT	Pulse/sec.	预置频率（Velocity_SS<=Velocity <=Velocity_Max）
Direction	IN	BOOL	—	预置方向（0=反向，1=正向）
Done	OUT	BOOL	—	完成位（1=完成）

（6）Q0_x_MoveAbsolute

Q0_x_MoveAbsolute 程序块用于使轴以指定的速度运动到指定的绝对位置。该程序块如图 9-9 所示，其功能描述见表 9-22。

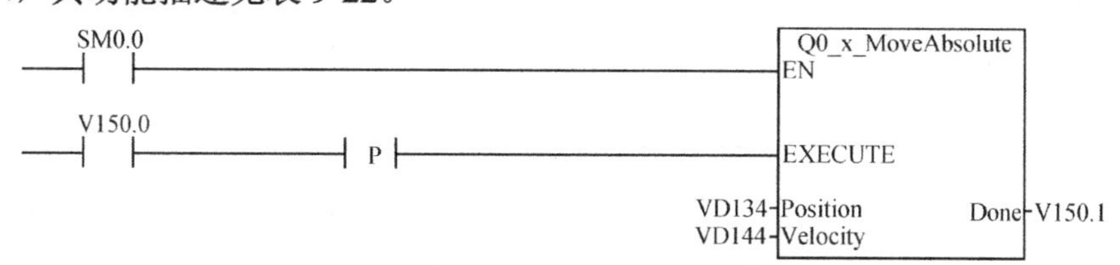

图 9-9　Q0_x_MoveAbsolute 程序块

表 9-22　Q0_x_MoveAbsolute 程序块的功能描述表

参数	类型	格式	单位	意义
EXECUTE	IN	BOOL	—	绝对位移运动的执行位
Position	IN	DINT	Pulse	绝对位移
Velocity	IN	DINT	Pulse/sec.	预置频率（Velocity_SS<=Velocity<=Velocity_Max）

（7）Q0_x_MoveVelocity

Q0_x_MoveVelocity 程序块用于使轴按照指定的方向和频率运动，在运动过程中可对频率进行更改。该程序块如图 9-10 所示，其功能描述见表 9-23。

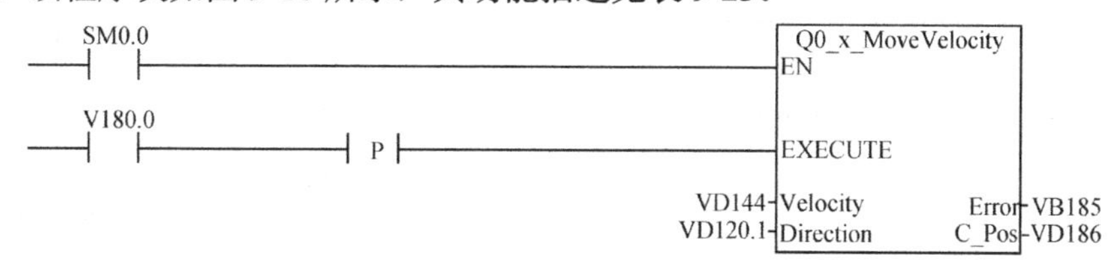

图 9-10　Q0_x_MoveVelocity 程序块

表 9-23　Q0_x_MoveVelocity 程序块的功能描述表

参数	类型	格式	单位	意义
EXECUTE	IN	BOOL	—	执行位
Velocity	IN	DINT	Pulse/sec.	预置频率（Velocity_SS<=Velocity<=Velocity_Max）
Direction	IN	BOOL	—	预置方向（0=反向，1=正向）
Error	OUT	BYTE	—	故障标识（0=无故障，1=立即停止，3=执行错误）
C_Pos	OUT	DINT	Pulse	当前绝对位置

注意：Q0_x_MoveVelocity 程序块只能通过 Q0_x_Stop block 程序块来停止轴的运动，如图 9-11 所示。

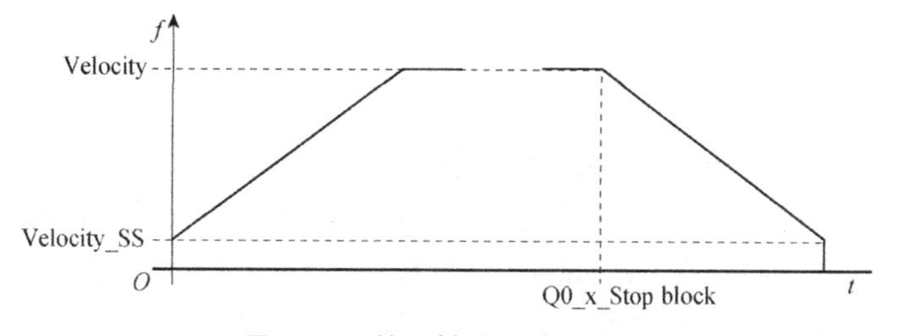

图 9-11　停止轴的运动示意图

（8）Q0_x_Stop

Q0_x_Stop程序块用于使轴减速直至停止。该程序块如图9-12所示，其功能描述见表9-24。

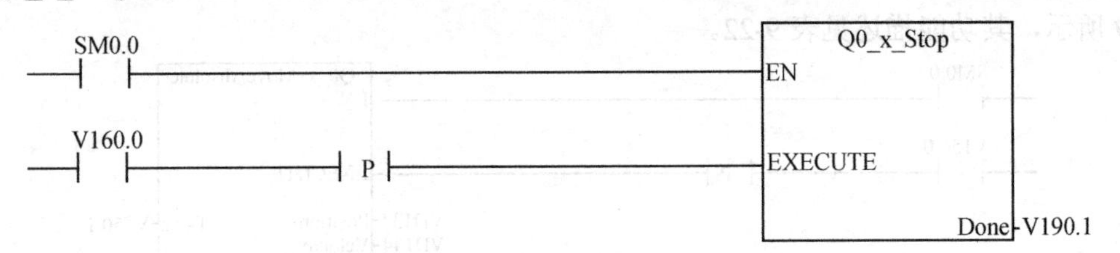

图 9.12　Q0_x_Stop 程序块

表 9-24　Q0_x_Stop 程序块的功能描述表

参数	类型	格式	单位	意义
EXECUTE	IN	BOOL	—	执行位
Done	OUT	BOOL	—	完成位（1=完成）

（9）Q0_x_LoadPos

Q0_x_LoadPos 程序块用于将当前位置的绝对位置设置为预置值。该程序块如图 9-13 所示，其功能描述见表 9-25。

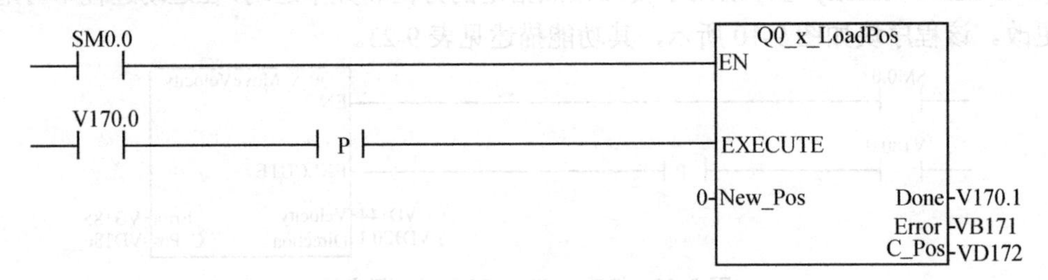

图 9-13　Q0_x_LoadPos 程序块

表 9-25　Q0_x_LoadPos 程序块的功能描述表

参数	类型	格式	单位	意义
EXECUTE	IN	BOOL	—	设置绝对位置的执行位
New_Pos	IN	DINT	Pulse	预置绝对位置
Done	OUT	BOOL	—	完成位（1=完成）
Error	OUT	BYTE	—	故障位（0=无故障）
C_Pos	OUT	DINT	Pulse	当前绝对位置

注意：使用该程序块将使得原参考点失效，为了清晰地定义绝对位置，必须重新寻找参考点。

6. 校准

利用本项目所使用的算法将计算出减速过程（从减速起始点到速度最终为 Velocity_SS）所需要的脉冲数。但在减速过程中所形成的斜坡有可能会导致计算出的减速斜坡与实际的包络不完全一致。此时就需要对 Tune_Factor 进行校正。Tune_Factor 的最优值取决于最大、最小和目标脉冲频率以及最大减速时间。运动校准图如图 9-14 所示。

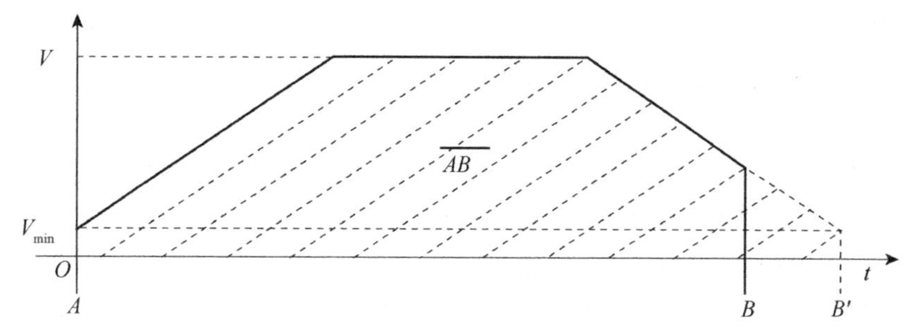

图 9-14　运动校准图

如图 9-14 所示，运动的目标位置是 *B*，算法会自动计算出减速起始点。当计算与实际不符时，在轴已经运动到 *B* 点时，尚未到达最小速度，此时若 Disable_Auto_Stop=0，则轴运动到 *B* 点即停止运动；若 Disable_Auto_Stop=1，则轴会继续运动直至到达最小速度。图 9-14 中所示的情况为计算的减速起始点出现的太晚。

注意：一次新的校准过程并不需要将伺服驱动器连接到 CPU。校准的步骤如下：

①置位 Disable_Auto_Stop，即令 Disable_Auto_Stop=1。

②设置 Tune_Factor=1。

③使用 Q0_x_LoadPos 程序块将当前位置的绝对位置设为 0。

④使用 Q0_x_MoveRelative 程序块，以指定的速度完成一次相对位置运动（留出足够的空间以使该运动得以顺利完成）。

⑤运动完成后，查看实际位置。Tune_Factor 的调整值应由 HC0、目标相对位移 Num_Pulses、预估减速距离 Est_Stopping_Dist 决定。Est_Stopping_Dist 由下面的公式计算得出：

$$\text{Est\_Stopping\_Dist} = \frac{\text{velocity}^2 - \text{velocity\_SS}^2}{\text{velocity\_Max} - \text{velocity\_ss}} \cdot \frac{\text{accel\_dec\_time}}{2}$$

Tune_Factor 由下面的公式计算得出：

$$\text{Tune\_Factor} = \frac{\text{HC0} - \text{Num\_Pulses+Est\_Stopping\_Dist}}{\text{Est\_Stopping\_Dist}}$$

⑥在调用 Q0_x_CTRL 的网络之后插入一条网络，将调整后的 Tune_Factor 传递给全局变量 VD1，如图 9-15 所示。

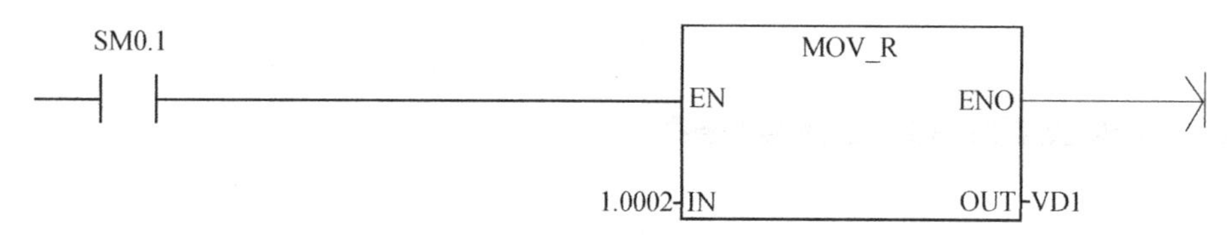

图 9-15　传送到 VD1

⑦复位 Disable_Auto_Stop，即令 Disable_Auto_Stop=0。

（三）MCGS安全机制应用制作

MCGS 组态软件提供了一套完善的安全机制，用户能够自由组态控制菜单、按钮和退出系统的操作权限，只允许有操作权限的操作员才能对某些功能进行操作。MCGS 组态软件还提供了工程密码、锁定软件狗、工程运行期限等功能，来保护用 MCGS 组态软件进行开发所得的成果，开发者可利用这些功能保护自己的合法权益。

1. 操作权限

MCGS 组态软件的操作权限机制和 Windows NT 类似，采用用户组和用户的概念来进行操作权限的控制。在 MCGS 中可以定义无限多个用户组，每个用户组中可以包含无限多个用户，同一个用户可以隶属于多个用户组。操作权限的分配是以用户组为单位来进行的，即对某种功能的操作哪些用户组有权限、某个用户能否对这个功能进行操作取决于该用户所在的用户组是否具备对应的操作权限。

MCGS 组态软件按用户组来分配操作权限的机制，使得用户能方便地建立各种多层次的安全机制。例如：实际应用中的安全机制一般要划分为操作员组、技术员组、负责人组。操作员组的成员一般只能进行简单的日常操作；技术员组负责工艺参数等功能的设置；负责人组能对重要的数据进行统计分析。各组的权限各自独立，但某用户可能因工作需要，能够进行所有操作，则只需把该用户同时设为隶属于三个用户组即可。

2. 系统权限管理

为了整个系统能够安全地运行，需要对系统权限进行管理，具体操作如下。

（1）用户权限管理

在菜单“工具”中单击“用户权限管理”命令，弹出“用户管理器”对话框。单击“用户组名”下面的空白处，如图 9-16 所示，再单击“新增用户组”按钮，会弹出“用户组属性设置”对话框，如图 9-17 所示，进行相应设置；如图 9-18 所示，单击“用户名”下面的空白处，再单击“新增用户”按钮，弹出“用户属性设置”对话框，如图 9-19 所示，设置后单击“确认”按钮；最后单击图 9-20 所示对话框中的“退出”按钮。

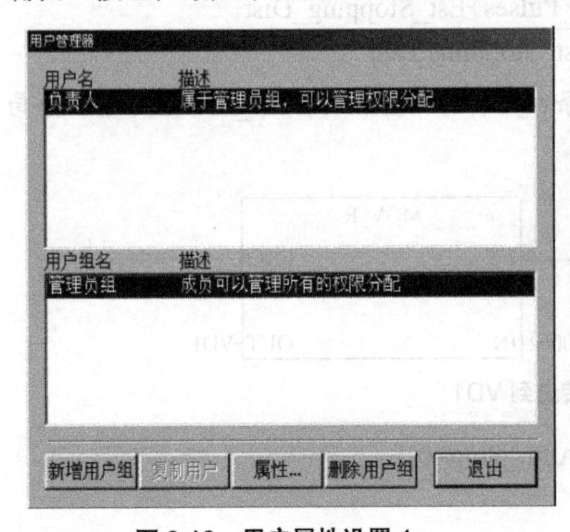

图 9-16　用户属性设置 1

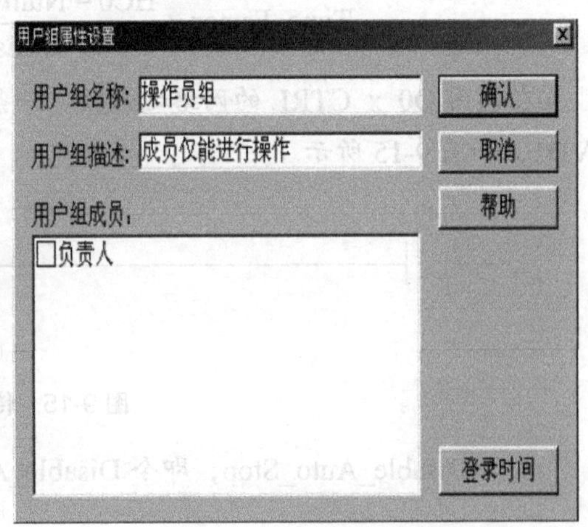

图 9-17　用户属性设置 2

图 9-18　用户属性设置 3

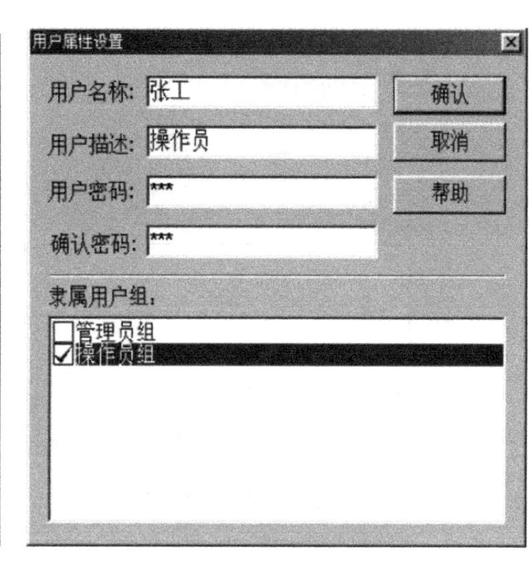

图 9-19　用户属性设置 4

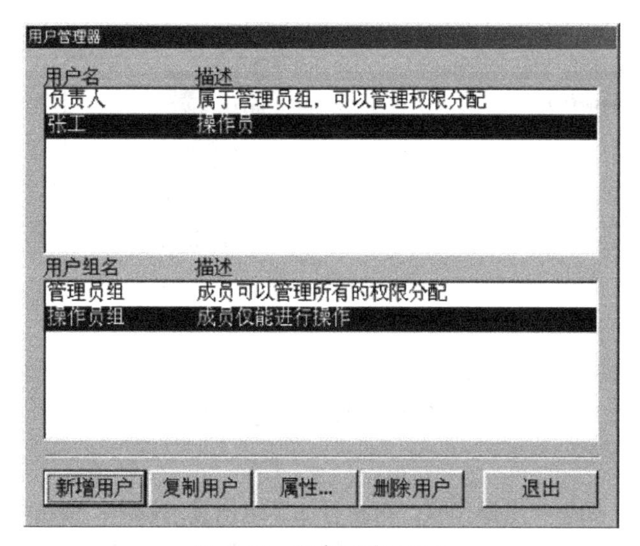

图 9-20　用户属性设置 5

在运行环境中为了确保工程安全可靠地运行，MCGS 建立了一套完善的运行安全机制。新增菜单项的具体操作如下：

在 MCGS 组态平台上的“主控窗口”中，单击“菜单组态”按钮，打开菜单组态窗口。单击工具栏中的“新增菜单项”图标，会产生“操作 0”菜单。连续单击“新增菜单项”图标，增加三个菜单，分别为“操作 1”“操作 2”“操作 3”。

（2）登录用户

新用户为获得操作权，应进行系统登录。双击“操作 0”菜单，弹出“菜单属性设置”对话框，在“菜单属性”选项卡中将“菜单名”改为“登录用户”，如图 9-21 所示；进入“脚本程序”选项卡，在程序框内输入代码“!LogOn()”，如图 9-22 所示。这里利用的是 MCGS 提供的内部函数，或在“脚本程序”选项卡中单击“打开脚本程序编辑器”按钮，进入脚本程序编辑环境，从右侧单击“系统函数”，再单击“用户登录操作”，双击“!LogOn()”也可，如图 9-23 所示。这样在执行此项菜单命令时，调用该函数，便会弹出 MCGS 登录窗口。

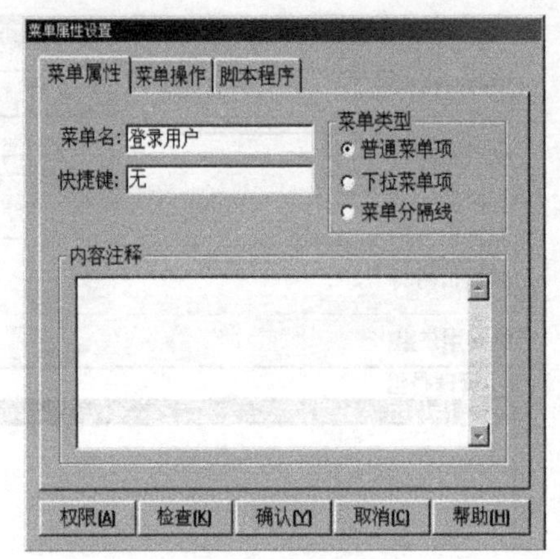

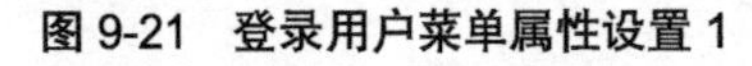

图 9-21　登录用户菜单属性设置 1　　　图 9-22　登录用户菜单属性设置 2

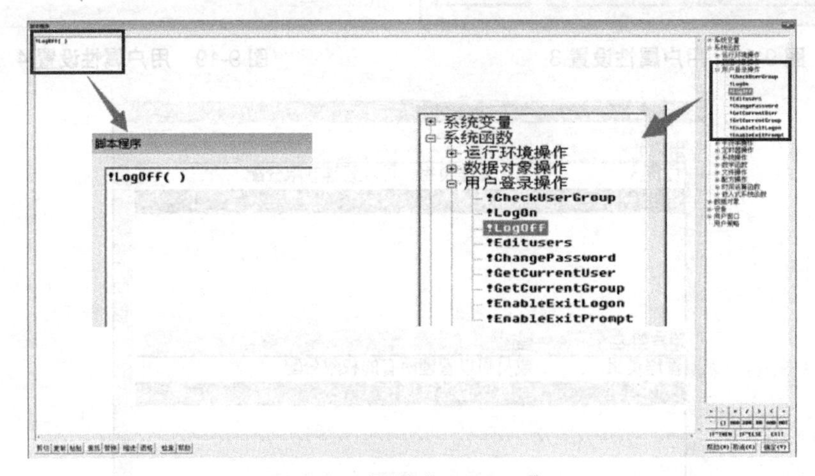

图 9-23　调用“!LogOn()”

（3）退出登录

用户完成操作后，如想交出操作权，可执行如下退出登录操作：双击“操作 1”菜单，弹出“菜单属性设置”对话框（见图 9-24），进入“脚本程序”选项卡，输入代码“!LogOff()”（MCGS 系统函数），如图 9-25 所示，在运行环境中执行该函数，便会弹出提示框，确定是否退出登录。

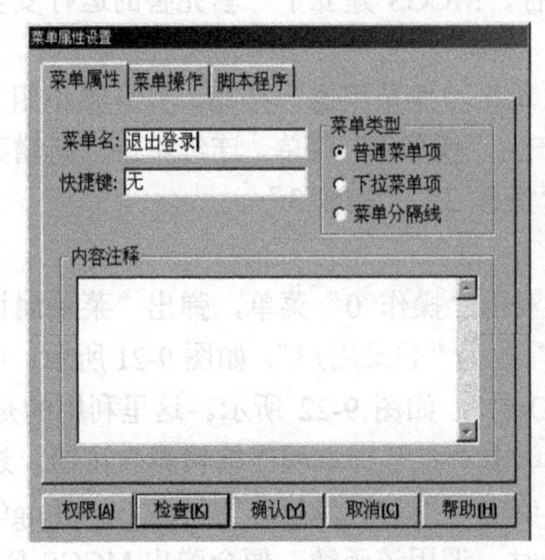

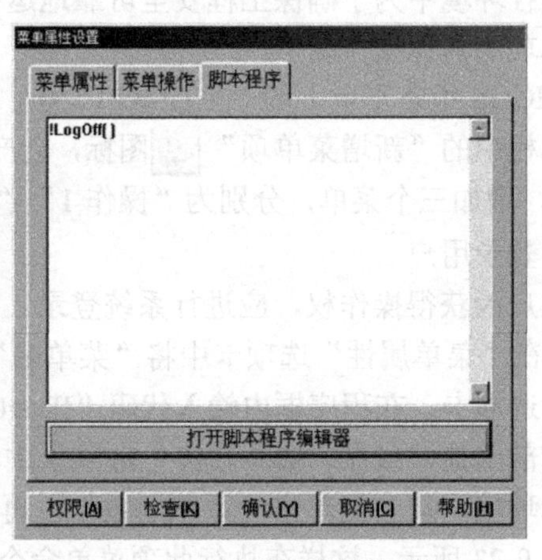

图 9-24　退出登录菜单属性设置 1　　　图 9-25　退出登录菜单属性设置 2

（4）用户管理

双击“操作 2”菜单，弹出“菜单属性设置”对话框（见图 9-26），在“脚本程序”选项卡中输入代码“!Editusers()”（MCGS 系统函数），如图 9-27 所示。该函数的功能是允许用户在运行时增加、删除用户，修改密码。

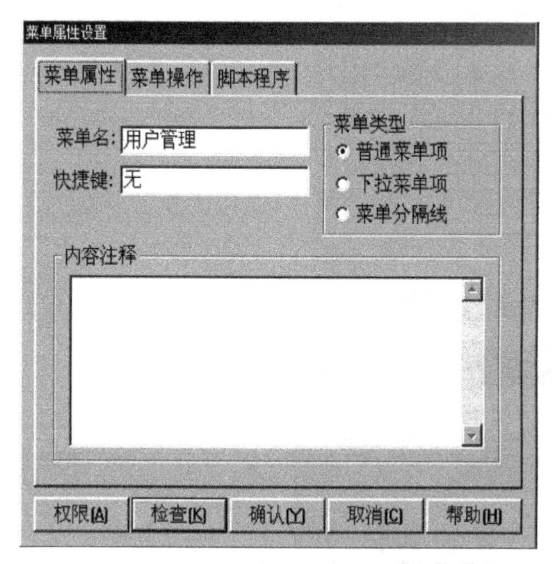

图 9-26　用户管理菜单属性设置 1

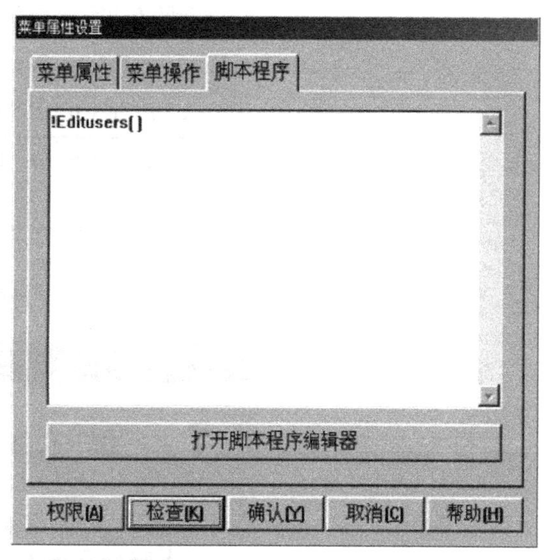

图 9-27　用户管理菜单属性设置 2

（5）修改密码

双击“操作 3”菜单，弹出“菜单属性设置”对话框（见图 9-28），在“脚本程序”选项卡中输入代码“!ChangePassWord()”（MCGS 系统函数），如图 9-29 所示。该函数的功能是修改用户原来设定的操作密码。

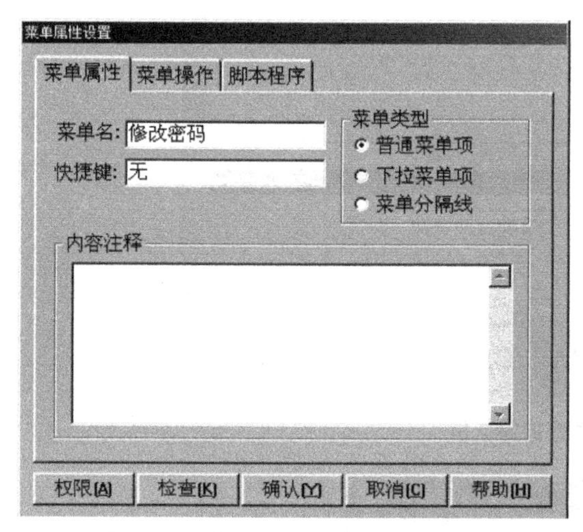

图 9-28　修改密码菜单属性设置 1

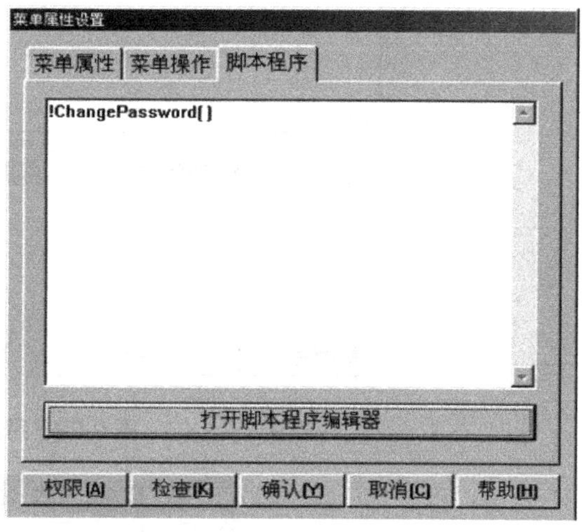

图 9-29　修改密码菜单属性设置 2

按照以上步骤进行设置后按“F5”键或直接单击工具条中图标，进入运行环境。单击“系统管理”下拉菜单中的“登录用户”“退出登录”“用户管理”“修改密码”命令，分别弹出如图 9-30 至图 9-35 所示的对话框。如果不是以管理员身份登录的用户，单击“用户管理”，会弹出“权限不足，不能修改用户权限设置”提示信息对话框。

图 9-30　“用户登录”对话框

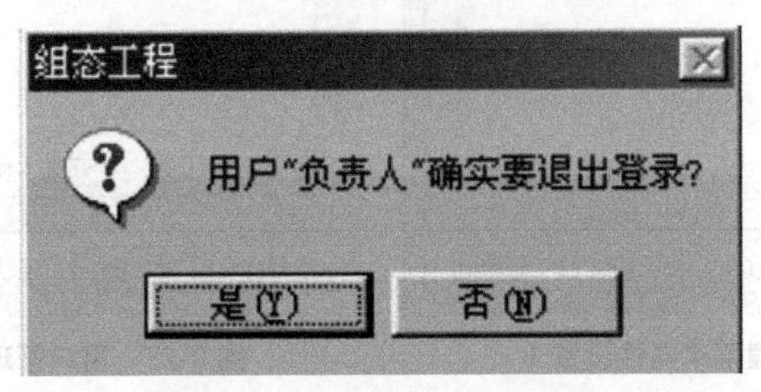

图 9-31　退出登录确认对话框

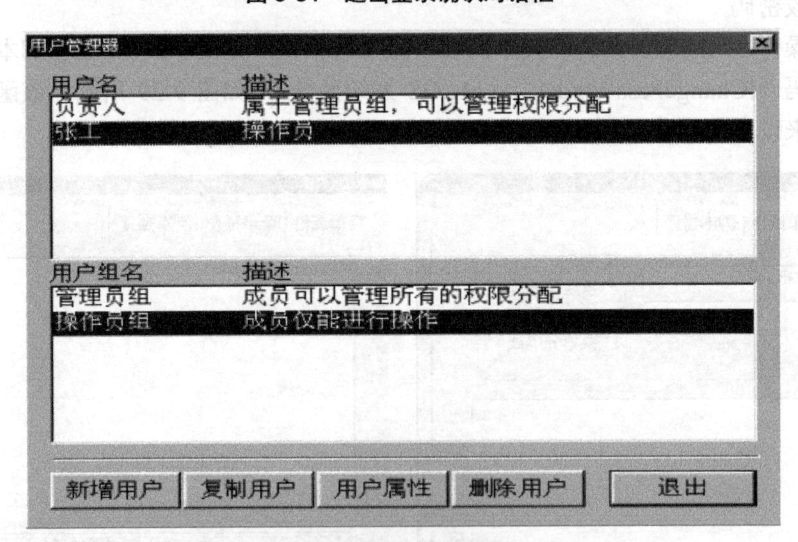

图 9-32　用户管理对话框

图 9-33　提示信息对话框

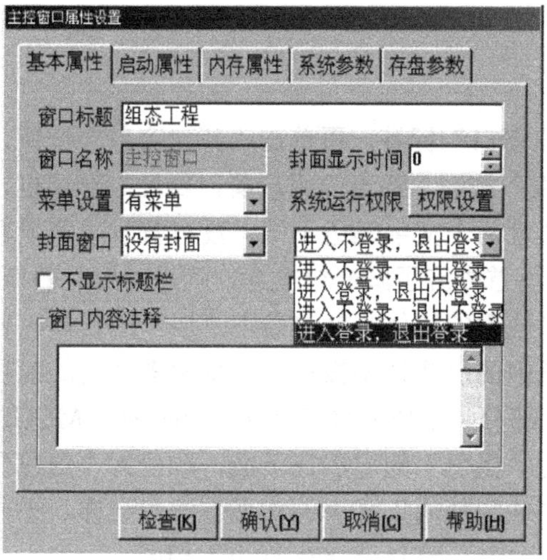

图 9-34　“主控窗口属性设置”对话框

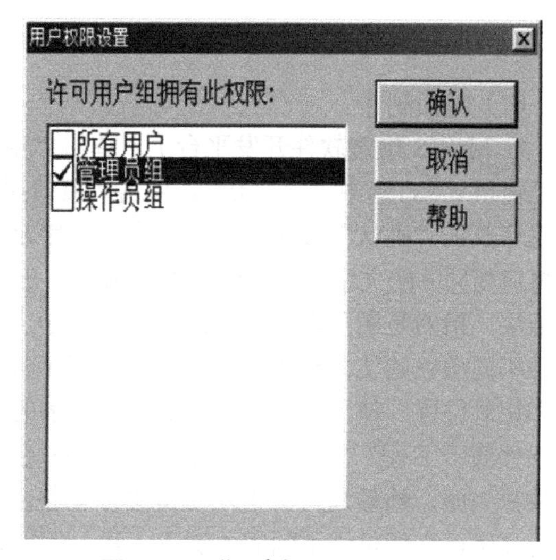

图 9-35　“用户权限设置”对话框

在按“F5”键或直接单击工具条中图标，进入运行环境时会出现“用户登录”对话框，如图 9-36 所示。只有具有管理员身份的用户才能进入运行环境，退出运行环境时也一样。

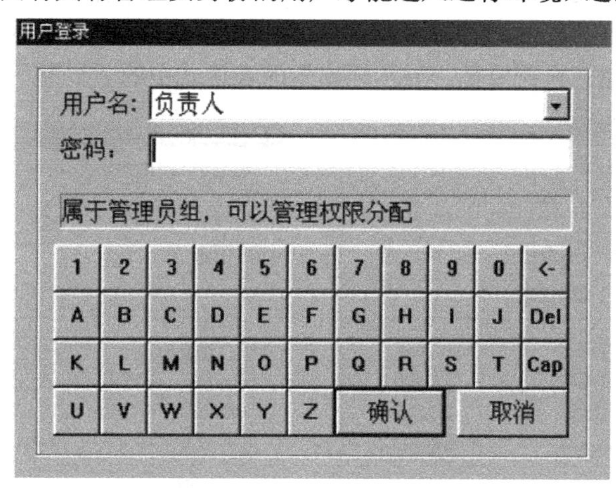

图 9-36　“用户登录”对话框

3. 工程加密

在 MCGS 组态环境下如果不想要其他人随便看到自己所组态的工程或防止竞争对手了解到自己的工程组态细节，可以为工程加密。在“工具”下拉菜单中单击“工程安全管理”→“工程密码设置”命令，弹出“修改工程密码”对话框，如图 9-37 所示。修改密码完成后单击“确认”按钮，工程加密即可生效，下次打开“机械手抓取控制”需要输入密码。

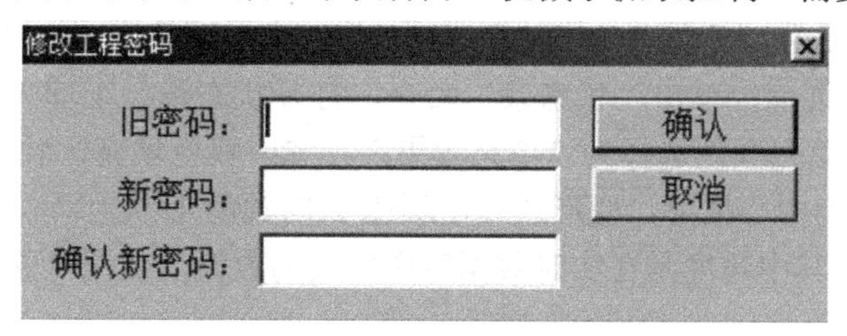

图 9-37　“修改工程密码”对话框

4. MCGS组态软件动画制作

（1）封面制作

在MCGS组态软件开发平台上，单击“用户窗口”标签，再单击“新建窗口”按钮，生成“窗口0”，选中“窗口0”，单击“窗口属性”按钮，弹出“用户窗口属性”对话框，设置完毕单击“确认”按钮，退出。立体文字是通过两个文字颜色不同、没有背景（背景颜色与窗口相同）的文字标签错位重叠而成的。在这里首先应了解一个概念，就是“层”的概念。所谓层，指的是图形显示的前后顺序，位于上“层”的物体必然遮盖下“层”的物体。就是两种不同颜色的文本框重叠在一起，利用工具条中的层次调整按钮，改变两者之间的前后层次和相对位置，使上面的文字遮盖下面文字的一部分，形成立体的效果。如实现“MCGS组态软件演示工程”立体文字效果，可以将颜色为“黑色”的层放在下面，颜色为“白色”的层放在上面，然后通过上下左右键进行调整，“欢迎使用”文字的实现方法也一样。不同颜色的文字，它们位于不同的“层”（显示的前后顺序不同），*X-Y*坐标也不相同。

如果要在运行过程中，使“MCGS组态软件演示工程”闪烁，增加动画效果，可以在属性设置时将表达式设为1，表示条件永远成立。“封面窗口”中左上侧有一个黑色无框的矩形，右上侧有一个白色无框的矩形，这是用“工具箱”中的“标签”实现的，左上侧在运行时显示当前日期，右上侧在运行时显示当前时间。日期属性设置如图9-38所示，时钟属性设置与日期属性设置相似，只需要把“显示输出”的表达式中的“日期”改为“时间”即可。

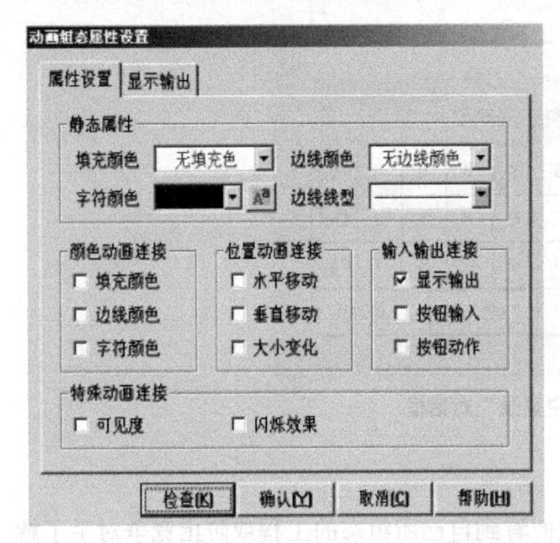

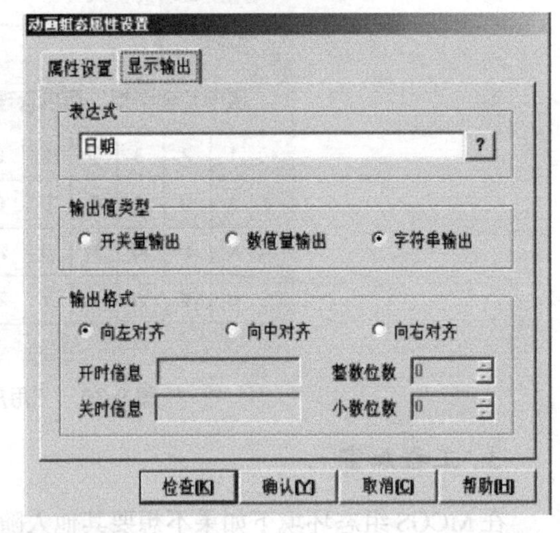

图9-38　日期属性设置

图9-39所示封面窗口中有一个大的椭圆、一个小球，在运行过程中小球绕着椭圆的圆周按顺时针周而复始地运动。具体操作如下：

从“工具箱”中选中“椭圆”，拖放至桌面，将其大小调整为480×200，填充颜色为“玫瑰红”。在“查看”菜单中单击“状态条”命令，打开状态条。小球大小调整为28×28，位置位于椭圆的中心，填充颜色选择为“填充效果”，选中双色填充，颜色1为海绿色，颜色2为白色，底纹样式为中心幅射，变形选择由颜色2向颜色1从内而外辐射。其定位与属性设置如图9-40所示，其中角度是在实时数据库中定义的数值型数据对象。

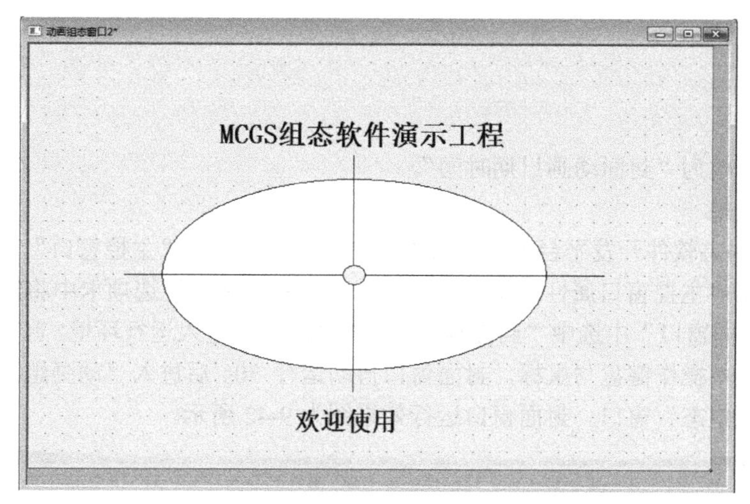

图 9-39　封面窗口

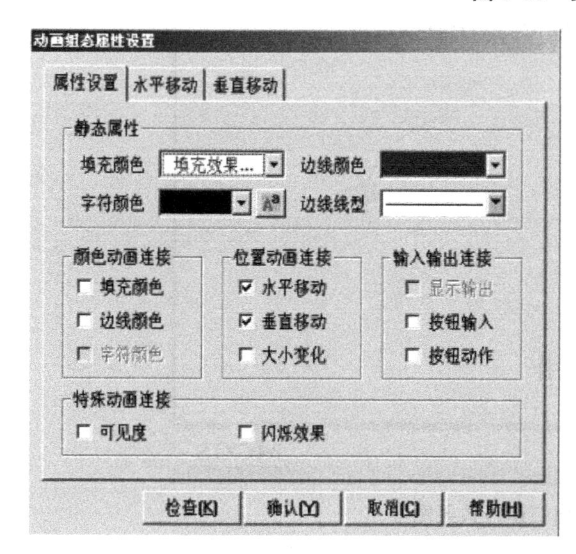

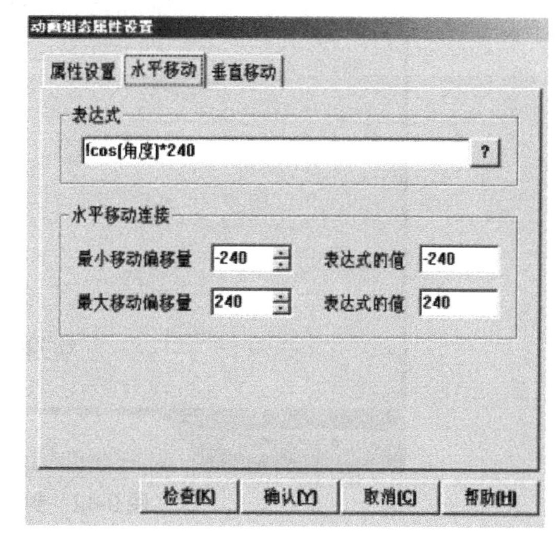

图 9-40　定位与属性设置

单击“策略组态”，打开策略组态窗口，双击图标进入“策略属性设置”对话框，将循环时间设为“200ms”。在工具栏中单击“新增策略行”图标，新增加一个策略行。再从“策略工具箱”中选取“脚本程序”，拖放至策略行上，单击左键，结果如图 9-41 所示。

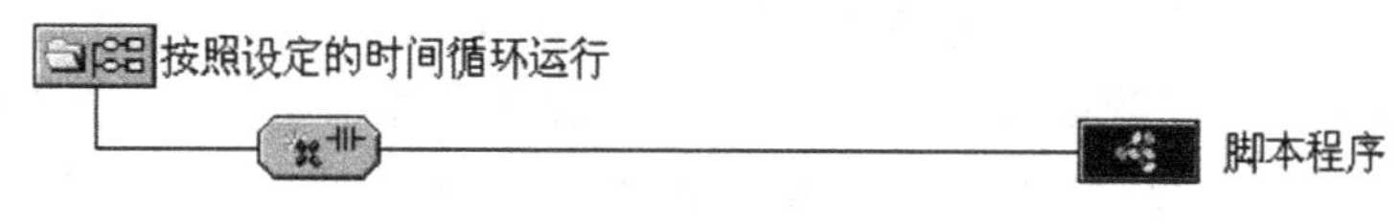

图 9-41　绘制“脚本程序”元件

双击图标进入脚本程序编辑环境，输入下面的程序：

```
角度=角度+3.14/180
IF 角度>=2*3.14 THEN
角度=角度-2*3.14
```

```
ENDIF
日期=$Date
时间=$Time
```

把“标注”改为“封面动画日期时间”。

（2）动画效果

在MCGS组态软件开发平台上，单击“主控窗口”，选中“主控窗口”，单击“系统属性”按钮，弹出“主控窗口属性设置”对话框，在“基本属性”选项卡中将封面显示时间设为“30”，在“封面窗口”中选中“封面窗口”。按“F5”键进入运行环境，首先运行的是“封面窗口”，如果不操作键盘与鼠标，封面窗口自动运行30s后进入“动画组态”窗口，否则立即进入“动画组态”窗口。封面窗口运行效果图为9-42所示。

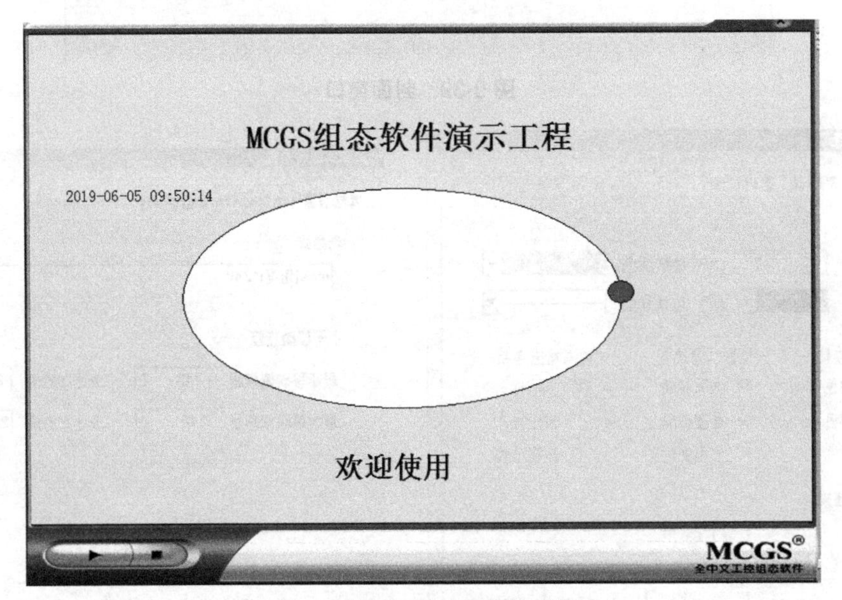

图9-42　封面窗口运行效果图

四、项目分析

初始状态时，机械手位于最左上角位置处，上限位行程开关SQ2、左限位行程开关SQ4为ON，机械手的手爪处于放松状态，手爪电磁阀YV1为OFF，称此位置为原点位置。按下启动按钮SB1后，下降电磁阀YV0得电，机械手开始自动运行。机械手先下降，当下限位行程开关SQ1变为ON时，手爪电磁阀YV1变为ON，抓紧工件，延时后上升。机械手上升到最上方，当上限位行程开关SQ2为ON时，原位灯YV5亮，延时后转为右行。右限位行程开关SQ3变为ON，延时后机器手变为下降。机械手下降到最低处，当行程开关SQ1变为ON时机械手的手爪松开，延时后将工件放置于指定位置处。延时后机械手重新上升，上升至上限位SQ2，延时后左行，回到原位置处。只要机械手在原位置，则原位指示灯亮。机械手工作原理图如图9-43所示。

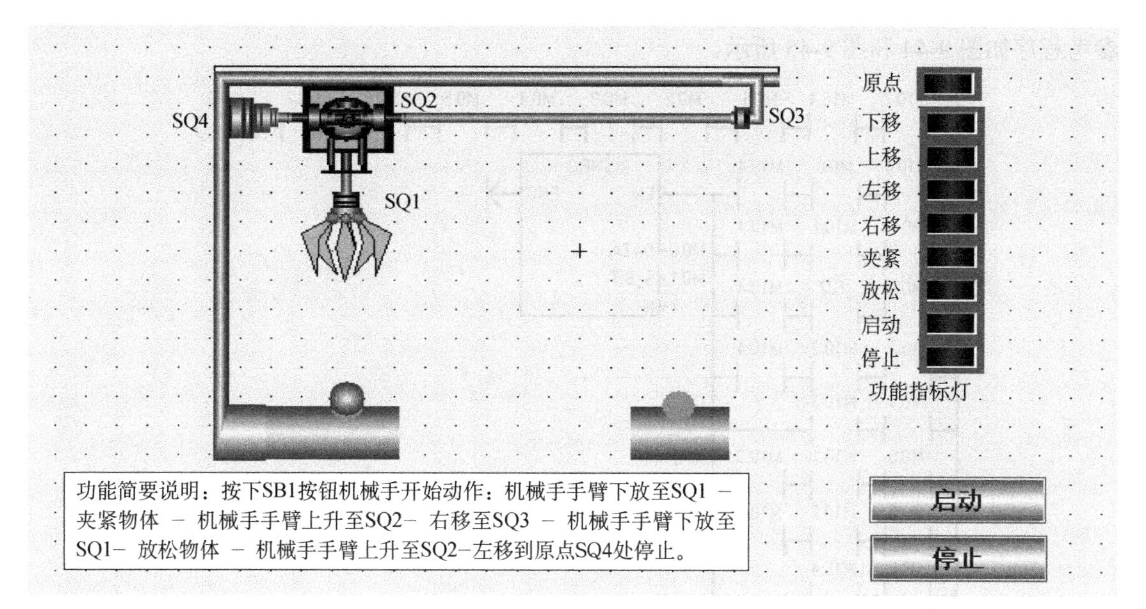
SQ4
SQ2
SQ3
SQ1
原点
下移
上移
左移
右移
夹紧
放松
启动
停止
功能指标灯
功能简要说明：按下SB1按钮机械手开始动作：机械手手臂下放至SQ1 － 夹紧物体 － 机械手手臂上升至SQ2－ 右移至SQ3 － 机械手手臂下放至SQ1－ 放松物体 － 机械手手臂上升至SQ2－左移到原点SQ4处停止。
启动
停止

图 9-43 机械手工作原理图

注意：机械手只有在最上方时才能左右移动。左右行走电磁阀和升降电磁阀是双控电磁阀，如同触发器。如升降电磁阀 YV0 为 1、YV2 为 0 时，机械手下降；YV0 为 0、YV2 为 1 时，机械手上升；YV0 和 YV2 都为 0 时，保持之前的动作状态；禁止 YV0 和 YV2 都为 1 的状态。

五、项目实施

（一）I/O 分配

机械手控制系统 I/O 地址分配见表 9-26。

表 9-26 机械手控制系统 I/O 地址分配表

输入		输出	
M10.0	开始	Q0.0	下降电磁阀
M10.1	下限位开关	Q0.1	夹紧电磁阀
M10.2	上限位开关	Q0.2	上行电磁阀
M10.3	右限位开关	Q0.3	右行电磁阀
M10.4	左限位开关	Q0.4	左行电磁阀
M10.5	停止	Q0.5	原位指示灯

（二）控制系统程序

控制系统的梯形图程序可以采用顺序控制、计数指令、循环指令等至少三种方法实现，参考程序如图 9-44 和图 9-45 所示。

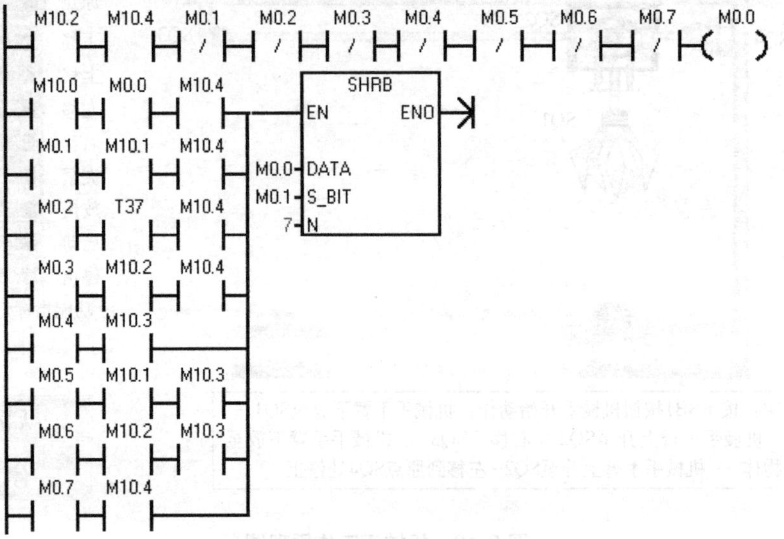

图 9-44　梯形图程序 1

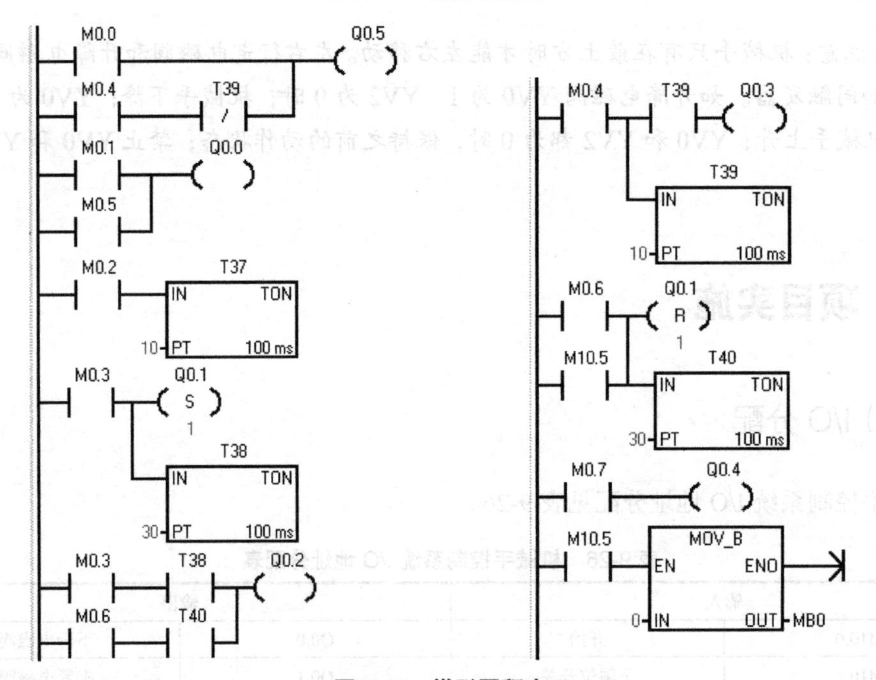

图 9-45　梯形图程序 2

（三）触摸屏组态画面制作步骤

1. 设置实时数据库中的变量

组态变量与 PLC 变量的关联如图 9-46 所示。

索引	连接变量	通道名称	通道处理
0000		通讯状态	
0001	下降电磁阀	读写Q000.0	
0002	夹紧电磁阀	读写Q000.1	
0003	上升电磁阀	读写Q000.2	
0004	右行电磁阀	读写Q000.3	
0005	左行电磁阀	读写Q000.4	
0006	原位指示灯	读写Q000.5	
0007	启动	读写M010.0	
0008	sq1	读写M010.1	
0009	sq2	读写M010.2	
0010	sq3	读写M010.3	
0011	sq4	读写M010.4	
0012	停止	读写M010.5	

图 9-46　组态变量与 PLC 变量的关联

2. 用户窗口的制作

按照图 9-47 所示制作用户窗口。滑动输入器只是个参照物，水平移动对应左行与右行两个动作，水平移动滑动输入器的属性设置如图 9-48 所示。

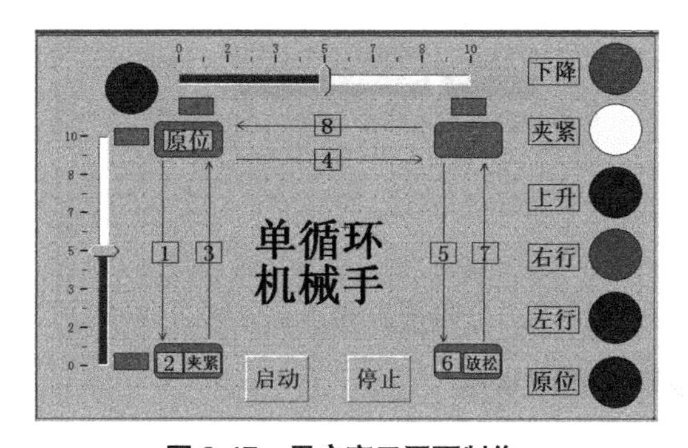

图 9-47　用户窗口画面制作

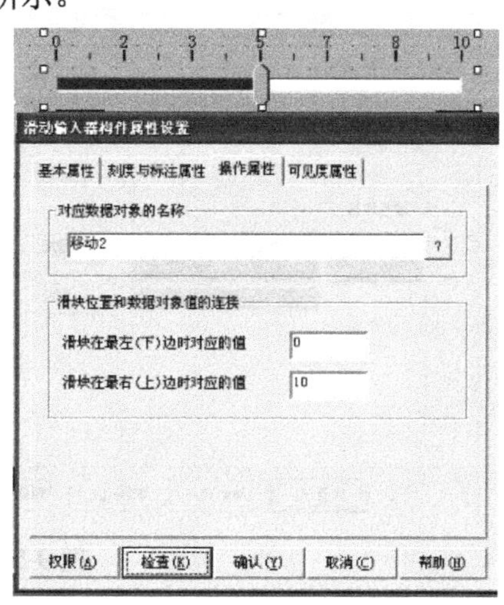

图 9-48　水平移动滑动输入器的属性设置

垂直移动对应上升与下降两个动作，其属性设置如图 9-49 所示。

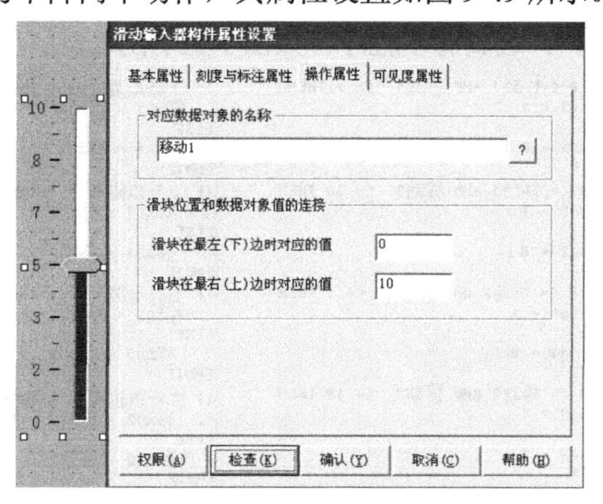

图 9-49　垂直移动滑动输入器的属性设置

启动与停止都采用按钮控制，设置为按 1 松 0，其属性设置如图 9-50 所示。

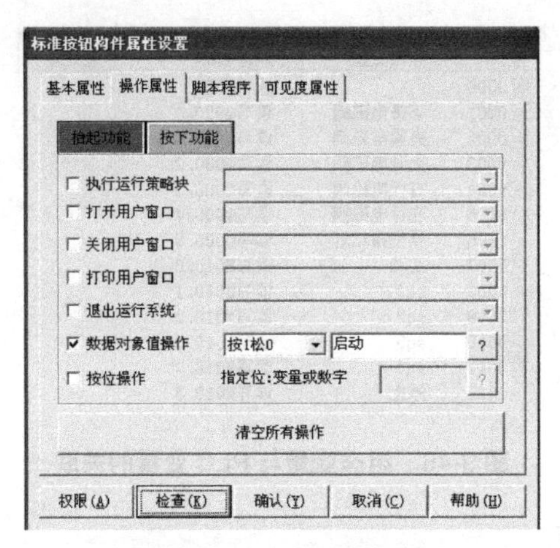

图 9-50　按钮的属性设置

本系统涉及多个指示灯，指示灯的属性设置如图 9-51 所示。

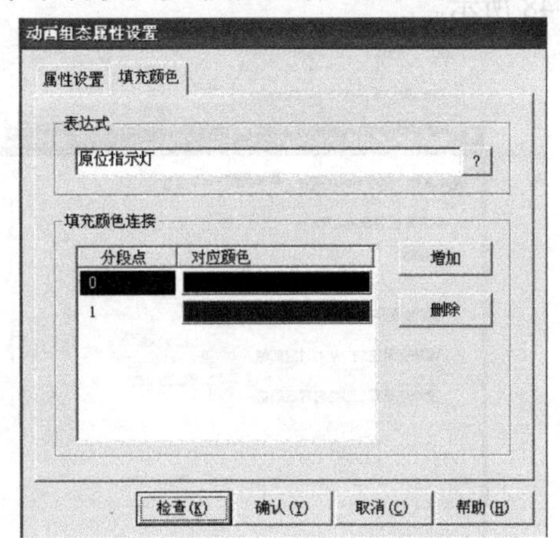

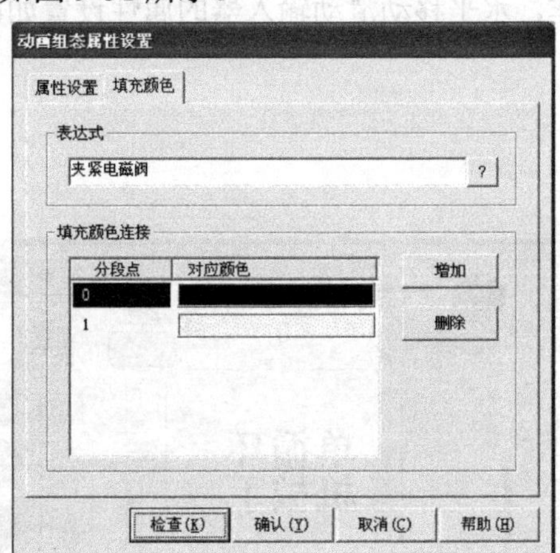

图 9-51　指示灯的属性设置

（四）运行策略

打开脚本程序编辑窗口，编辑脚本程序，如图 9-51 所示。

```
IF  0 <=移动1 AND 移动1  <= 1 THEN
   sq1 = 1
ELSE
   sq1 = 0
ENDIF
IF 9 <= 移动1 AND 移动1  <= 10 THEN
   sq2 = 1
ELSE
   sq2 = 0
ENDIF
IF  0 <= 移动2 AND 移动2  <= 1 THEN
    sq4 = 1
ELSE
    sq4 = 0
ENDIF
IF 9 <= 移动2 AND 移动2  <= 10 THEN
   sq3 = 1
ELSE
   sq3 = 0
ENDIF

IF 下降电磁阀 = 1 THEN
   移动1 = 移动1 - 1
ELSE
   移动1 = 移动1
ENDIF
IF 上升电磁阀 = 1 THEN
    移动1 = 移动1 + 1
ELSE
    移动1 = 移动1
ENDIF
IF 右行电磁阀 = 1 THEN
   移动2 = 移动2 + 1
ELSE
    移动2 = 移动2
ENDIF
IF 左行电磁阀 = 1 THEN
    移动2 = 移动2 - 1
ELSE
    移动2 = 移动2
ENDIF
```

图 9-52　编辑脚本程序

按照前文的相关叙述，下载和运行程序。

六、项目拓展

本部分介绍 S7-200 PLC 控制步进电动机对板材进行定尺剪裁。

1. 控制要求提出

西门子 S7-200 PLC 脉冲输出 MAP 库控制步进电动机进行 PLC 程序设计，可实现步进电动机的点动、正反转、速度调节、绝对位移、相对位移和回原点等功能。使用触摸屏进行组态设计，可以在步进电动机运行时，通过触摸屏进行在线参数设置和修改，并可以显示步进电动机的运行速度、距离和当前位置等状态信息。

2. 接线分析

（1）步进电动机与步进驱动器的接线

本系统选用的步进电动机是两相四线的步进电动机，其型号是 3M458，这种型号的步进电动机与步进驱动器接线如图 9-53 所示。其含义是：步进电动机的 4 根引出线分别是红色、绿色、黄色和蓝色；其中红色引出线应该与步进驱动器的 A+接线端子相连，绿色引出线应该与步进驱动器的 A−接线端子相连，黄色引出线应该与步进驱动器的 B+接线端子相连，蓝色引出线应该与步进驱动器的 B−接线端子相连。

（2）PLC 与步进电动机、步进驱动器的接线

步进驱动器有共阴和共阳两种接法，二者与控制信号有关系，西门子 PLC 输出信号是 +24V 信号（即 PNP 接法），所以应该采用共阴接法。所谓共阴接法就是步进驱动器的 DIR−和 CP−与电源的负极短接，如图 9-53 所示。顺便指出，三菱 PLC 输出低电平信号（即 NPN 接法），因此应该采用共阳接法。

（3）PLC 不能直接与步进驱动器相连接

这是因为步进驱动器的控制信号是+5V，而西门子 PLC 的输出信号是+24V，显然是不匹配的。解决的办法就是在 PLC 与步进驱动器之间串联一只 2kΩ 电阻，起分压作用，因此输入信号近似等于+5V。有的资料指出串联一只 2kΩ 的电阻是为了将输入电流控制在 10mA 左右，也就是起限流作用，在这里电阻的限流或分压作用的含义在本质上是相同的。CP+（CP−）是脉冲接线端子，DIR+（DIR−）是方向控制信号接线端子。有的步进驱动器只能采用“共阳接法”，如果使用西门子 S7-200 PLC 控制这种类型的步进驱动器，不能直接连线，必须将 PLC 的输出信号进行反相。

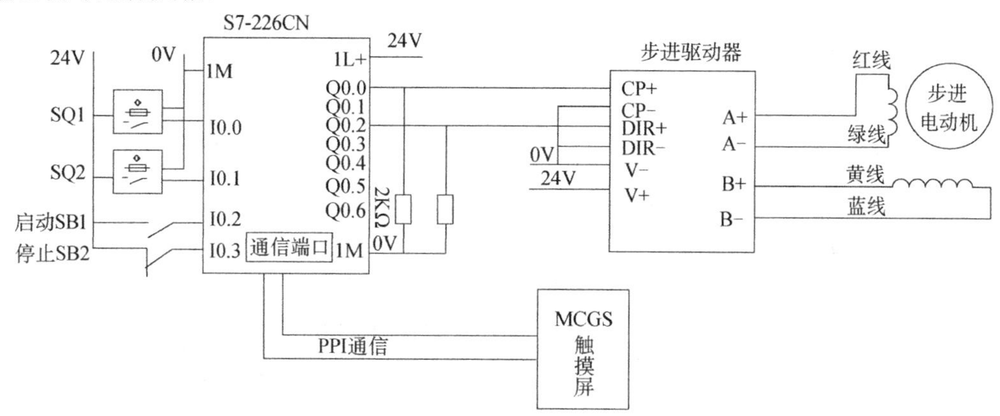

图 9-53 步进电动机与步进驱动器的接线

3. PLC 地址分配

PLC 地址分配表见表 9-27。

表 9-27　PLC 地址分配表

序号	地址	功能分配	序号	地址	功能分配
1	I0.0	右限位	10	Q0.2	系统上电
2	I0.1	左限位	11	VD100	启动/停止频率设定
3	I0.2	启动	12	VD104	最大频率
4	I0.3	停止	13	VD19	回原点的低速
5	M0.0	回原点启动	14	VD23	回原点的高速
6	M1.0	相对位移启动	15	V120.0	回原点的方向设定
7	M1.1	绝对位移启动	16	VD130	位移的设定
8	M1.2	单轴连续运行启动	17	VD144	预值频率（速度）
9	M1.3	电动机点动	18	VD121.0	单轴运行方向调节

4. 触摸屏控制界面

S7-200 PLC 控制步进电动机的触摸屏控制界面如图 9-54 所示。

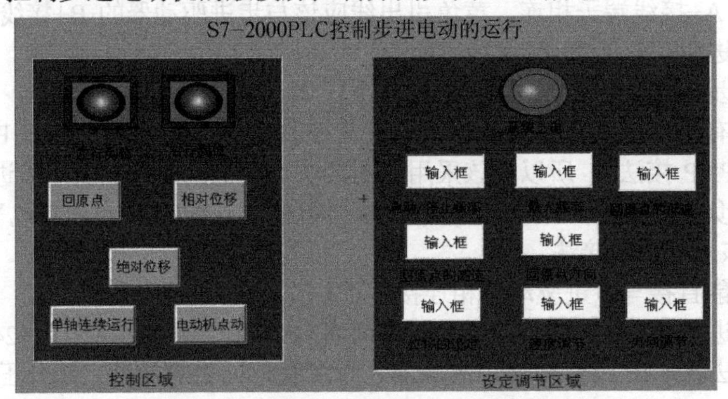

图 9-53　步进电动机驱动触摸屏控制界面

5. 程序编写

（1）系统上电，电动机回原点。梯形图程序如图 9-55 所示。

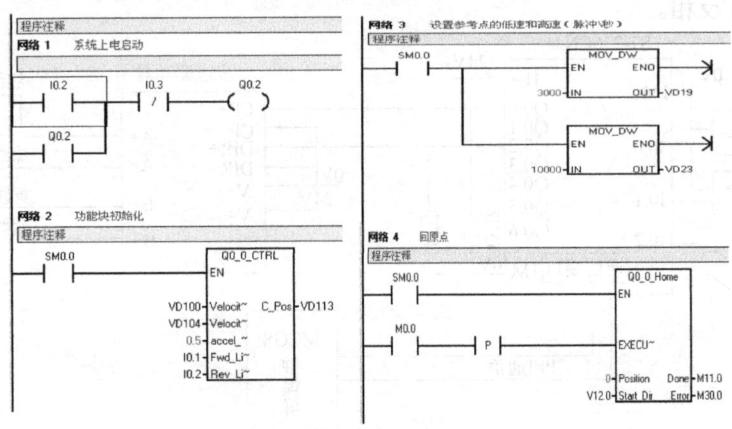

图 9-55　梯形图程序①

（2）步进电动机的相对位移。梯形图程序如图 9-56 所示。

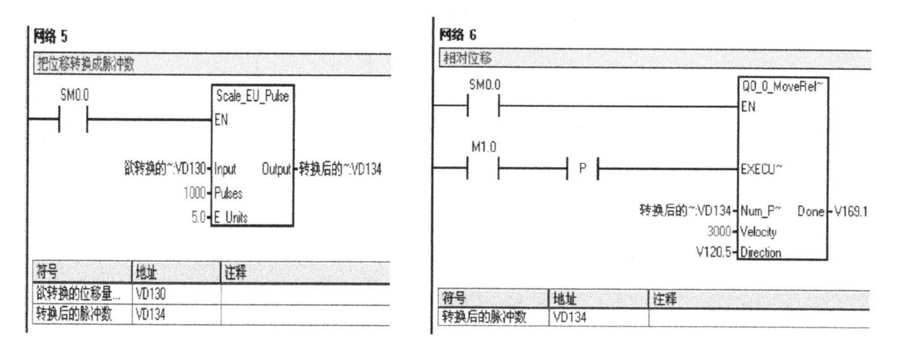

图 9-56　梯形图程序②

（3）网络 7 步进电动机的绝对位移的梯形图程序如图 9-56 所示；网络 8 步进电动机的速度、方向调节和点动控制梯形图程序如图 9-58 所示。

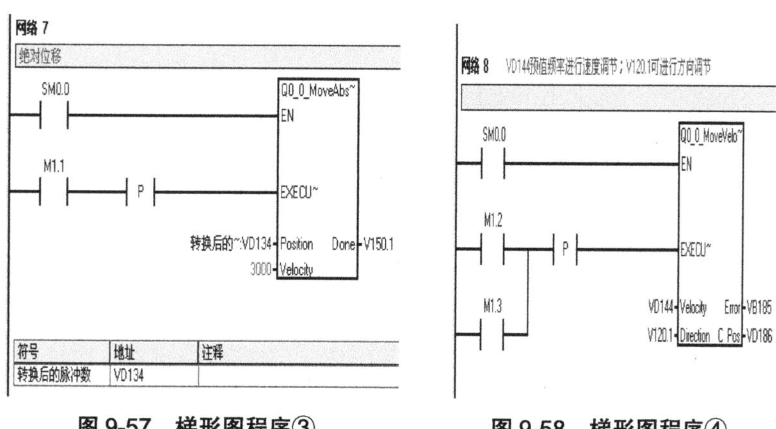

图 9-57　梯形图程序③　　**图 9-58　梯形图程序④**

（4）步进电动机的点动和停止运行，其梯形图程序如图 9-59 所示。

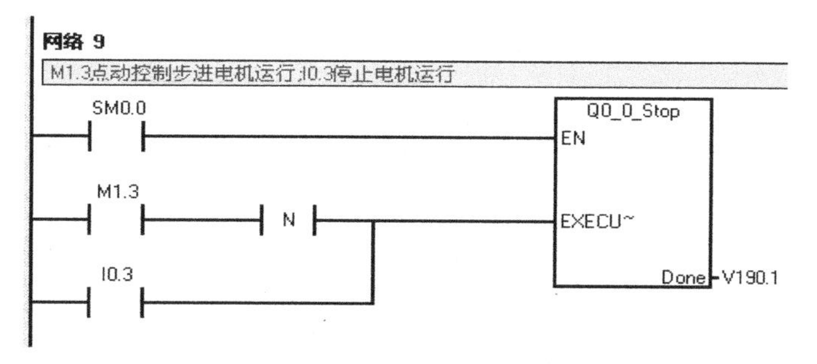

图 9-59　梯形图程序⑤

思考与练习九

1. 接线图如图 9-60 所示，使用高速计数器 HC0 和中断指令对输入端 I0.0 脉冲信号计数，当计数值大于 50 时输出端 Q0.0 接通。试编写程序并运行调试。

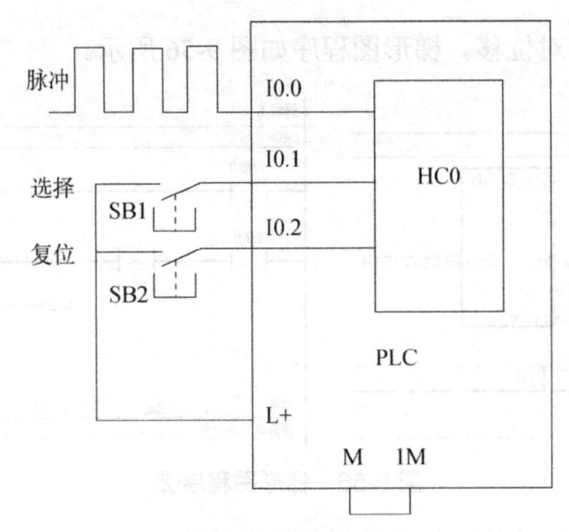

图 9-60 接线图 1

2. 接线图如图 9-61 所示，试编写程序并运行调试。

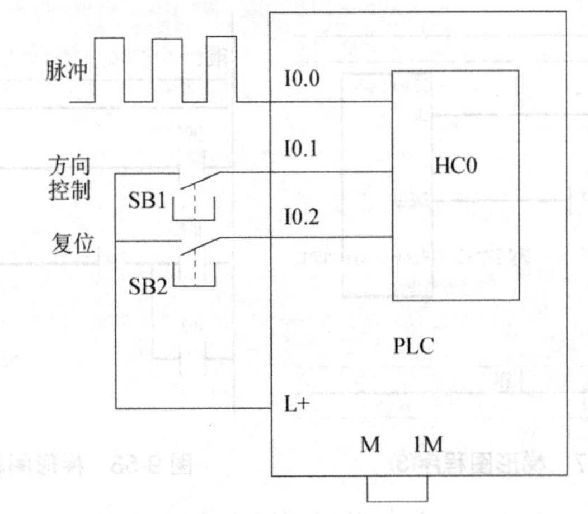

图 9-61 接线图 2

3.接线图如图 9-62 所示，试编写程序并运行调试。

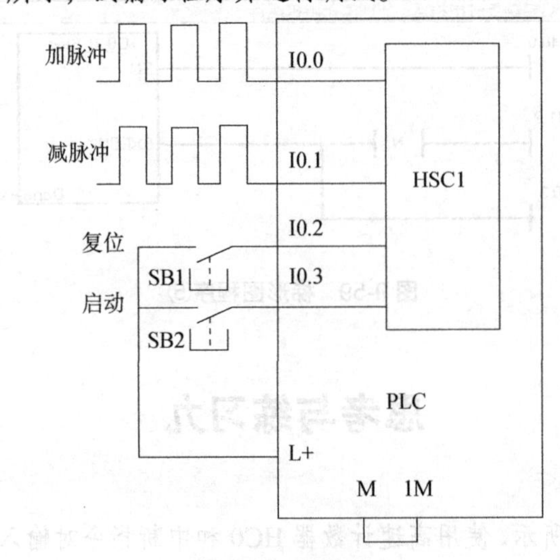

图 9-62 接线图 3

4. 接线图如图 9-63 所示，假设某单向旋转机械上连接了一个 A/B 两相正交脉冲增量旋转编码器，计数脉冲的个数就代表了旋转轴的位置。编码器旋转一圈产生 10 个 A/B 相脉冲和 1 个复位脉冲（C 相或 Z 相），需要在第 5 和第 8 个脉冲所代表的位置之间接通 Q0.0，其余位置 Q0.0 断开。试编写程序并运行调试。

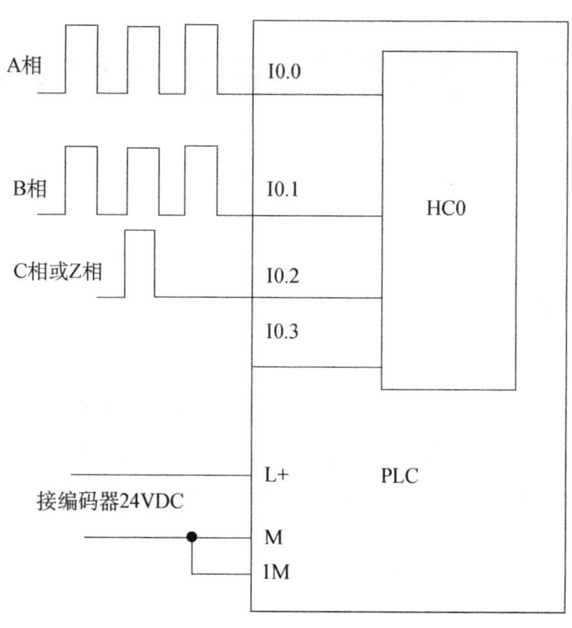

图 9-63　接线图 4

项目十　S7-200 系列 PLC 通信功能及应用

一、项目目标

1. 掌握 S7-200 系列 PLC 网络通信协议及网络通信的实现方法；
2. 掌握 S7-200 系列 PLC 与变频器通信 USS 协议指令的应用及通信的实现方法；
3. 了解 S7-200 系列 PLC 自由端口通信协议的含义及实现方法。

二、项目提出

A 机 PLC 通过西门子 PLC 专用通信电缆连接 B 机 PLC，如图 10-1 所示，输出接口依次点亮组成“跑马灯”图案。A 机 PLC 与触摸屏连接，在 MCGS 组态软件中制作出图 10-2 所示的“跑马灯”动态效果图。

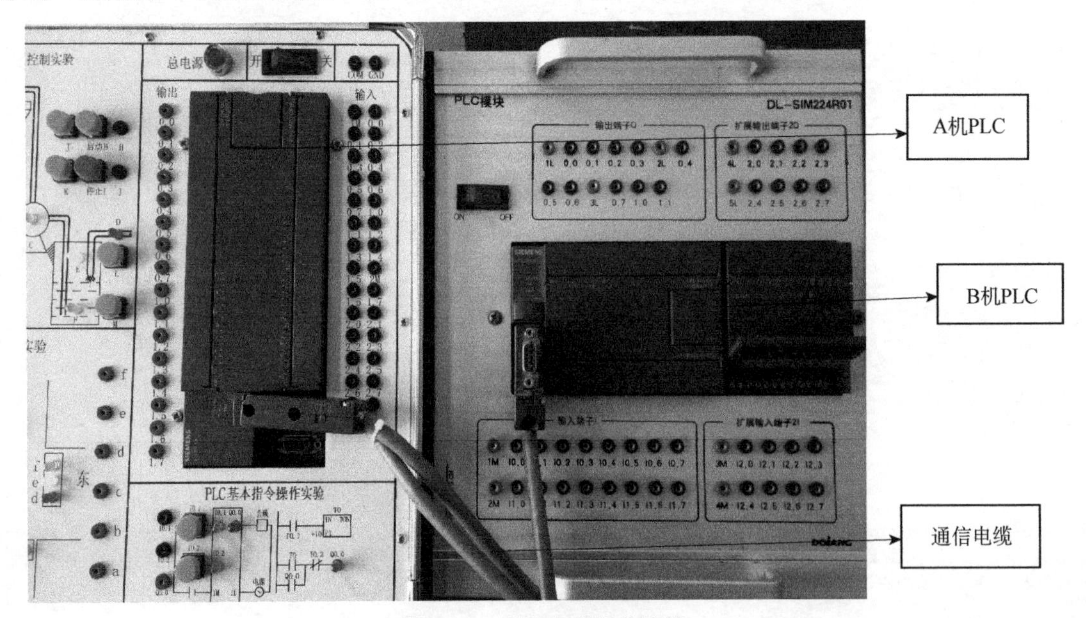

图 10-1　项目中的通信连接

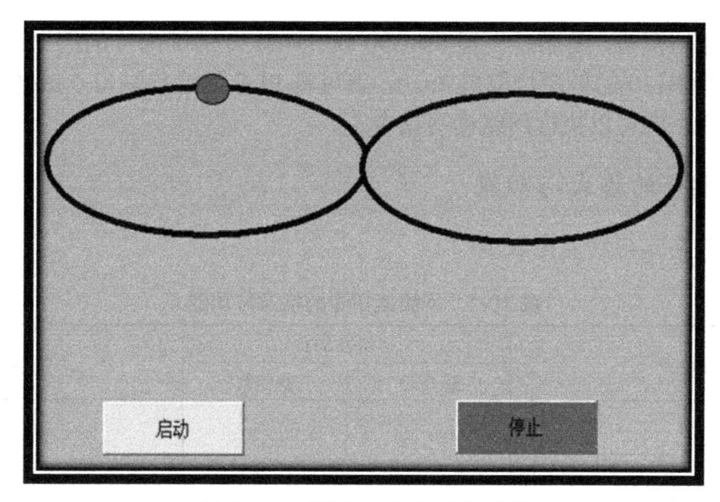

图 10-2　“跑马灯”动态效果图

三、相关知识

（一）S7-200 系列 PLC 的点对点通信（PPI）

点对点通信网络的连接形式中，采用一根 PC/PPI 电缆，将计算机与 PLC 连接在一个网络中，PLC 之间的连接则通过网络连接器来完成，如图 10-3 所示。这种网络使用 PPI 协议进行通信。

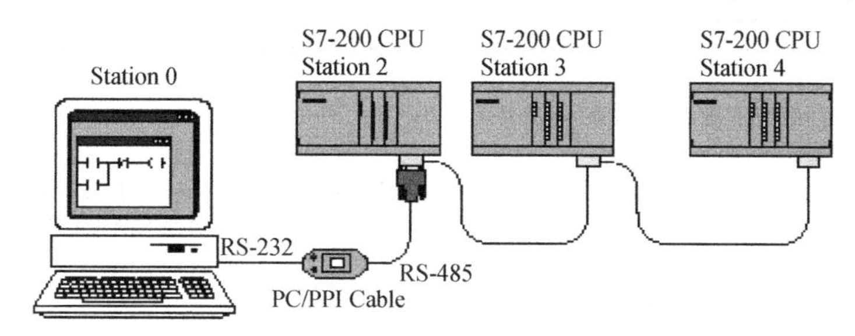

图 10-3　一台计算机与多台 PLC 相连的示意图

PPI 协议是一个主/从协议，是一种基于字符的协议，共使用 11 位字符：1 位起始位，8 位数据位，1 位奇偶校验位，1 位结束位。通信帧依赖于特定起始位字符和结束字符、源和目的站地址、帧长及全部数据和校验字符。这个协议支持一主机多从机和多主机多从机连接方式。在这个协议中，主站给从站发送申请，从站进行响应。从站不初始化信息，但是当主站发出申请或查询时，从站才响应。网络上的所有 S7-200 系列 PLC 都作为从站。

如果在程序中允许 PPI 主站模式，S7-200 系列 PLC 在 RUN 模式下可以作为主站。一旦允许 PPI 主站模式，就可以利用网络读和网络写指令读写其他 CPU。当 S7-200 系列 PLC 作为 PPI 主站时，它还可以作为从站响应来自其他主站的申请。对于任何一个从站，有多少个主站和它通信，PPI 没有限制，但是在网络中最多只能有 32 个主站。

在 SIMATIC S7 的网络中，S7-200 系列 PLC 被默认为从站。只有在采用 PPI 通信协议时，有些 S7-200 系列的 PLC 才被允许工作于 PPI 主站模式。将 PLC 的通信端口 0 或通信端口 1

设定工作于PPI主站模式，是通过设置SMB30或SMB130的低两位的值来进行的。所以，只要将SMB30或SMB130的低两位取值2#10，就可将PLC的通信端口0或通信端口1设定工作于PPI主站模式，就可以执行网络读写指令了。

1. 网络读指令的格式与功能

网络读指令的格式与功能见表10-1。

表10-1　网络读指令的格式与功能

梯形图LAD		语句表STL		功能
		操作码	操作数	
网络读指令	NETR EN TBL PORT	NETR	TBL，PORT	当使能输入EN端有效时，通过PORT指定通信端口，根据TBL指定的表中的定义读取远程装置的数据
网络写指令	NETW EN TBL PORT	NETW	TBL，PORT	当使能输入EN端有效时，通过PORT指定通信端口，根据TBL指定的表中的定义将数据写入远程设备中去

说明：

①TBL指定被读/写的网络通信数据表，其寻址的寄存器为VB、MB、*VD、*AC；

②PORT指定通信端口0或1；

③NETR（NETW）指令可从远程站最多读入（写）16字节的信息，同时可最多激活8条NETR和NETW指令。例如，在一个S7-200系列PLC中可以有4条NETR指令和4条NETW指令，或6条NETR指令和2条NETW指令。

2. 网络通信数据表的格式

在执行网络读写指令时，PPI主站与从站之间传送数据的网络通信数据表（TBL）的格式见表10-2。

表10-2　PPI主站与从站之间传送数据的网络通信数据表的格式

字节偏移地址	字节名称	描述
0	状态字节	7 … 0 D｜A｜E｜0｜E1｜E2｜E3｜E4 D：操作完成位。D=0：未完成；D=1：完成 A：操作排队有效位。A=0：无效；A=1：有效 E：错误标志位。E=0：无错误；E=1：有错误 E1、E2、E3、E4为错误编码。如果执行指令后，E=1，则E1、E2、E3、E4返回一个错误编码，编码及说明见表10-3

续表

字节偏移地址	字节名称	描述
1	远程设备地址	被访问的 PLC 从站地址
2	远程设备的数据指针	被访问数据的间接指针 指针可以指向 I、Q、M 和 V 数据区
3		
4		
5		
6	数据长度	远程站点上被访问数据的字节数
7	数据字节 0	接收或发送数据区：对于 NETR 指令，执行 NETR 指令后，从远程站点读到的数据存放在这个数据区中；对于 NETW 指令，执行 NETW 指令前，将发送到远程站点的数据存放在这个数据区
8	数据字节 1	
…	…	
22	数据字节 15	

表 10-3　网络通信指令错误编码表

$E_1E_2E_3E_4$	错误码	含义
0000	0	无错误
0001	1	时间溢出错误：远程站无响应
0010	2	接收错误、校验错误或检查时出错
0011	3	离线错误：站号重复或硬件损坏
0100	4	队列溢出出错：激活超过 8 个 NETR/NETW 框
0101	5	违反协议：没有在 SMB30 中使能 PPI，却要执行 NETR / NETW 指令
0110	6	非法参数：NETR/NETW 的表中含有非法的或无效的值
0111	7	没有资源：远程站忙
1000	8	Layer7 错误：应用协议冲突
1001	9	信息错误：错误的数据地址或数据长度不正确
1010～1111	A～F	未用，为将来的使用保留

3. 网络读写指令向导的设置

网络读写指令向导可以帮助用户自动生成一个用于 PPI 网络中多个 PLC 之间通信的指令（网络读写指令），简化网络读写的编程步骤。用户只要按照向导的要求输入初始信息及 PLC 之间的读写通信数据区，向导就会自动生成网络读写指令及数据块。

PPI 通信前应保证 PPI 网络上的所有站点都有各自的不同网络地址，否则通信不会正常进行。另外，网络读写指令的应用和编程时要注意以下几点：

①在程序中可以使用任意条网络读写指令，但在同一时刻，最多只能有 8 条网络读写指令被激活。

②一条网络读写指令可以从远程站点读/写最多 16 个字节的信息。

③使用 NETR/NETW 指令向导可以编辑最多 24 条网络读写指令，其核心是使用顺序控制指令，这样在任意时刻只有一条 NETR/NETW 指令有效。

④每个 PLC 的端口只能配置一个网络读写指令向导。

以本项目为例，A 机为通信主站，通过指令向导进行编程设置的步骤如下：

①选定通信主站的 A 机，进入 PLC 编程界面，在 STEP 7-Micro/Win 导航栏中的“Tools”中单击“指令向导”图标或者在命令菜单中选择“Tools”→“Instruction Wizard”命令，在弹

出的“指令向导”对话框中选择“NETR/NETW”，进入“NETR/NETW 指令向导”对话框，如图 10-4 所示。

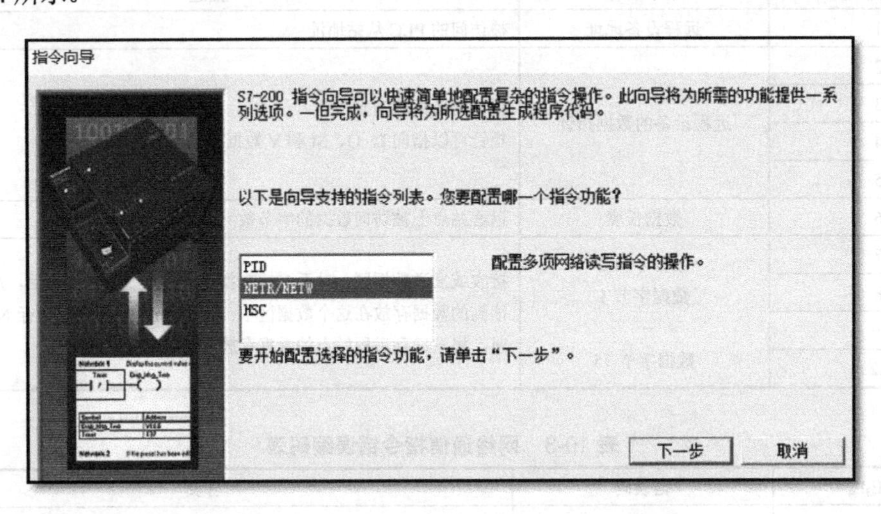

图 10-4 “NETR/NETW 指令向导”对话框

②定义通信所需网络操作的数目。如图 10-5 所示，向导中最多可以使用 24 个独立的网络读/写操作，本例中将建立 2 个网络读/写操作。

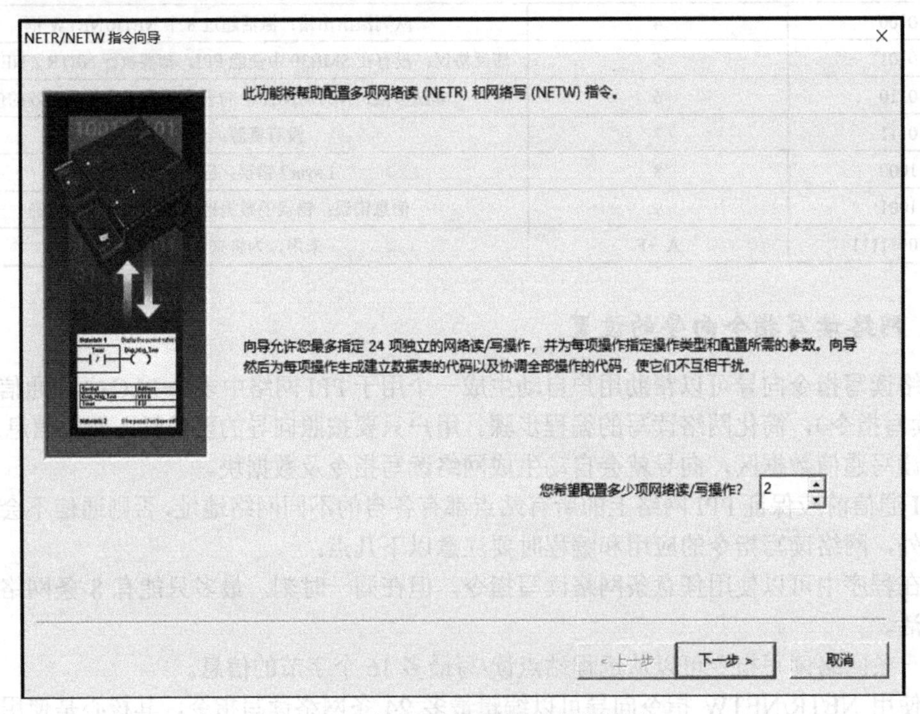

图 10-5 定义通信所需网络操作数目

③选择要进行主站通信的 PLC 端口序号，这里选择 Port 0 口作为通信主站端口，并为即将生成的向导配置子程序名称（可使用默认名称，也可重新命名）。对于有两个通信端口的 PLC 既可以选择 Port 0 也可以选择 Port 1，所有网络操作将有定义的通信端口完成设置，如图 10-6 所示。

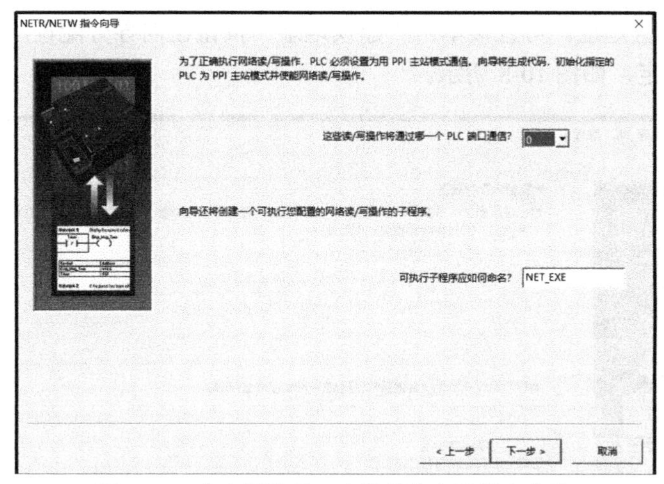

图 10-6　定义网络端口序号并命名子程序名称

④定义网络读/写操作。图 10-7 所示为网络写操作，每一个网络操作指令通信的数据最多为 16 字节。

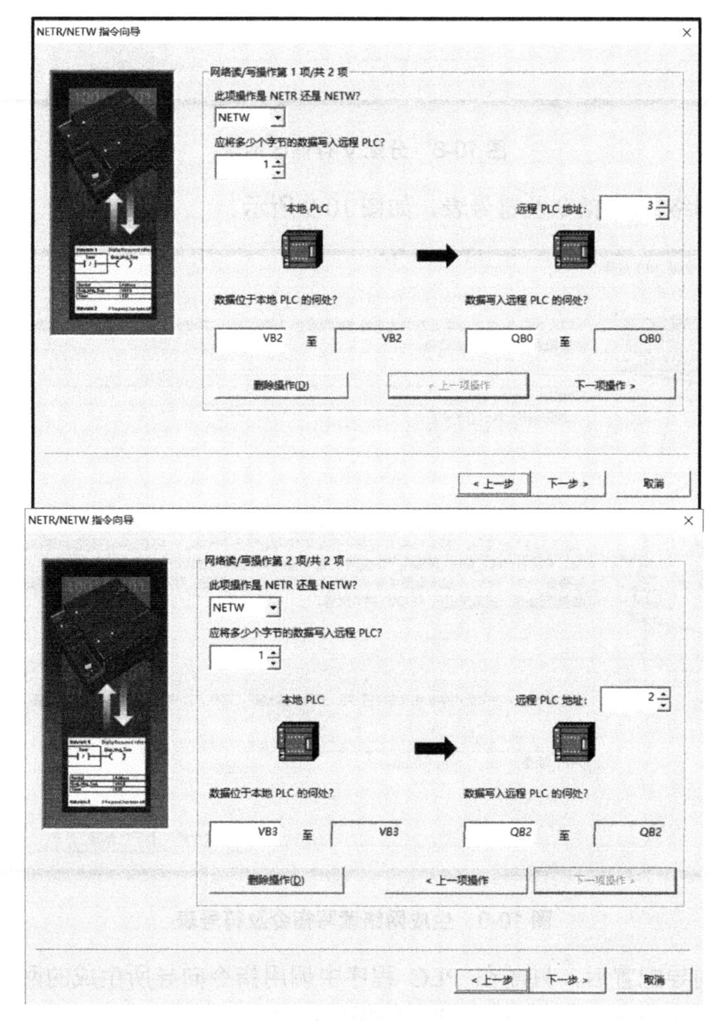

图 10-7　定义网络操作（本地 PLC VB2、VB3 分别写入 QB0、QB2）

⑤分配 V 存储区地址。可直接单击“建议地址”按钮让向导分配程序中没用过的地址空间，也可以另行指定，如图 10-8 所示。

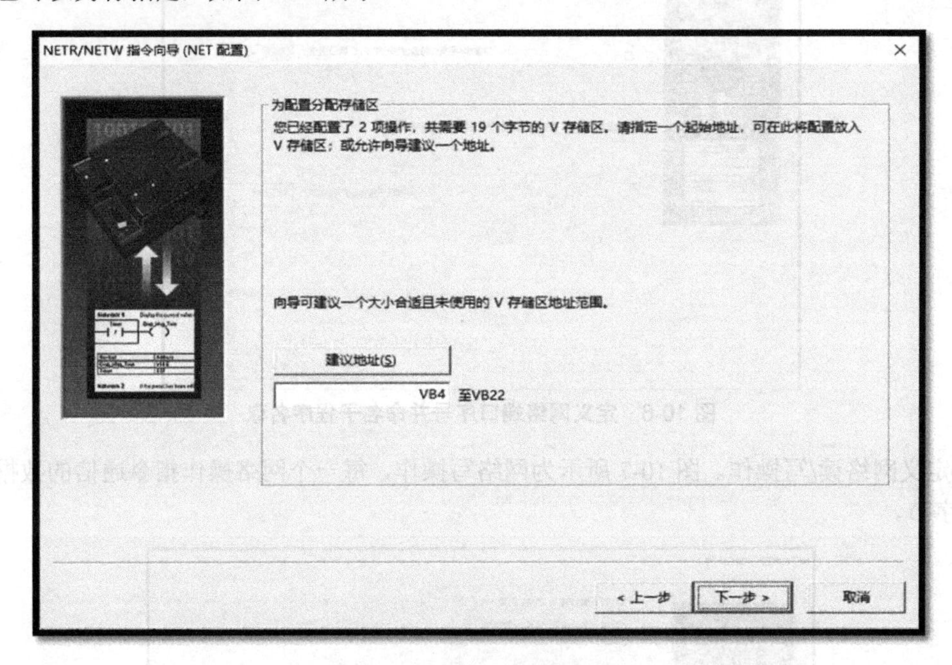

图 10-8　分配 V 存储区地址

⑥自动生成网络读/写指令及符号表，如图 10-9 所示。

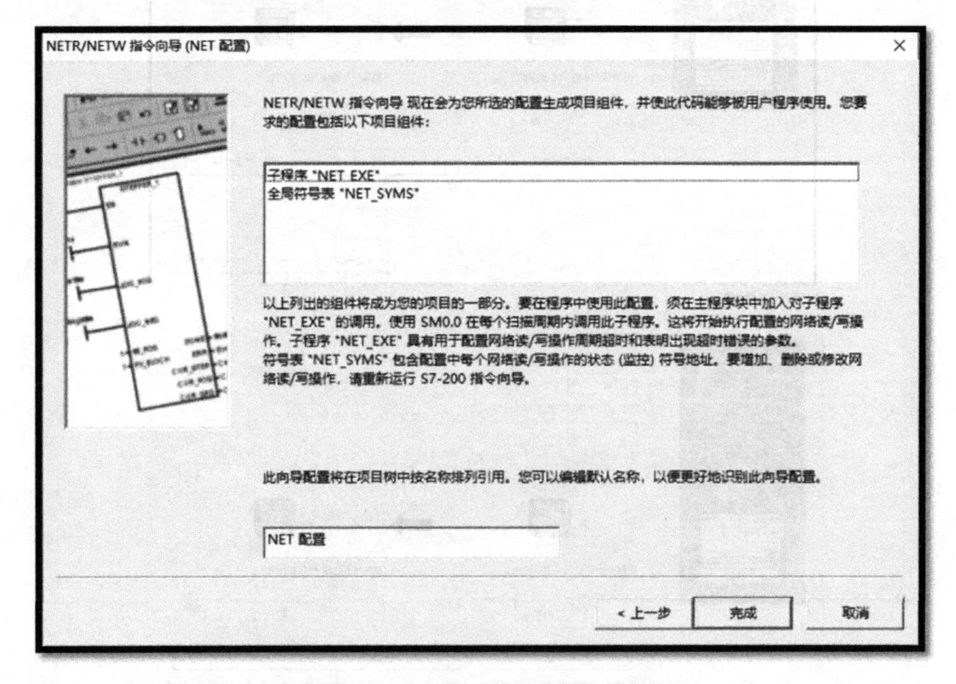

图 10-9　生成网络读写指令及符号表

在完成指令向导配置后，只需在 PLC 程序中调用指令向导所生成的网络读/写子程序即可。利用网络通信向导指令编写的主站程序如图 10-10 所示。

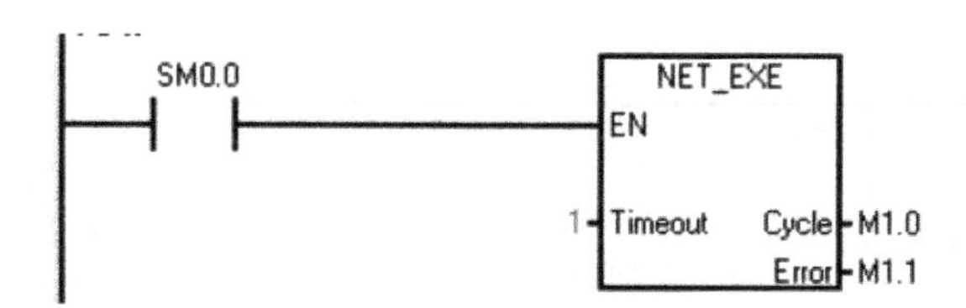

图 10-10　主站程序

说明：

①为保证正常运行，必须用 SM0.0 来调用 NETR/NETW 子程序。

②Timeout　延时参数。0 表示不延时，1～32767 表示以秒为单位的延时时间。如果通信有问题的时间超出此延时时间，则报错误。

③Cycle　周期参数。此参数在每次所有网络读/写操作完成时切换其开关量状态。

④Error　错误参数。0=无错误，1=有错误。

（二）S7−200 系列 PLC USS 协议指令的应用

PLC 与变频器之间的通信在西门子产品中是通过以下几个步骤来完成的：首先要在 STEP7-MicroWin 编程软件上通过 USS 协议指令对变频器的控制进行各种设定，然后将其设定下载到 PLC，最后连接变频器与 PLC。当 PLC 进入运行状态后，就会根据 USS 协议指令的要求与变频器进行通信，实现对变频器的控制。

1. USS 协议指令简介

（1）USS_INIT 初始化指令

USS_INIT 初始化指令的格式及功能见表 10-4。

表 10-4　USS_INIT 初始化指令的格式及功能

梯形图 LAD	语句表 STL		功能
	操作码	操作数	
USS_INIT EN　Done Mode　Error	CALL USS_INIT	Mode，Baud，Active，Error	用于允许或禁止 Micro Master 变频器通信

USS_INIT 初始化指令的输入/输出端子说明见表 10-5。

表 10-5　USS_INIT 初始化指令的输入/输出端子说明

符号	端子名称	状态	作用	可寻址寄存器
EN	使能端	1	USS_INIT 指令被执行，USS 协议被启动	
Mode	通信协议选择端	字节	为 1 时，将 PLC 的端口 0 分配给 USS 协议，并允许该协议有效	VB，IB，QB，MB，SB，SMB，LB，AC，*VD，*AC，*LD，常数
			为 0 时，将 PLC 的端口 0 分配给 PPI 协议，并禁止 USS 协议	

续表

符号	端子名称	状态	作用	可寻址寄存器
Baud	通信速率设置端	字	可选择的波特率为1200、2400、4800、9600或19200bps	VW，QW，IW，MW，SW，SMW，LW，T，C，AIW，AC，*VD，*AC，*LD，常数
Active	变频器激活端	双字	用于激活需要通信的变频器，双字寄存器的位表示被激活的变频器的地址（范围0～31）	VD，ID，QD，MD，SD，SMD，LD，AC，*VD，*AC，*LD，常数
Done	完成USS协议设置标志端	位	当USS_INIT指令顺利执行完成时，Done输出接通，否则出错	I，Q，M，S，SM，T，C，V，L
Error	USS协议执行出错指示端	字节	当USS_NIT指令执行出错时，Error输出错误代码。其可能出现的错误见表10-6	VB，IB，QB，MB，SB，SMB，LB，AC，*VD，*AC，*LD

表10-6　执行USS协议可能出现的错误

出错代码	说明	出错代码	说明
0	没有出错	11	变频器响应的第一字符不正确
1	变频器不能响应	12	变频器响应的长度字符不正确
2	检测到变频器响应中包含加和校验错误	13	变频器错误响应
3	检测到变频器响应中包含奇偶校验错误	14	提供的DB-PTR地址不正确
4	由用户程序干扰引起的错误	15	提供的参数号不正确
5	企图执行非法命令	16	所选择的协议无效
6	提供非法的变频器地址	17	USS激活；不允许更改
7	没有为USS协议设置通信端口	18	指定了非法的波特率
8	通信口正忙于处理指令	19	没有通信，变频器没有激活
9	输入的变频器速率超出范围	20	在变频器响应中的参数和数值有错
10	变频器响应的长度不正确		

（2）USS_CTRL驱动变频器指令

USS_CTRL驱动变频器指令的格式及功能见表10-7。

表10-7　USS_CTRL驱动变频器指令的格式及功能

梯形图LAD	语句表STL		功能
	操作码	操作数	
USS-CTRL：输入 EN，RUN，OFF2，OFF3，F_ACK，DIR，Drive，Type，Speed_Sp；输出 Resp_R，Error，Status，Speed，Run_EN，D_Dir，Inhibit，Fault	CALL USS-CTRL	RUN，OFF2，OFF3，F_ACK，DIR，Drive，Speed_Sp，Resp_R，Error，Status，Speed，Run_EN，D_Dir，Inhibit，Fault	USS_CRTL指令用于控制被激活的Micro Master变频器。USS_CRTL指令把选择的命令放在一个通信缓冲区内，经通信缓冲区发送到由Drive参数指定的变频器，如果该变频器已由USS-INIT指令的Active参数选中，则变频器将按选中的命令运行

USS_CTRL 驱动变频器指令的输入/输出端子说明见表 10-8。

表 10-8　USS_CTRL 驱动变频器指令的输入/输出端子说明

符号	端子名称	状态	作用	可寻址寄存器
EN	使能端	1	USS_CRTL 指令被启动。EN 断开时，禁止 USS_CRTL 指令	
RUN	运行/停止控制端	位	当 RUN 接通时，Micro Master 变频器开始以规定的速度和方向运转 当 RUN 端断开时，Micro Master 变频器输出频率开始下降，直至为 0	I，Q，M，S，SM，T，C，V，L
OFF2	减速停止控制端	位		I，Q，M，S，SM，T，C，V，L
OFF3	快速停止控制端	位		I，Q，M，S，SM，T，C，V，L
F_ACK	故障确认端	位	当 F_ACK 由低变高时，变频器清除故障（FAULT）	I，Q，M，S，SM，T，C，V，L
DIR	方向控制端	位	变频器顺时针方向运行 变频器逆时针方向运行	I，Q，M，S，SM，T，C，V，L
Drive	地址输入端	字节	变频器的地址可在 0～31 范围内选择	IB，VB，QB，MB，SB，SMB，LB，AC，*VD，*AC，*LD，常数
Type	类型选择端	字节	将 Micro Master 3（或更早版本）驱动器的类型设为 0；将 Micro Master 4 驱动器的类型设为 1	VB，IB，QB，MB，SB，SMB，LB，AC，常量，*VD，*AC，*LD
Speed_SP	速度设定端	实数	以全速百分值（−200%～+200%）设定变频器的速度，若值为负则变频器反向旋转	VD，ID，QD，MD，SD，SMD，LD，AC，*AC，*VD，*LD，常数
Resp_R	变频器响应确认端	位	当 CPU 从变频器接收到一个响应，Resp_R 接通一次，并更新所有数据	I，Q，M，S，SM，T，C，V，L
Error	出错状态字端	字节	显示执行 USS_CRTL 指令的出错情况	IB，VB，QB，MB，SB，SMB，LB，AC，*VD，*AC，*LD
Status	工作状态指示端	字	其显示的变频器工作状态的含义如图 10-11 所示	VW，T，C，IW，QW，SW，MW，SMW，LW，AC，AQW，*AC，*VD，*LD
Speed	速度指示端	实数	存储全速度百分值的变频器速度（−200%～200%）	VD，ID，QD，MD，SD，SMD，LD，AC，*AC，*VD，*LD
Run_EN	运行状态指示端	位	变频器正在运行为 1，已经停止为 0	I，Q，M，S，SM，T，C，V，L
D_Dir	旋转方向指示端	位	变频器顺时针旋转为 1，逆时针旋转为 0	I，Q，M，S，SM，T，C，V，L
Inhibit	禁止位状态指示端	位	变频器被禁止时为 1，不禁止时为 0	I，Q，M，S，SM，T，C，V，L
Fault	故障状态指示端	位	变频器故障为 1，无故障为 0	I，Q，M，S，SM，T，C，V，L

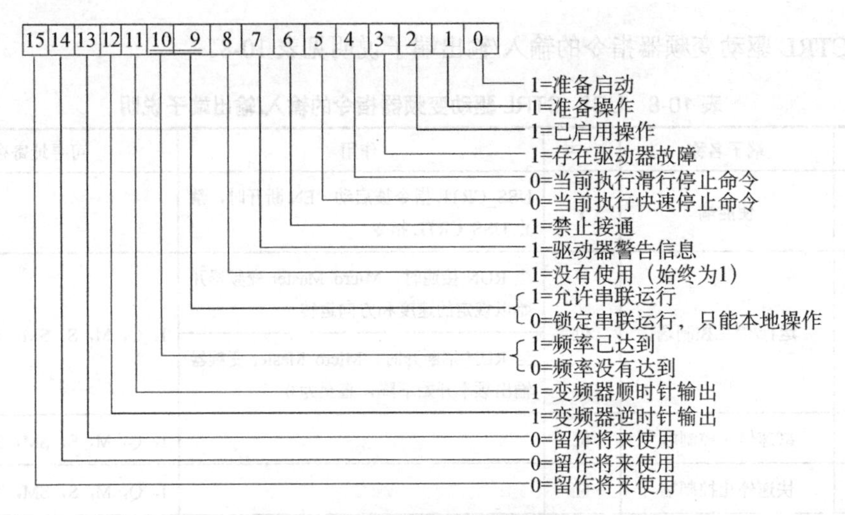

图 10-11 变频器工作状态的含义

（3）USS_RPM_x（USS_WPM_x）读取（写入）变频器参数指令

USS_RPM_x（USS_WPM_x）读取（写入）变频器参数指令的格式及功能见表 10-9。

表 10-9 USS_RPM_x（USS_WPM_x）读取（写入）变频器参数指令的格式及功能

梯形图 LAD	语句表 STL		功能
	操作码	操作数	
USS_RPM_x: EN, XMT_REQ, Drive, Param, Index, DB_Ptr; Done, Error, Value	CALL USS_RPM_W CALL USS_RPM_D CALL USS_RPM_R	XMT_REQ，Drive，Param，Index，DB_Ptr，Done，Error，Value	USS_RPM_x 指令读取变频器的参数，当变频器确认接收到指令时或发送一个出错状况时，则完成 USS_RPM_x 指令处理，在该处理等待响应时，逻辑扫描仍继续进行
USS_WPM_x: EN, XMT_REQ, EEPROM, Drive, Param, Index, Value, DB_ptr; Done, Error	CALL USS_WPM_W CALL USS_WPM_D CALL USS_WPM_R	XMT_REQ，EEPROM，Drive，Param，Index，Value，DB_Ptr，Done，Error	USS-WPM_x 指令将变频器参数写入到指定的位置，当变频器确认接收到指令时或发送一个出错状况时，则完成 USS_WPM_x 指令处理，在该处理等待响应时，逻辑扫描仍继续进行

USS_RPM_x（USS_WPM_x）读取（写入）变频器参数指令输入/输出端子说明见表 10-10。

表 10-10　USS_RPM_x（USS_WPM_x）读取（写入）变频器参数指令输入/输出端子说明

符号	端子名称	状态	作用	可寻址寄存器
EN	指令允许端	1	用于启动发送请求，其接通时间必须保持到DONE位被置位为止	
XMT_REQ	发送请求端	位	在EN端输入的上升沿到来时，USS_RPM_x（USS_WPM_x）的请求被发送到变频器	I，Q，M，S，SM，T，C，V，L，能流
EEPROM	写入启用端	位	当驱动器打开时，EEPROM输入启用对驱动器的RAM和EEPROM的写入，当驱动器关闭时，仅启用对RAM的写入	I，Q，M，S，SM，T，C，V，L，能流
Drive	地址输入端	字节	USS_RPM_x（USS_WPM_x）指令将发送到这个地址的变频器。每个变频器的有效地址为0～31	VB，IB，QB，MB，SB，SMB，LB，AC，*VD，*AC，*AC，*LD，常数
Param	参数号输入端	字	用于指定变频器的参数号，以便读/写该项参数值	VW，T，C，IW，QW，SW，MW，SMW，LW，AC，AQW，*AC，*VD，*LD，常数
Index	索引地址端	字	需要读取参数的索引值	VW，IW，QW，MW，SW，SMW，LW，T，C，AC，AIW，常量，*VD，*AC，*LD字
DB _Ptr	缓冲区初始地址设定端	双字	缓冲区的大小为16字节，USS_RPM_x（USS_WPM_x）指令使用这个缓冲区以存储向变频器所发送指令的结果	&VB
Done	指令执行结束标志端	位	USS_RPM_x（USS_WPM_x）指令完成时，DONE输出接通	I，Q，M，S，SM，T，C，V，L
Error	出错状态字	字节	输出执行USS_RPM_x（USS_WPM_x）指令出错时的信息	VB，IB，QB，MB，SB，SMB，LB，AC，*VD，*AC，*AC，*LD
Value	参数值存取端	字	对USS_RPM_x指令，为从变频器读取的参数值；对USS_WPM_x指令，为写入到变频器的参数值	VW，T，C，IW，QW，SW，MW，SMW，LW，AC，AQW，*AC，*VD，*LD，常数

2. 变频器的设置

在将变频器与PLC连接之前，需使用变频器的BOP对变频器的参数进行设置。具体操作内容如下：

①将变频器复位到工厂设定值，即设置P0010=30，P0970=1；

②将P0003设置为3，允许读/写所有参数；

③使用P304、P305、P307、P310设定电动机的额定值；

④将变频器设定为远程工作方式，使P700=5，P1000=5；

⑤设定RS-485串行接口的波特率。可使P2010选择3、4、5、6、7，它们对应的波特率分别为3～1200bps、4～2400bps、5～4800bps、6～9600bps、7～19200bps；

⑥设置变频器的站地址，使P2011=0～31；

⑦增速时间设定。可使P1120=0～650.00，它是以秒为单位的电动机加速到最大频率所需的时间；

⑧斜坡减速时间设定。可使P1121=0～650.00，它是指以秒为单位的电动机减速到完全停止所需时间；

⑨EEPROM 存储器控制设置。设定 P971 为 0 或 1。当 P971=0 时，断电时不保留参数设定值；当 P971=1 时，断电期间仍保持更改的参数设定值。

3. S7-200 系列 PLC 与 MM420 装置的连接

用电缆将 S7-200 系列 PLC 的 PORT0 端子与 MM420 的 RS-485 接口相连，具体规则如下：PLC 端“D”型头，1 号线接屏蔽电缆的屏蔽层，3 号线和 8 号线分别接 MM420 变频器的 14、15 号两个通信端子，在干扰比较大的场合，还须接偏置电阻，如图 10-12 所示。另外，应注意动力线和通信线分开布线，并且通信线为短而粗的屏蔽电缆，且屏蔽层应连接到和变频器相同的接地点，否则会给通信造成干扰，导致变频器不能正常运行。特别强调，只有订货号倒数第二位字母是 B 的装置才能实现 USS 串行通信方式，如订货号为 6SE6420-2UC17-5AA1 的变频器则不能使用 USS 协议，而 6SE6420-2UC21-1BA1 则可以。

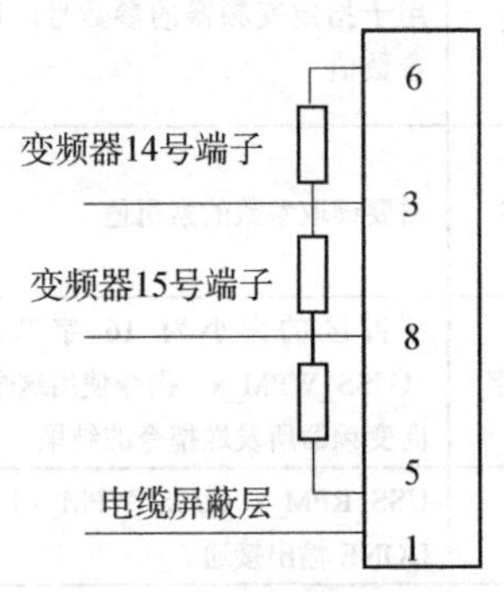

图 10-12　偏置电阻接线图

4. USS 协议指令应用举例

假定采用 PLC 的输入/输出端（见表 10-11）及变量存储器，则据 USS 协议指令编写的 PLC 控制变频器的梯形图程序如图 10-13 所示。

表 10-11　PLC 内部资源使用情况

输入/输出	用途	输入/输出	用途
I0.0	为 1 时，启动 0 号变频器运行	M0.0	当 CPU 接收到变频器的响应后该位接通一次
I0.1	为 1 时，0 号变频器以减速停车方式停车	M0.1	执行 USS_RPM_W 指令完成时为 1
I0.2	为 1 时，0 号变频器以快速停车方式停车	M0.2	执行 USS_WPM_R 指令完成时为 1
I0.3	为 1 时，清除 0 号变频器故障状态指示（Q0.3）	VB1	执行 USS_INIT 指令出错时显示其错误代码
I0.4	为 1 时，0 号变频器顺时针旋转	VB2	执行 USS_CRTL 指令出错时显示其错误代码
I0.5	读取操作命令	VB10	执行 USS_RPM_W 指令出错时显示其错误代码
I0.6	写出操作命令	VB14	执行 USS_WPM_R 指令出错时显示其错误代码
Q0.0	为 1，完成 USS 协议设置	VB20	读取变频器参数的存储初始地址
Q0.1	为 1 表示运行，否则停止	VB40	写变频器参数的存储初始地址
Q0.2	为 1 表示正向运行，为 0 则反向运行	VW4	0 号变频器的工作状态显示
Q0.3	0 号变频器被禁止时为 1，不禁止时为 0	VW12	存储由 0 号变频器读取的参数
Q0.4	0 号变频器故障时为 1，无故障时为 0	VD60	存储全速度百分值的变频器速度

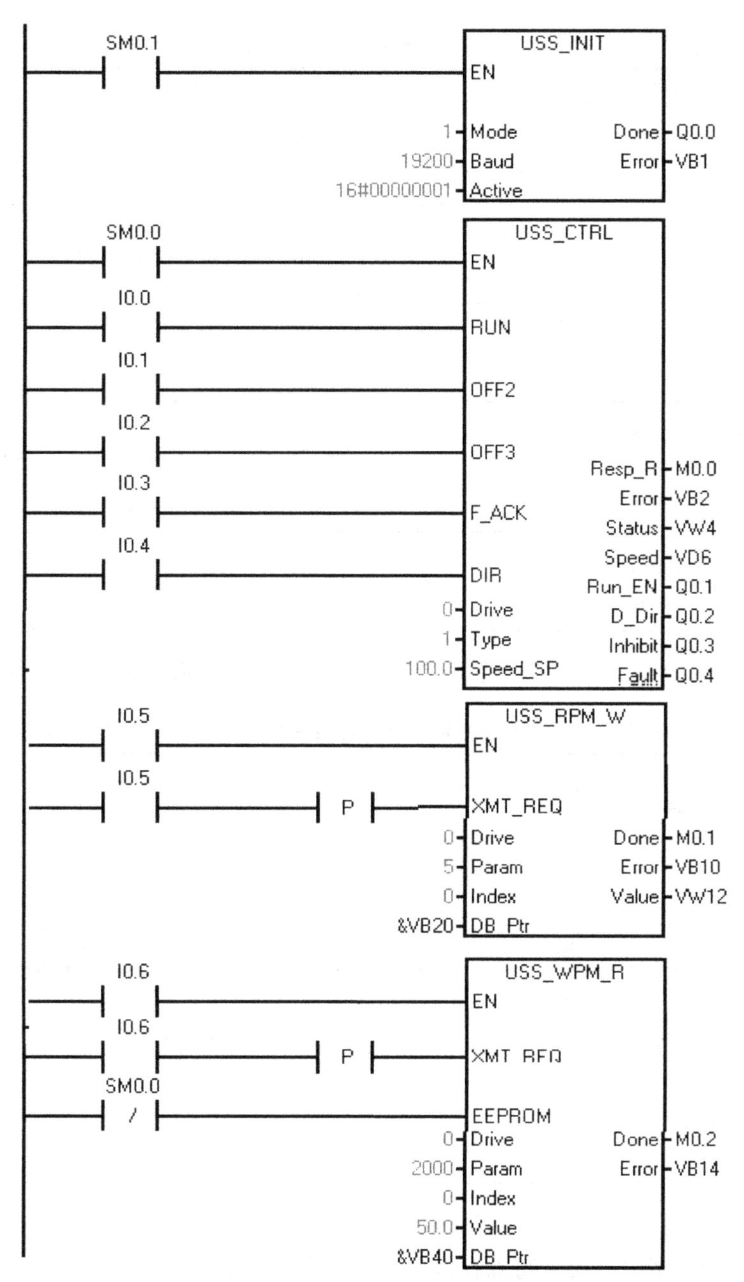

图 10-13　USS 协议指令应用举例

（三）自由端口通信模式

S7-200 系列 PLC 的串行通信口可以由用户程序来控制，这种由用户程序控制的通信方式称为自由端口通信模式。利用自由端口通信模式，可以实现用户定义的通信协议，可以同多种智能设备进行通信。当选择自由端口通信模式时，用户程序可通过发送/接收中断、发送/接收指令来控制串行通信口的操作。通信所使用的波特率、奇偶校验以及数据位数等由特殊存储器位 SMB30（对应端口 0）和 SMB130（对应端口 1）来设定。通信用特殊存储器位 SMB30 和 SMB130 的具体内容见表 10-12。

表 10-12　通信用特殊存储器位 SMB30 和 SMB130 的具体内容

端口 0	端口 1	内容
SMB30 格式	SMB130 格式	7 …… 0 p | p | d | B | b | b | m | m 自由端口通信模式控制字
SM30.7 SM30.6	SM130.7 SM130.6	pp：奇偶校验选择 00：无奇偶校验；01：偶校验 10：无奇偶校验；11：奇校验
SM30.5	SM130.5	d：每个字符的数据位 d= 0：每个字符 8 位有效数据 d=1：每个字符 7 位有效数据
SM30.4 SM30.3 SM30.2	SM130.4 SM130.3 SM130.2	bbb：波特率 000：38400bps；001：19200bps；010：9600bps； 011：4800bps；100：2400bps；101：1200bps； 110：600bps；111：300bps
SM30.0 SM30.1	SM130.0 SM130.1	mm：协议选择 00：点对点接口协议（PPI 从机模式）；01：自由端口协议 10：PPI / 主机模式；11：保留（默认为 PPI / 从机模式）

为了方便地设置自由端口通信模式，可参照表 10-13 直接选取 SMB30（或 SMB130）的值。

表 10-13　SMB30 通信功能控制字节值与自由端口通信模式特性选项参照表

波特率（bps）		38.4k CPU224	19.2k	9.6k	4.8k	2.4k	1.2k	600	300	说明
8位字符	无校验	01H 81H	05H 85H	09H 89H	0DH 8DH	11H 91H	15H 95H	19H 99H	1DH 9DH	两组数任取
	偶校验	41H	45H	49H	4DH	51H	55H	59H	5DH	
	奇校验	C1H	C5H	C9H	CDH	D1H	D5H	D9H	DDH	
波特率（bps）		38.4k CPU224	19.2k	9.6k	4.8k	2.4k	1.2k	600	300	说明
7位字符	无校验	21H A1H	25H A5H	29H A9H	2DH ADH	31H B1H	35H B5H	39H B9H	3DH BDH	两组数任取
	偶校验	61H	65H	69H	6DH	71H	75H	79H	7DH	
	奇校验	E1H	E5H	E9H	EDH	F1H	F5H	F9H	FDH	

在对 SMB30 赋值之后，通信模式就被确定。要发送数据则使用 XMT 指令；要接收数据则可在相应的中断程序中直接从特殊存储区中的 SMB2（自由端口通信模式的接收寄存）读取。若是采用有奇偶校验的自由端口通信模式，还须在接收数据之前检查特殊存储区中的 SMB3.0（自由端口通信模式奇偶校验错误标志位，置位时表示出错）。

注意：只有 PLC 处于 RUN 模式时，才能进行自由端口通信。处于自由端口通信模式时，不能与可编程设备通信，比如编程器、计算机等。若要修改 PLC 程序，则须将 PLC 处于 STOP 模式。此时，所有的自由端口通信被禁止，通信协议自动切换到 PPI 通信模式。

发送/接收数据指令的格式与功能见表 10-14。

表 10-14　发送/接收数据指令的格式与功能

梯形图 LAD		语句表 STL		功能
		操作码	操作数	
发送数据指令	XMT EN TBL PORT	XMT	TBL，PORT	当使能输入 EN 端有效时，将 TBL 指定的数据缓冲区的内容通过 PORT 指定的串行通信端口发送出去
接收数据指令	RCV EN TBL PORT	RCV	TBL，PORT	当使能输入 EN 端有效时，通过 PORT 指定的串行通信端口把接收到的信息存入 TBL 指定的数据缓冲区

说明：

①TBL 指定接收/发送数据缓冲区的首地址。可寻址的寄存器地址为 VB、IB、QB、MB、SMB、SB、*VD、*AC。

②TBL 数据缓冲区中的第一个字节用于设定应发送/应接收的字节数，缓冲区的大小在 255 个字符以内。

③PORT 指定通信端口，可取 0 或 1。

④对于发送 XMT 指令。

a. 在缓冲区内的最后一个字符发送后会产生中断事件 9（通信端口 0）或中断事件 26（通信端口 1），利用事件可进行相应的操作。

b. SM4.5（通信端口 0）或 SM4.6（通信端口 1）用于监视通信端口的发送空闲状态，当发送空闲时，SM4.5 或 SM4.6 将置 1。利用该位，可在通信端口处空闲状态时发送数据。

⑤对于接收 RCV 指令。

a. 可利用字符中断控制接收数据。每接收完 1 个字符，通信端口 0 就产生一个中断事件 8（或通信端口 1 产生一个中断事件 25）。接收到的字符会自动地存放在特殊存储器 SMB2 中。利用接收字符完成中断事件 8（或 25），可方便地将存储在 SMB2 中的字符及时取出。

b. 可利用接收结束中断控制接收数据。当由 TABLE 指定的多个字符接收完成时，将产生接收结束中断事件 23（通信端口 0）或接收结束中断事件 24（通信端口 1），利用这个中断事件可在接收到最后一个字符后，通过中断子程序迅速处理接收到缓冲区的字符。

⑥接收信息特殊存储器字节 SMB86～SMB94（SMB186～SMB194）。PLC 在进行数据接收通信时，通过 SMB87（或 SMB187）来控制接收信息；通过 SMB86（或 SMB186）来监控接收信息。其具体字节含义见表 10-15。

表 10-15　通信用特殊存储器字节的含义

端口 0	端口 1	字节含义
SMB86	SMB186	接收信息状态字节　7（高位）…0（低位）：N R E 0 0 T C P N=1：用户的禁止指令，使接收信息停止；R=1：因输入参数错误或缺少起始条件引起的接收信息结束；E=1：接收到结束字符； T=1：因超时引起的接收信息停止；C=1：因字符串超长引起的接收信息停止； P=1：因奇偶校验错误引起的接收信息停止
SMB87	SMB187	接收信息控制字节　7（高位）…0（低位）：EN SC EC IL C/M TMR BK 0 EN=0：禁止接收信息的功能；EN=1：允许接收信息的功能； 每当执行 RCV 指令时，检查允许接收信息位。 SC：是否用 SMB88 或 SMB188 的值检测起始信息。0=忽略，1=使用； EC：是否用 SMB89 或 SMB189 的值检测结束信息。0=忽略，1=使用； IL：是否用 SMW90 或 SMW190 的值检测空闲状态。0=忽略，1=使用； C/M：定时器定时性质。0=内部字符定时器，1=信息定时器； TMR：是否使用 SMW92 或 SMW192 的值终止接收。0=忽略，1=使用； BK：是否使用中断条件来检测起始信息。0=忽略，1=使用
SMB88	SMB188	信息的开始字符
SMB89	SMB189	信息的结束字符

续表

端口0	端口1	字节含义
SMB90 SMB91	SMB190 SMB191	空闲线时间段，按毫秒设定。空闲线时间溢出后接收的第一个字符是新信息的开始字符。SMB90（或SMB190）是最高有效字节，而SMB91（或SMB191）是最低有效字节
SMB92 SMB93	SMB192 SMB193	字符间/信息间定时器超时，按毫秒设定。如果超过这个时间段，则终止接收信息。SMB92（或SMB192）是最高有效字节，而SMB93（或SMB193）是最低有效字节
SMB94	SMB194	要接收的最大字符数（1～255字节） 注：不论何种情况，这个范围必须设置为所希望的最大缓冲区大小

四、项目分析

（一）工作原理

本项目中，A机PLC通过西门子PLC专用通信电缆连接B机PLC，如图10-1所示完成输出接口，依次点亮组成“跑马灯”图案。A机PLC与触摸屏连接，在MCGS组态软件中制作出图10-2所示的“跑马灯”动态效果图。A机PLC与B机PLC通信是S7-200点对点通信，通信协议是PPI协议，PPI协议是一个主/从协议，A机PLC是主机，B机PLC是辅机。关于S7-200系列PLC的点对点通信（PPI）在本项目的相关知识中已经介绍，这里不再赘述。

（二）设计思路

本项目中，A机PLC与触摸屏通信采用PC/PPI通信协议；A机PLC与B机PLC通信采用PPI协议，其网络连接图如图10-14所示。

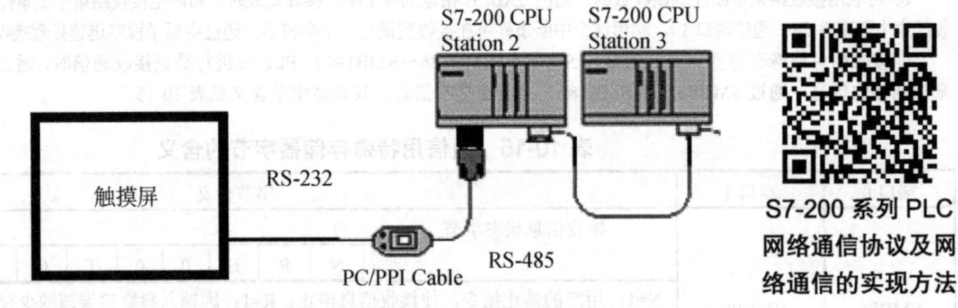

图10-14 “跑马灯”图案PPI协议网络连接图

（三）产品选型

产品选型见表10-16。

表10-16 产品选型

名称	品牌	型号
A机PLC	S7-200	CPU226/AC/DC/RLY
B机PLC	S7-200	CPU224/DC/DC/DC
触摸屏	触摸屏MCGS	TCP7062KS
西门子总线连接器	SIEMENS	6ES7972-0BA52-0XA0
PC/PPI Cable	SIEMENS	RS-232/RS-485

（四）参数设置

在 MCGS 组态软件中，设置 PPI 通信协议参数，在组态软件“通用设备属性编辑”对话框中设置触摸屏串口参数，如图 10-15 所示。在“设备编辑窗口”对话框中设置 PLC 基本参数，如图 10-16 所示。学习者可根据实际情况设置以上参数。

设备属性名	设备属性值
设备名称	通用串口父设备0
设备注释	通用串口父设备
初始工作状态	1 - 启动
最小采集周期(ms)	1000
串口端口号(1~255)	0 - COM1
通讯波特率	6 - 9600
数据位位数	1 - 8位
停止位位数	2 - 2位
数据校验方式	2 - 偶校验

图 10-15　设置触摸屏串口参数

设备属性名	设备属性值
[内部属性]	设置设备内部属性
采集优化	1-优化
设备名称	设备0
设备注释	西门子_S7200PPI
初始工作状态	1 - 启动
最小采集周期(ms)	100
设备地址	2
通讯等待时间	500
快速采集次数	0
采集方式	0 - 分块采集

图 10-16 设置 PLC 基本参数

（五）系统接线

根据本项目的设计思路，触摸屏（MCGS）与 A 机 PLC 采用 PC/PPI 通信协议，A 机 PLC（S7-200/CPU226）与 B 机 PLC（S7-200/CPU224）采用 PPI 通信协议，A 机 PLC 是主机，B 机 PLC 是辅机。综上，由此系统接线如图 10-17 所示。

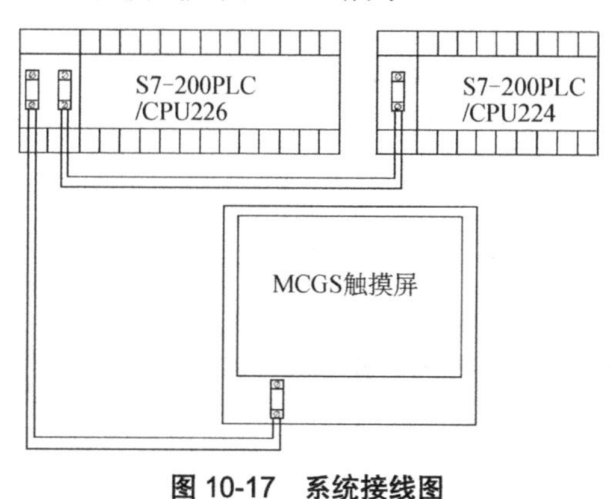

图 10-17　系统接线图

五、项目实施

（一）编写 PLC 程序

PLC 主机程序如图 10-18 所示。

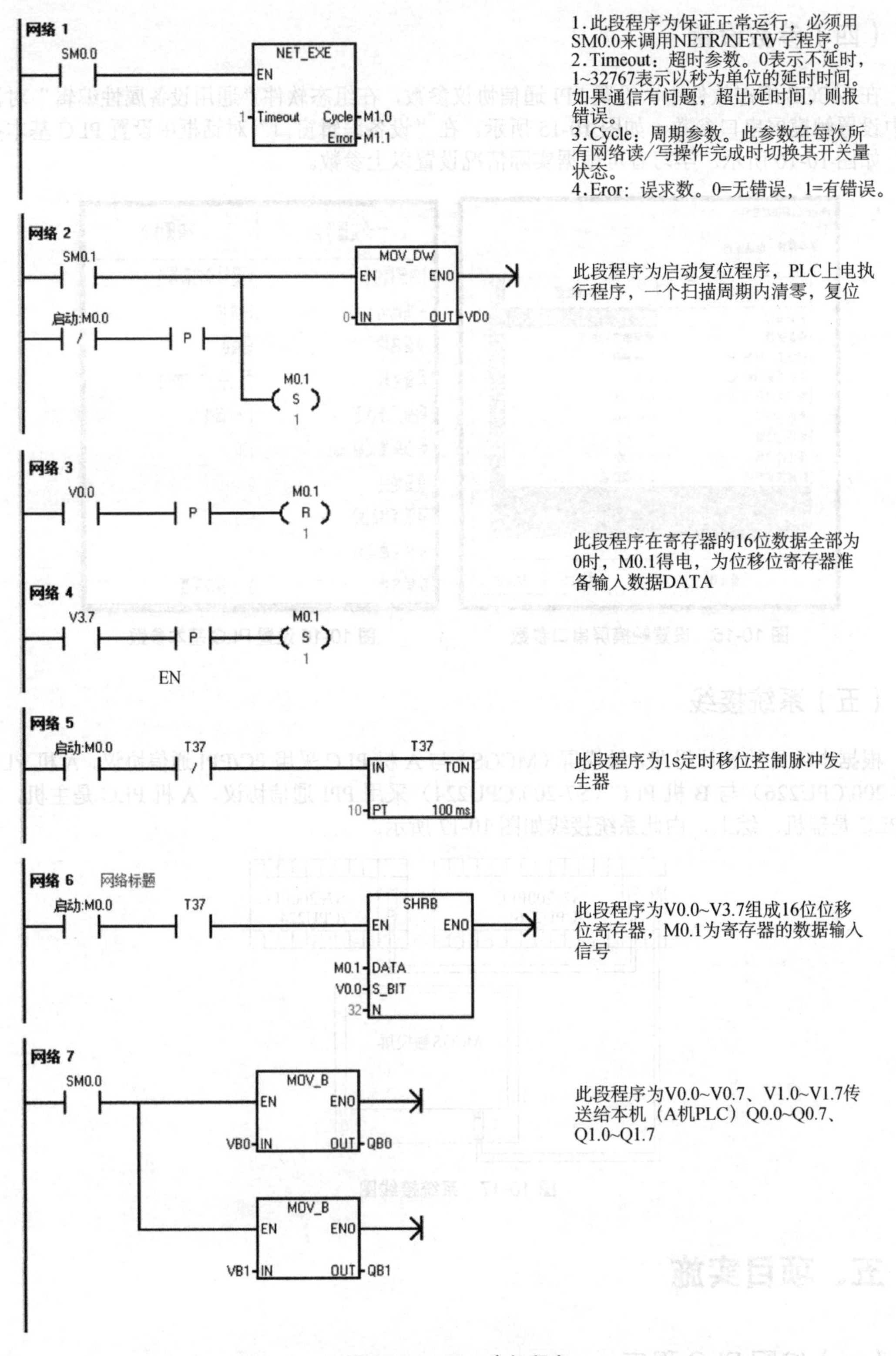
网络 1
SM0.0
NET_EXE
EN
1 Timeout
Cycle M1.0
Error M1.1
1.此段程序为保证正常运行，必须用SM0.0来调用NETR/NETW子程序。
2.Timeout：超时参数。0表示不延时，1~32767表示以秒为单位的延时时间。如果通信有问题，超出延时间，则报错误。
3.Cycle：周期参数。此参数在每次所有网络读/写操作完成时切换其开关量状态。
4.Eror：误求数。0=无错误，1=有错误。
网络 2
SM0.1
启动:M0.0
P
MOV_DW
EN ENO
0 IN OUT VD0
M0.1
S
1
此段程序为启动复位程序，PLC上电执行程序，一个扫描周期内清零，复位
网络 3
V0.0
P
M0.1
R
1
此段程序在寄存器的16位数据全部为0时，M0.1得电，为位移位寄存器准备输入数据DATA
网络 4
V3.7
P
M0.1
S
1
EN
网络 5
启动:M0.0
T37
T37
IN TON
10 PT 100 ms
此段程序为1s定时移位控制脉冲发生器
网络 6 网络标题
启动:M0.0
T37
SHRB
EN ENO
M0.1 DATA
V0.0 S_BIT
32 N
此段程序为V0.0~V3.7组成16位位移位寄存器，M0.1为寄存器的数据输入信号
网络 7
SM0.0
MOV_B
EN ENO
VB0 IN OUT QB0
MOV_B
EN ENO
VB1 IN OUT QB1
此段程序为V0.0~V0.7、V1.0~V1.7传送给本机（A机PLC）Q0.0~Q0.7、Q1.0~Q1.7

图 10-18 PLC 主机程序

在图 10-18 所示程序中，当 M0.0 位闭合执行位移位寄存器指令，V0.0～V3.7 组成 16 位位移位寄存器，V0.0～V0.7、V1.0～V1.7 分别传送给本机（A 机 PLC）Q0.0～Q0.7、Q1.0～Q1.7。V2.0～V2.7、V3.0～V3.7 分别传送给连机（B 机 PLC）Q0.0～Q0.7、Q2.0～Q2.7。A 机 PLC 与 B 机 PLC 输出接口指示灯模拟 16 只彩灯依次点亮 1s。

触摸屏上实现“跑马灯”图案画面制作

（二）触摸屏控制画面制作与触摸屏程序编写

触摸屏控制画面如图 10-19 所示。

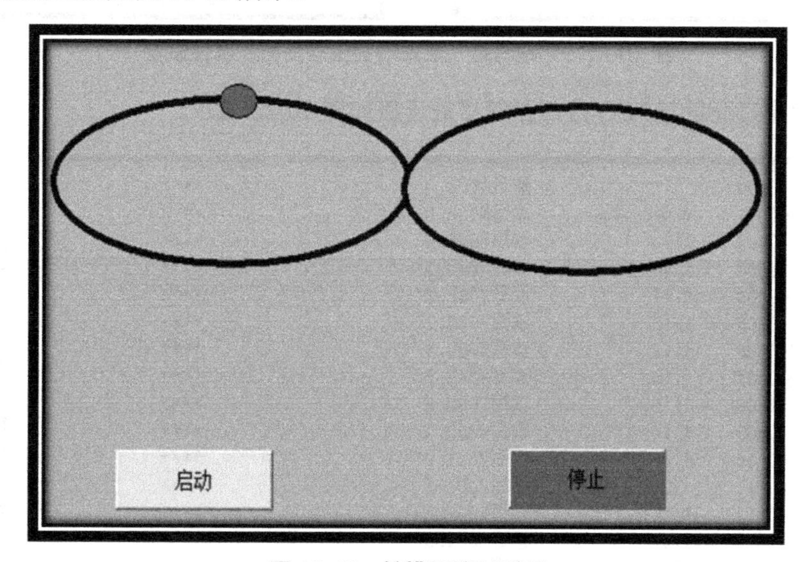

图 10-19　触摸屏控制画面

触摸屏动画组态画面如图 10-20 所示。

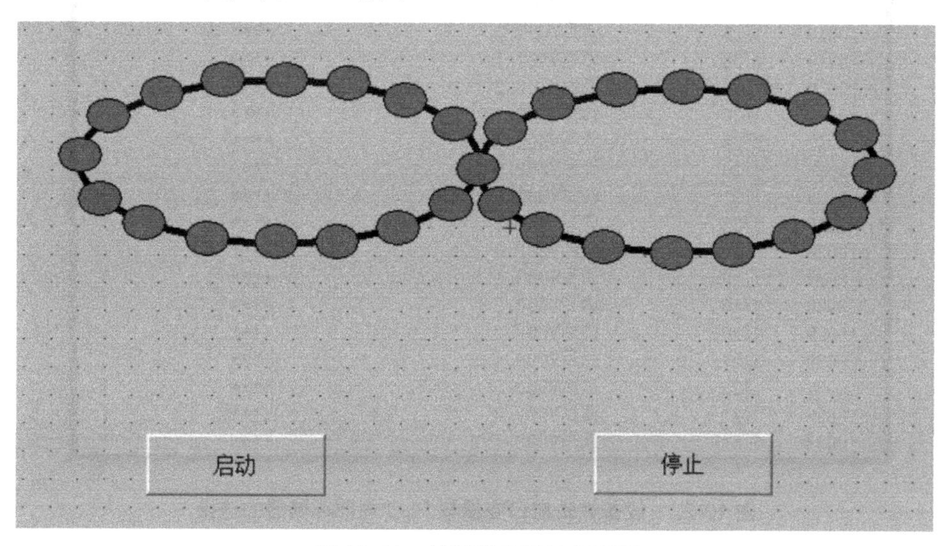

图 10-20　触摸屏动画组态画面

“跑马灯”效果动画组态画面及属性设置如图 10-21 所示。

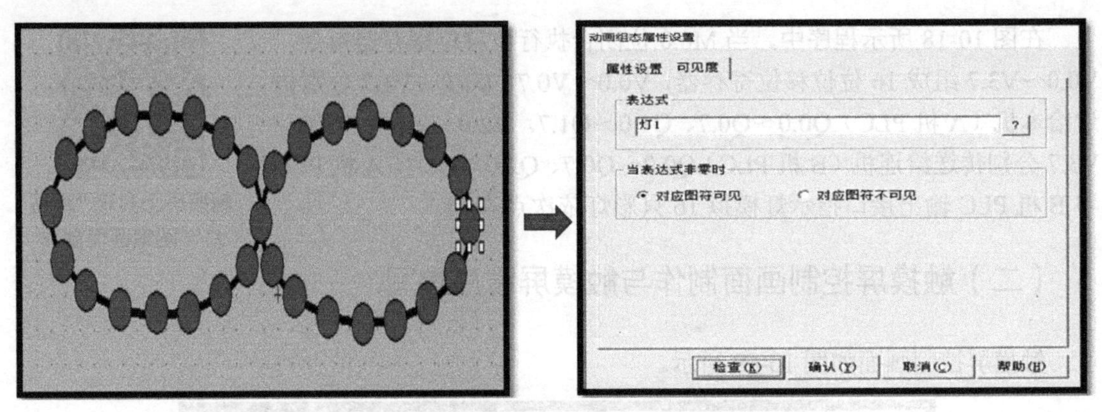

图 10-21　“跑马灯”效果动画组态画面及属性设置

设备编辑窗口变量与 PLC 内部存储器的连接如图 10-22 所示。

0000		通讯状态		****	1
0001	设备0_读写...	读写M000.0		****	1
0002	灯9	读写V000.0		****	1
0003	灯10	读写V000.1		****	1
0004	灯11	读写V000.2		****	1
0005	灯12	读写V000.3		****	1
0006	灯13	读写V000.4		****	1
0007	灯14	读写V000.5		****	1
0008	灯15	读写V000.6		****	1
0009	灯16	读写V000.7		****	1
0010	灯1	读写V001.0		****	1
0011	灯2	读写V001.1		****	1
0012	灯3	读写V001.2		****	1
0013	灯4	读写V001.3		****	1
0014	灯5	读写V001.4		****	1
0015	灯6	读写V001.5		****	1
0016	灯7	读写V001.6		****	1
0017	灯8	读写V001.7		****	1
0018	灯25	读写V002.0		****	1
0019	灯26	读写V002.1		****	1
0020	灯27	读写V002.2		****	1
0021	灯28	读写V002.3		****	1
0022	灯29	读写V002.4		****	1
0023	灯30	读写V002.5		****	1
0024	灯31	读写V002.6		****	1
0025	灯32	读写V002.7		****	1
0026	灯17	读写V003.0		****	1
0027	灯18	读写V003.1		****	1
0028	灯19	读写V003.2		****	1
0029	灯20	读写V003.3		****	1
0030	灯21	读写V003.4		****	1
0031	灯22	读写V003.5		****	1
0032	灯23	读写V003.6		****	1
0033	灯24	读写V003.7		****	1

图 10-22　设备编辑窗口变量与 PLC 内部存储器的连接

启动、停止按钮构件属性设置如图 10-23 所示。

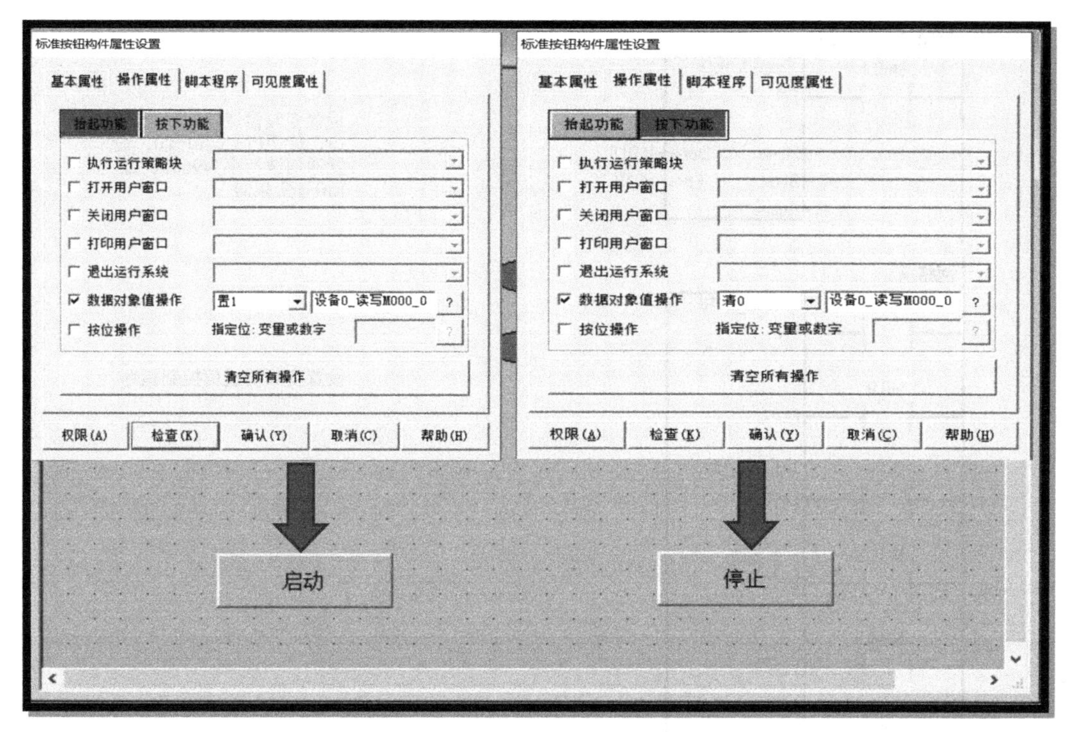

图 10-23 启动、停止按钮构件属性设置

六、项目拓展

西门子 S7-200 系列 PLC 与西门子 Micromaster 变频器采用西门子的专用 USS 协议进行通信，应用在各类自动控制系统中。使用 USS 通信协议，用户可利用触摸屏等上位机界面，通过 PLC 程序调用的方式方便地控制和监测 Micromaster 变频器的运行状态。S7-200 系列 PLC 的通信端口是 RS-485，将其通信端口与驱动装置的 RS-485 端口连接，在 RS-485 网络上实现 USS 通信，不仅编程工作量小，而且费用低、使用方便，是最经济的通信方式。PLC 与变频器之间的通信在西门子产品中是通过以下几个步骤来完成的：首先要在 STEP7-Micro/Win 编程软件上对变频器的控制通过 USS 协议指令进行各种设定，然后将其设定下载到 PLC，其次在编制触摸屏组态控制画面，最后通过通信网络连接触摸屏、PLC 与变频器。当 PLC 进入运行状态后，就会根据 USS 协议指令的要求与变频器进行通信，实现对变频器的控制。

（一）编写 PLC 程序

编写 USS 协议的主机 PLC 程序如图 10-24 所示。

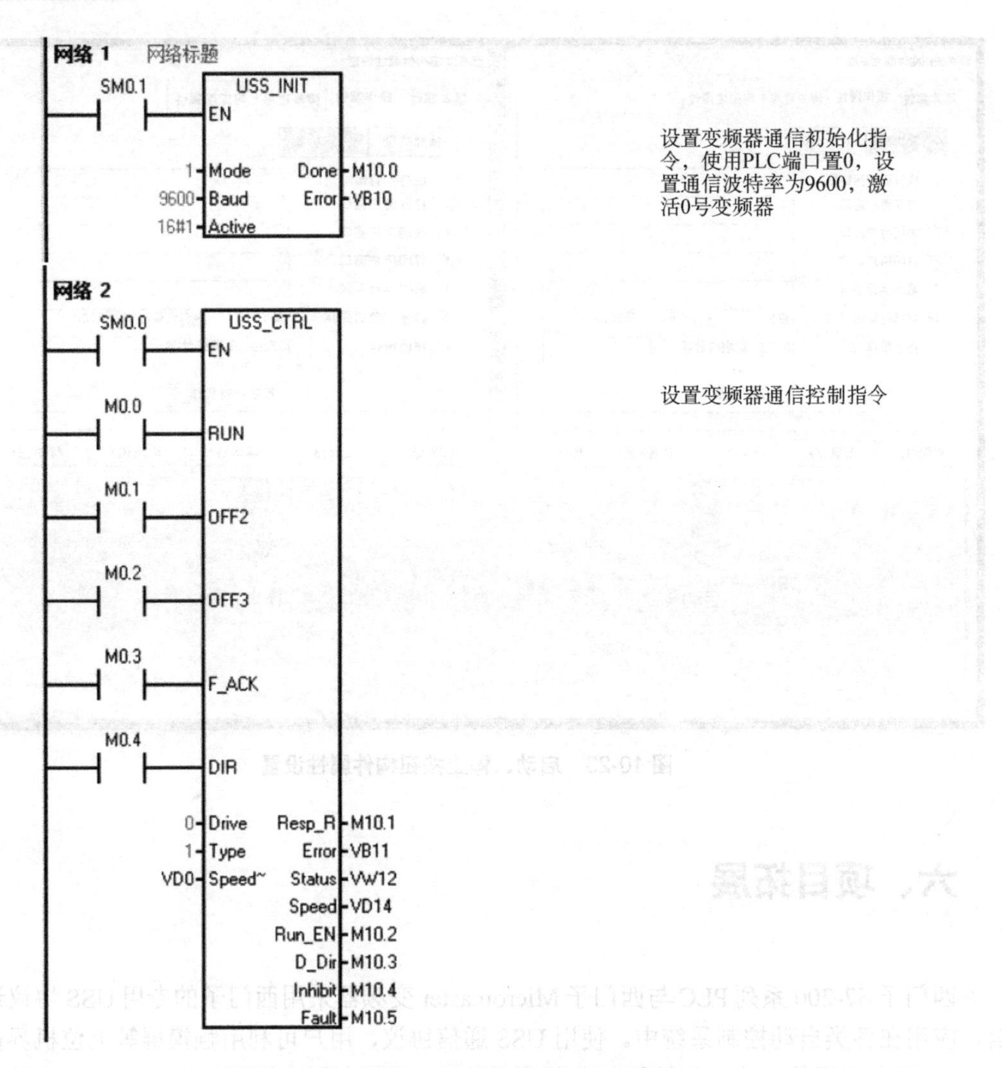

图 10-24　编写 USS 协议的主机 PLC 程序

（二）变频器参数设置

S7-200 系列 PLC 控制变频器 MM4420 运行时的变频器参数设置表见表 10-17。

表 10-17　S7-200 系列 PLC 控制变频器 MM4420 运行时的变频器参数设置表

参数	作用
P0010=30，P0970=1	变频器复位出厂
P0304=380，P305=0.18，P307=0.150，P310=50	设定电动机的基本参数
P0700=5	控制方式选择 USS
P1000=5	频率给定选择 USS
P1120=2，P1121=2	电动机加速时间，减速时间设定
P2010=6	9600 位
P2011=0	变频器站地址
P0971=1	将上述设定参数保存到 EEPROM

（三）编写触摸屏程序

S7-200 系列 PLC 与变频器通信指令以及通信的实现方法

触摸屏控制画面如图 10-25 所示。

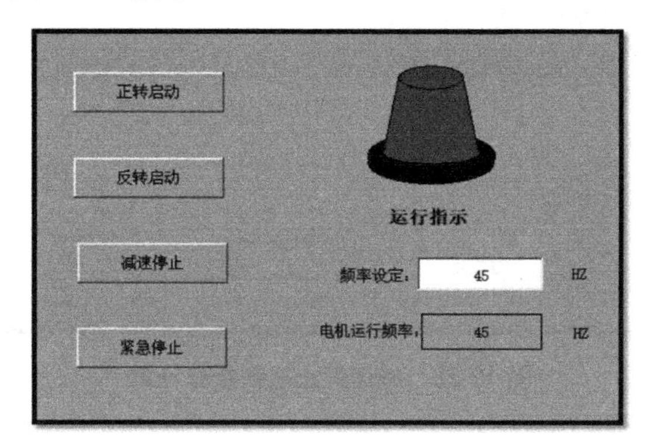

图 10-25　触摸屏控制画面

正转启动按钮、反转启动按钮、减速停止按钮、紧急停止按钮、运行指示灯按钮组态设置分别如图 10-26 至图 10-30 所示。

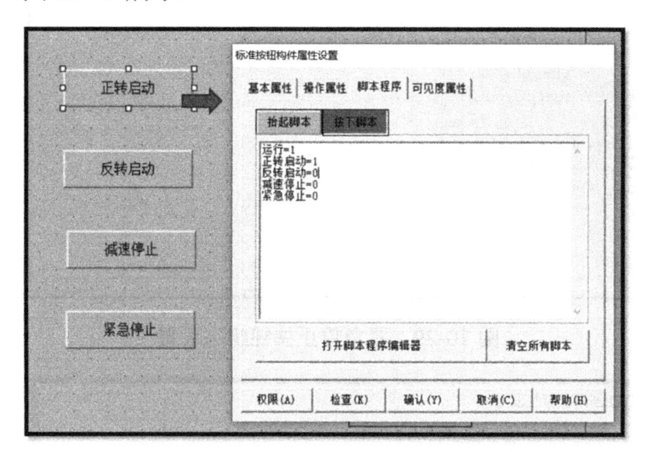

图 10-26　正转启动按钮组态设置

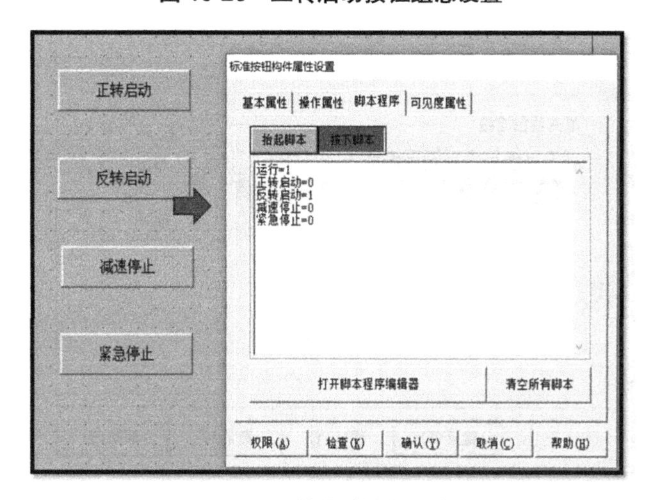

图 10-27　反转启动按钮组态设置

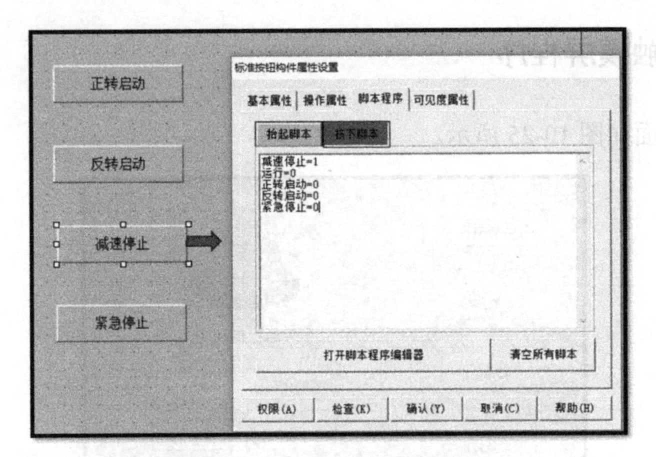

图 10-28 减速停止按钮组态设置

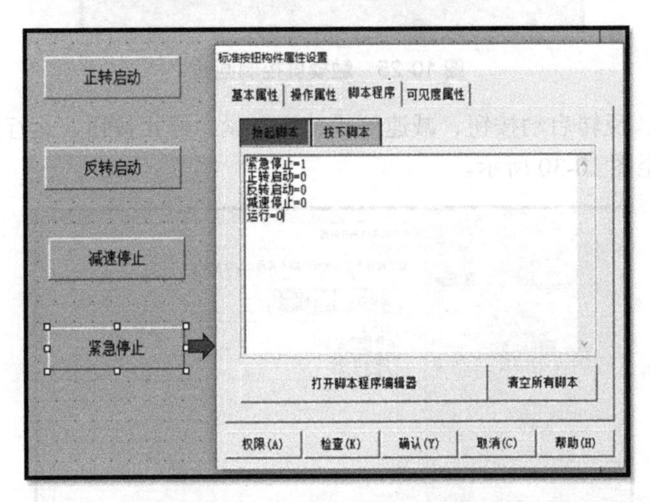

图 10-29 紧急停止按钮组态设置

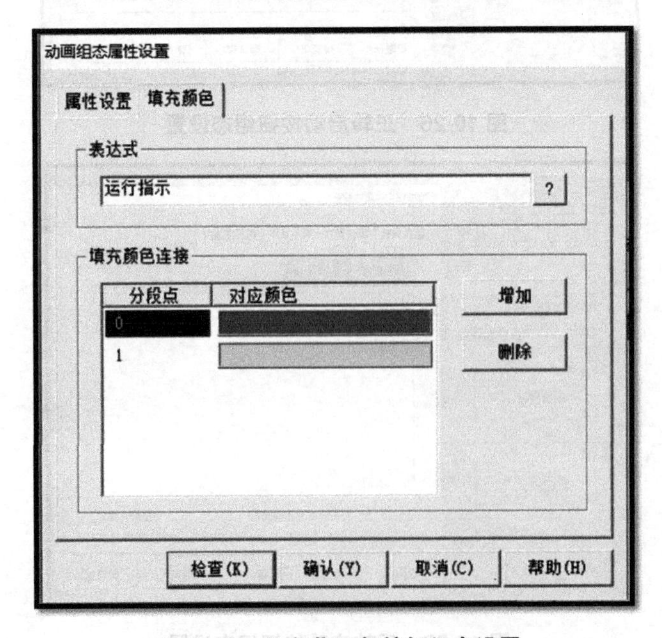

图 10-30 运行指示灯按钮组态设置

“频率设定”输入框、“电动机运行频率”标签组态属性设置分别如图 10-31 和图 10-32 所示。

图 10-31　“频率设定”输入框组态属性设置

图 10-32　“电动机运行频率”标签组态属性设置

触摸屏设备编辑窗口变量与 PLC 内部存储器的连接见表 10-18。

表 10-18　触摸屏设备编辑窗口变量与 PLC 内部存储器的连接

PLC 内部变量	含义	触摸屏设备变量
M0.0	为 1 时，启动变频器	运行
M0.1	为 1 时，变频器以减速停车方式停车	减速停止

续表

PLC 内部变量	含义	触摸屏设备变量
M0.2	为 1 时变频器以快速停车方式停车	紧急停止
M0.4	为 1 时，变频器反向旋转	正转启动=0 反转启动=1
M10.2	为 1，运行变频器	运行指示
VD0	变频器频率给定	频率设定
VD14	存储全速度百分值的变频器速度	电机运行频率

思考与练习十

1. 何谓自由端口协议？如何设置它的寄存器格式？

2. 叙述自由端口通信数据发送/接收方式的工作过程。

3. 简述 S7-200 系列 PLC 的网络读/网络写指令的格式，设计通信程序时重点应做好哪些方面的工作？

4. 用 NETR/NETW 指令向导完成两台 PLC 之间的通信。要求 A 机读取 B 机的 MB0 的值后，将它写入本机的 QB0，A 机同时用网络写指令将它的 MB0 的值写入 B 机的 QB0 中。提示：B 机在通信中是被动的，它不需要通信程序。所以，只要求设计 A 机的通信程序。A 机的网络地址是 2，B 机的网络地址是 3。

参考文献

［1］李红萍. 工控组态技术及应用—MCGS. 西安：西安电子科技大学出版社，2013.

［2］赵晓明，冷波. PLC 控制系统应用与维护［M］. 北京：电子工业出版社，2012.

［3］蔡杏山. 零起步轻松学西门子 S7-200 PLC 技术［M］. 北京：人民邮电出版社，2012.

［4］徐国林. PLC 应用技术［M］. 北京：机械工业出版社，2015.

［5］李江全. 案例解说组态软件典型控制应用［M］. 北京：电子工业出版社，2011.

［6］廖常初. PLC 编程及应用（第三版）［M］. 北京：机械工业出版社，2008.

［7］张伟林. 电气控制与 PLC 应用［M］. 北京：电子工业出版社，2007.

［8］李方园. PLC 行业应用实践［M］. 北京：中国电力出版社，2007.

［9］刘华波. 西门子 S7-200PLC 编程及应用案例精选［M］. 北京：机械工业出版社，2009.

［10］王芹，滕今朝. 可编程控制器技术及应用（西门子 S7-200 系列）［M］. 天津：天津大学出版社，2008.

［11］王银锁. 过程控制工程［M］. 北京：化学工业出版社，2009.